航天器系统仿真

Simulating Spacecraft Systems

[德] Jens Eickhoff 著

杨开忠 冀 蓉 李 勇 译

李恒年 审校

国防工业出版社

·北京·

内 容 简 介

本书系统阐述了航天器系统仿真的理论和方法,内容主要包括:航天器系统工程方法、航天器系统仿真验证与测试方法、复杂模拟器开发和验证的软件体系架构及软件实现技术等,同时还介绍了诸多当前航天器仿真领域的前瞻性研究和先进模拟器技术,反映了国际航天器系统仿真领域的最新理论成果和工程实践方法。

本书可供航天器系统设计与仿真等领域的研究人员和工程技术人员参考,也可作为相关院校研究生的教学参考书。

图书在版编目(CIP)数据

航天器系统仿真/(德)詹·艾科夫(Jens Eickhoff)著;杨开忠,冀蓉,李勇译.—北京:国防工业出版社,2017.1

书名原文:Simulating Spacecraft Systems

ISBN 978-7-118-10974-0

Ⅰ.①航… Ⅱ.①詹…②杨…③冀…④李…
Ⅲ.①航天器-系统仿真 Ⅳ.①V47

中国版本图书馆 CIP 数据核字(2016)第 264611 号

※

国防工業出版社出版发行

(北京市海淀区紫竹院南路 23 号 邮政编码 100048)

三河市众誉天成印务有限公司印刷

新华书店经售

*

开本 710×1000 1/16 印张 19¾ 字数 375 千字

2017 年 1 月第 1 版第 1 次印刷 印数 1—2000 册 **定价 78.00 元**

(本书如有印装错误,我社负责调换)

国防书店:(010)88540777 发行邮购:(010)88540776

发行传真:(010)88540755 发行业务:(010)88540717

译者的话

随着以信息技术为核心的高新技术在航天领域的广泛应用,航天器发展呈现出体系化、综合化、信息化的主要趋势。空间系统越来越复杂,人们越来越依赖建模仿真定量手段来支持空间系统发展决策、系统设计、型号研制等工作。航天器系统仿真是在总体层面对航天器的设计进行分析、验证,是对航天器综合性能及效能进行评估的一种重要手段。世界航天大国均很重视航天器系统论证和仿真工作,加强航天器建模仿真技术研究。与 NASA 和欧洲航天局等先进的航天机构相比,我国航天器系统仿真技术在理论方法和应用技术方面都有很多问题有待解决。为了更好地学习、借鉴国外的研究成果,服务于我国航天工程,我们翻译了本书,该书是一本很好的系统仿真教科书。原著者詹·艾科夫博士来自欧洲宇航防务集团 Astrium 卫星公司,同时在德国斯图加特大学空间系统研究院执教卫星开发中的系统仿真等多门课程,专注于航天器系统仿真技术多年,是具有该领域专业理论、工业经验和科学研究经历的资深专家。本书作为航天器系统仿真的开山之作,从仿真应用视角,逐步向读者展开仿真系统开发、数学模型和仿真软件技术等内容,并介绍了目前航天器仿真领域的前瞻性研究和先进的模拟器技术。本书是作者多年从事航天器系统仿真理论研究、工程实践、教学工作的系统总结,反映了目前国际航天器系统仿真领域的最新理论和成果,内容突出工程实践与理论发展相结合。

全书由宇航动力学国家重点实验室杨开忠、冀蓉、李勇翻译,宇航动力学国家重点实验室李恒年对全书进行了审校。翻译过程中,我们得到了中国西安卫星测控中心和宇航动力学国家重点实验室领导的大力支持,中国西安卫星测控中心的强文、张杨、王小乐、孙磊等同志也参与了部分章节的翻译和校对,肇刚提出了许多宝贵意见,译者深表感谢!

限于译者水平,加之仓促付梓,错误之处难免,恳请读者指正。

译　者

2015 年 9 月于西安

原 版 序

过去十余年来,全球卫星研发技术借助先进仿真工具已经发生了显著革新,研发进程越来越快,系统配置越来越优。传统研发技术,从初样设计到正样产品,需要研发和测试种类繁多的原型和子系统模型,这样的局面渐渐被更高效和更廉价方法所代替,即不再局限于单一功能测试的整体航天器系统仿真技术。航天器系统仿真技术对缩短整体工程研发周期、有序管控复杂系统、整体提高软件质量等具有重要的作用。

在卫星研发阶段借助先进仿真技术,不仅能够测试系统功能和接口功能一致性,还能够确认系统正常功能、可靠性和鲁棒性,而且借助面向功能操作仿真工具还能够分析卫星系统在整个寿命内的操作性能。总之,先进仿真技术对规避航天器研发和操作风险、提高生产效率和质量、缩短研发和生产周期具有非常重要的意义。因此,航天器系统仿真是现代系统工程的重要研究领域,在其他工业和科研领域也占据着重要地位。有鉴于此,斯图加特大学航天工程学院历来关注航天器系统仿真技术发展,为相关领域未来工程师提供两学期系统仿真课程。目的在于借助研究所实验室平台 MDVE(Model Based Development and Verification Environment),培养具有卫星模型研究与工业研发高度结合能力的工程师。来自欧洲宇航防务集团阿斯特里姆卫星公司的詹·艾科夫博士一直参与课程的授课工作,并将多年积累的专业理论、工业经验和研究成果融入进课程教学。

本书是多年授课凝练修订和实践用例持续丰富的成果,也是航天器系统仿真领域的开山之作,将从仿真应用概述讲起,逐步向读者展开仿真系统开发、数学模型和仿真软件技术等内容。本书可供系统仿真相关领域学生和专家参考,对现代系统工程研究和航天器系统仿真实践具有一定的学术和参考价值。

Prof. Dr. Hans-Peter Röser
汉斯·皮特博士　教授
斯图加特大学空间系统研究所
斯图加特,2009 年春天

目 录

第二部分　模拟器技术

第三部分 先进技术

引　　言

如前所述,本书是作者在德国斯图加特大学空间系统研究所执教课程的参考资料,书中涵盖了作者执教的“卫星开发中的系统仿真”(本书第一部分和第二部分)和基于仿真工具的“功能分析和星载软件设计”两门课程内容。

“卫星开发中的系统仿真”课程学时为两学期,课程内容涉及本书第一和第二部分。夏季学期课程围绕航天器的传统工程方法展开,阐述了基于仿真的设计验证特性与测试工具,重点放在基于所选仿真与测试工具的系统功能仿真之上,本书第一部分(第1~5章)对该主题进行了论述。

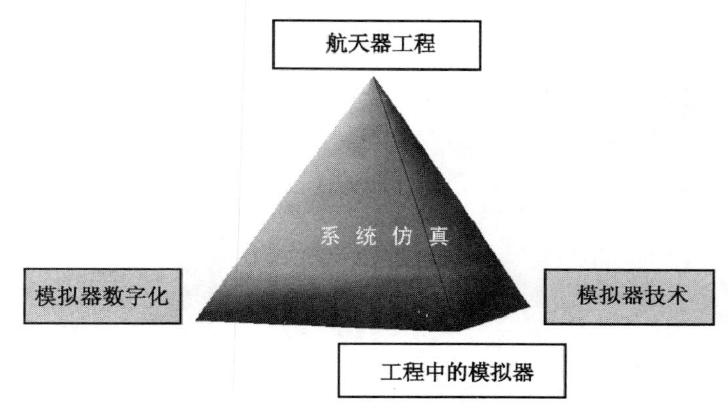

模拟器技术和系统工程方法

冬季学期课程的重点是模拟器数值特性及软件实现技术,以及复杂模拟器开发和验证的软件体系架构,对应本书第二部分(第6~10章)。此外,这本书还概述了诸如统一建模语言(UML)之类的形式功能符号法,并讲解了从依据软件需求文档确定功能集,到最终分析通过地面仿真验证航天器星载软件的潜能和局限性间的各个步骤。

本书第三部分(第11~14章)介绍了一些航天器仿真领域的前瞻性研究和先进的模拟器技术。

除却本课程学习人员之外,对想要了解整个航天器系统工程中建模仿真和航天器测试发展现状的相关研究者和学生,本书也同样适用。

书中的基础实例均是建立在阿斯特里姆公司的“基于模型的开发和验证环境”(Model-based Development and Verification Environment, MDVE)或开源仿真

工具 *OpenSimKit*① 之上,其中后者为可从互联网免费下载的开源工具[23]。该工具原始版本的编程由其作者完成,开发者社团和不同大学的学生对其进行了进一步的改进与提高。由于在代码实现上 *OpenSimKit* 较之专业模拟器更为简洁明了,因此,书中代码实例均从中选取。

① *OpenSimKit* 是作者的注册商标。

第一部分
基于仿真的系统开发

第 1 章　航天飞行中的复杂系统

Ariane V164 © ESA/Arianespace

复杂系统的设计、构建、检验、后续的完备性测试及最终验收，都以精密的系统工程学为基础。多年来，系统工程以建立在计算机上的系统仿真技术为基础。实际上，早在"阿波罗"计划时，NASA 和其承包商就应用了这种技术。时至今日，依靠性能更为强大的计算机和更为复杂的软件工具，仿真技术可以派生出更强大的功能。

从航天工程到汽车工业，仿真技术基本上可用于任何工业领域。而对各个不同的应用领域，设计和验证的工具则应适用于具体的不同需求。本书从"基于模型的系统工程"方面来介绍系统仿真技术。虽然书中实例主要来源于卫星开发领域，但所介绍的系统设计、验证的典型步骤和所提供的软件模型均可普遍应用于其他工业领域。

下面介绍航天应用领域一些复杂的系统实例，这些系统在开发中都需要进行系统仿真。为了进行从地面到太空的类比，首先介绍所有类型的发射装置。

火箭发射装置

"阿里安 5"火箭剖面图如图 1.1 所示，联盟运载火箭如图 1.2 所示。

在运载火箭领域，如"阿里安 5"，设计者在其系统开发过程中必须要考虑非常多的详细仿真需求。为验证总体运行性能，要对整个系统进行超复杂仿真，其仿真范围从固体火箭发动机的模型仿真到轨道控制、多级分离、星载软件及轨道推演的仿真。

火箭级及其子系统

运载火箭是由不同运载火箭分级组成。对深空探测器而言，最上面级可能

图 1.1 “阿里安 5”火箭剖面图© ESA

图 1.2 联盟运载火箭© ESA

就是探测器自身的一部分。从发动机流体动力学的复杂计算到涡轮泵、推进剂化学、热力学的功能性，直至轨道控制和所需的软件/硬件等，每个方面都被模块化，来分别对其进行仿真建模验证。在一些方面需要对各自进行建模仿真。“阿里安 5”火箭上面级 L10 如图 1.3 所示。

图 1.3 ESA 的“阿里安 5”火箭的上面级 L10© ESA

低温推进剂的火箭级用于将航天器（如通信卫星）直接送至理想轨道，不同于将航天器（如极轨卫星）送入更复杂轨道的自燃推进剂的火箭上面级，后者通常使用可再生的高压推进剂。

中等能量推进系统装置如图 1.4 所示。

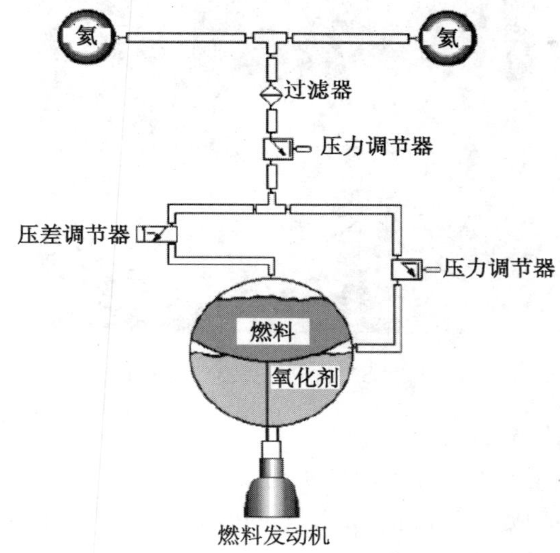

图 1.4　中等能量推进系统(装置)

类似的上面级也通常用于空间探测器长时间航行后的减速控制,或者为进入某目标天体/行星绕行轨道的减速控制。

除了传统的一次性运载火箭外,还应重视可重复使用的航天运输系统。

航天运输和供应系统

阿斯特里姆公司的 Phoenix 如图 1.5 所示。

图 1.5　阿斯特里姆公司的 Phoenix© Astrium

航天飞机系统,如宇宙飞船和太空运输舱,还应满足安全返回地球大气层的需求。载人航天飞机还要装备复杂的生命保障系统。

ESA 的自动运载飞船如图 1.6 所示。

物资运送系统,如现代“自动运载飞船”(Automated Transfer Vehicle,ATV),就是一种供给系统。ATV 有它自己的电源系统,为了将其自身接入“国际空间站”(International Space Station,ISS)还配备了一个全自主对接系统。

尽管目前的 ATV 是纯货运系统,但预计将来的载人飞船能够将宇航员运送

图 1.6　ESA 的自动运载飞船© ESA

到国际空间站并返回到地球。

“哥伦布”号实验舱发射如图 1.7 所示。

这直接导致一种要求更高的、广义上的航天器——空间站的出现。

载人空间实验室和辅助系统

航天飞机舱中的“哥伦布”模块如图 1.8 所示。

图 1.7　“哥伦布”号实验舱发射© NASA/ESA

图 1.8　航天飞机舱中的“哥伦布”模块© Astrium

像国际空间站(ISS)那样非常复杂庞大的系统,我们不可能将其作为一个整体进行仿真。在动力学额定和故障值范围的初步计算和分析等方面,必须对特定子系统进行仿真,并在系统层将各子系统结合起来。这些工作必须在概念和工程设计阶段就完成,为后续的运行监测打好基础。

国际空间站的"哥伦布"模块如图 1.9 所示。

图 1.9　国际空间站的"哥伦布"模块© Astrium

实验室及辅助系统、生命保障系统、电源系统和姿态轨道控制系统等都是典型独立建模与仿真的子系统。

航天器的燃料电池子系统如图 1.10 所示，NASA 的航天飞机燃料电池如图 1.11 所示。

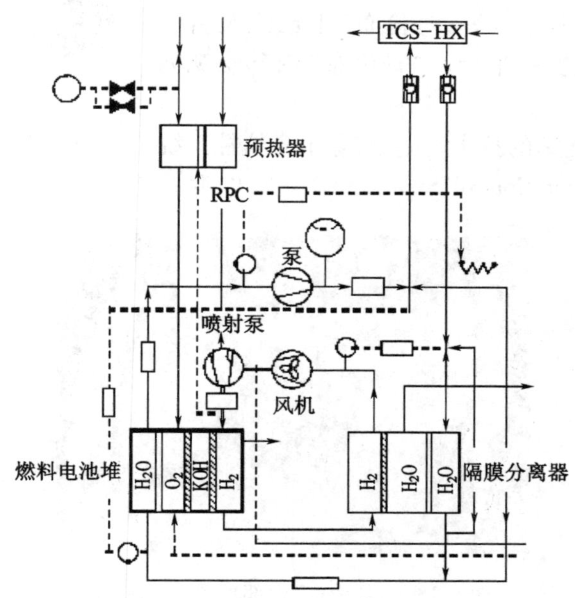

图 1.10　航天器的燃料电池子系统

载人飞船的电源系统在大多数情况下是由燃料电池组成的，而空间站的电源系统采用太阳能电池阵和电池系统相组合的方式，必要时还会包括有燃料电池/萨巴蒂埃反应堆系统。在这种的概念设计下的系统不仅涉及复杂的控制论，

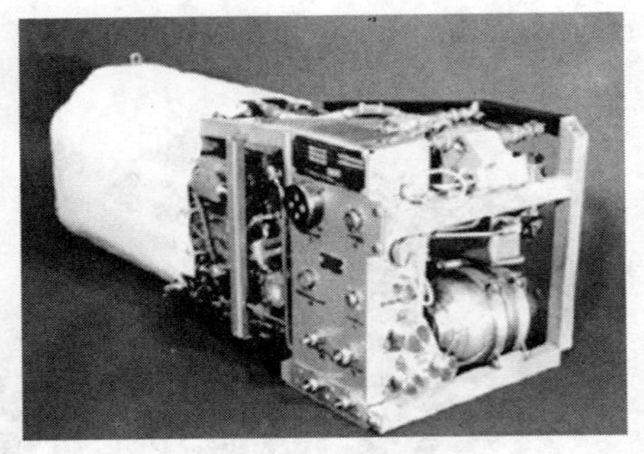

图 1.11　NASA 的航天飞机燃料电池© NASA

而且还需要进行物理和化学效应的建模。因此,当将这些系统付诸于工程实现时需要对其进行大量的系统仿真。

ESA 的流体科学实验室如图 1.12 所示。

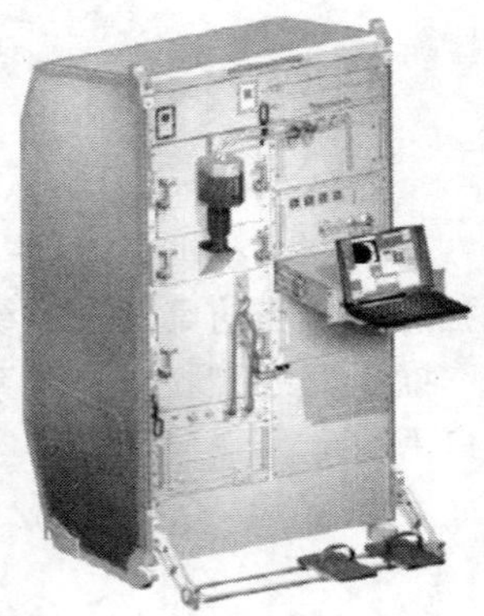

图 1.12　流体科学实验室© ESA

同样,在空间站的实验平台中也应用了这种方法,实验平台所涉及的领域从材料科学到生物科研等各方面。

欧洲空间实验室——“哥伦布”上已经装备了大量各种类型的实验平台。“哥伦布”内部景观如图 1.13 所示。

最后,在空间站的技术设施中,除了姿轨控系统(Attitude and Orbit Control System, AOCS)、电源系统、环境控制与生命保障系统(Environmental Control and Life Support Systems, ECLSS)等基本设施外,还有机械臂、装配支持系统等外部维护设施(图 1.14)。这些系统现在也非常复杂,在开发过程中,其可编程、高度自动化功能部件都需要经过精密计算和系统仿真验证。

图 1.13　“哥伦布”内部景观© Astrium

图 1.14　欧洲的 Robot Arm© Astrium

尽管航天器的类型众多,但是它的基本种类不外乎科研试验卫星、通信卫星、军事卫星以及探索外行星和太阳系遥远地方的空间探测器四类。

卫星和空间探测器

卫星上装备有满足任务精度需求的复杂姿态和轨道控制系统。卫星的载荷涵盖雷达系统、光学系统以及重力梯度仪等特殊应用。此外,也可能是特殊任务中需要的专用子系统,如空间探测器中的射频热发电机、放置在遥远天体上的着陆器等。

Metop 如图 1.15 所示。

图 1.15　Metop© Astrium

本书致力于航天器系统仿真的研究,书中的实例绝大多数来自于作者所从事的卫星开发领域。然而,在许多工程领域,如航空、工厂生产、电厂建设、汽车及医学工程等中也有类似的系统复杂性。在这些领域中,系统仿真可支持系统的开发与测试。

飞机开发中的系统仿真如图 1.16 所示。

在进一步介绍仿真技术更多细节之前,给出术语“仿真”的具体定义:

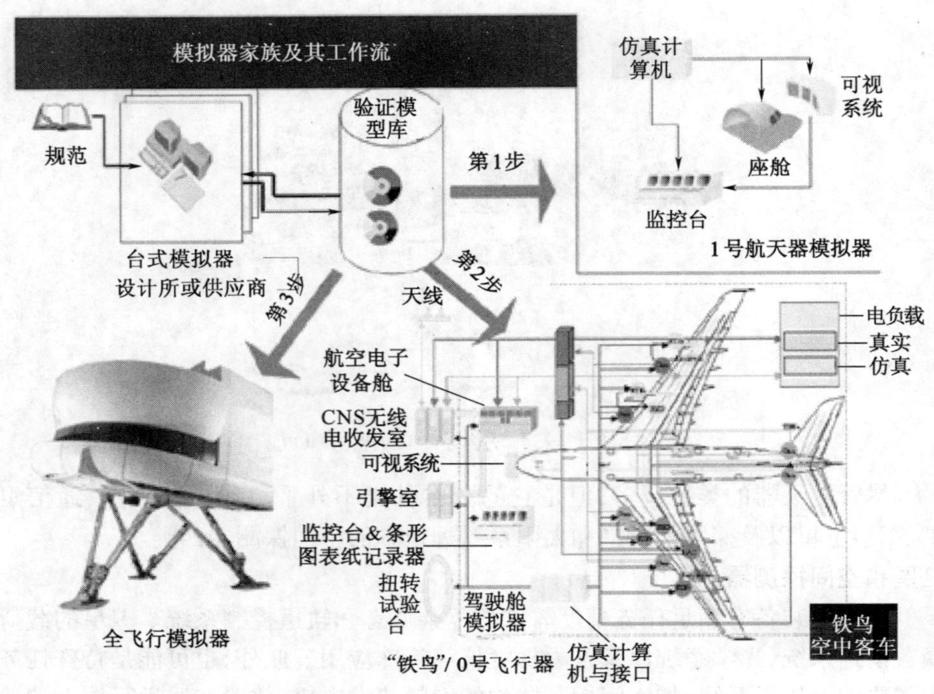

图 1.16　飞机开发中的系统仿真© Airbus S. A. S.

仿真是一种分析动态系统以洞察系统动态行为的方法。仿真意味着在系统模型上进行实验，"仿真系统"是指实际的系统，而"仿真模型"是指对现实世界系统的抽象。

第2章 系统工程中的系统仿真

Metop©Astrium

2.1 航天器开发过程

如图2.1所示,航天器系统的开发过程可分为四个阶段,若有必要还要增加运营阶段和处理阶段。系统制造商,如整个卫星或子单元的制造商,通常会参与前四个阶段以及E阶段初期的开发过程。在此开发过程中制造商会与用户(对于航天器来说通常是宇航局或者商业承包商,对于子系统通常是航天器主要承包商)商讨并确定一些重要的里程碑。

图2.1中标注了航天器开发过程中常用里程碑的缩略语。

A阶段有时也包括概念上的0阶段,即预先研究阶段。在此阶段,航天器制造商会分析卫星,并得到定量结论以满足特殊任务的需求。例如,为达到对卫星载荷的和重访周期的要求,就需要对其轨道参数和特征进行分析。"任务需求评审"(Mission Requirements Review,MRR)是"产品结构规划"(Product Structure Plan,PSP)的第0级,在一开始便从系统层面规定了任务需求,这意味着卫星设计应考虑到有效载荷的电源供给、与地面的数据传输、姿态和轨道控制以及电源和热控制系统等多方面要求。除了在轨卫星与地面站间通信的详细仿真外,这些分析最初仅限于预分析(如星载所需的电池容量、存储容量等)。A阶段初步需求评审(Mission Requirements Review,PRR)结束。

通常将A阶段规定的工作同时分配给两个或更多的竞争对手,这样客户(如宇航局)至少会得到两种独立任务分析结果。客户会选择最好的一种结果,

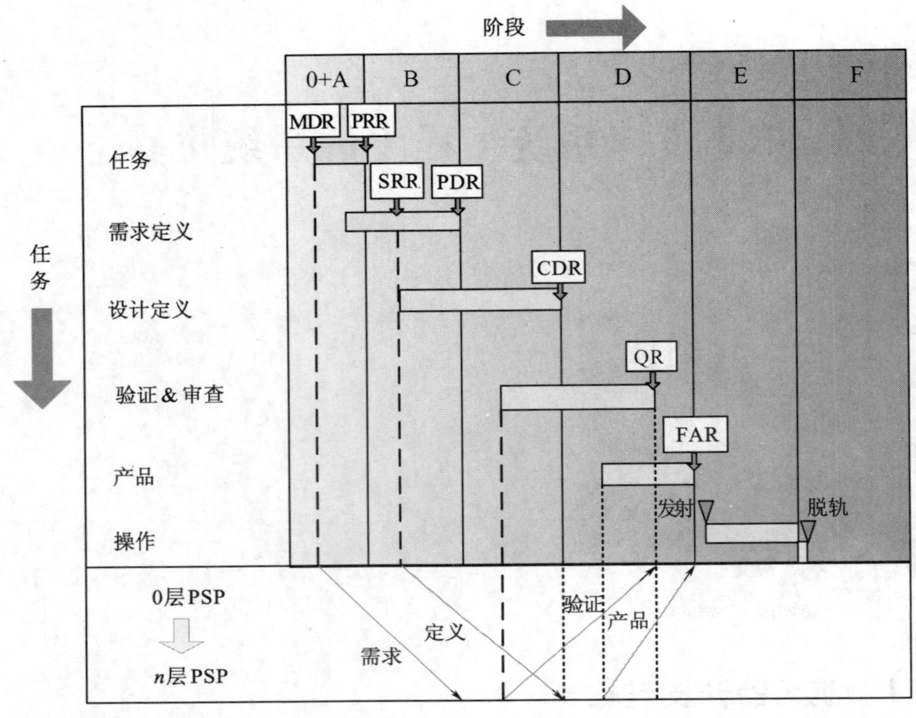

图 2.1　空间项目的开发过程和里程碑(来源：ECSS-M30A)

并提交一份“投标邀请书”(Invitation to Tender,ITT),为 B、C 和 D 阶段做准备。多数情况下,客户会与 B/C/D 阶段开发中标者签一个合同,合同内容通常还包括制造商从 E 阶段开始对卫星运行提供的技术支持。

在 B 阶段期间,提出卫星组件需求,例如:

- 姿态和轨道控制的算法需求。
- 配备组件的定性和定量需求及其设计。
- 整个系统设计关于结构、供配电及热控制功能的定性和定量要求。
- 有效载荷的功能和性能需求及其控制。
- 有关星载软件的技术要求。

在对轨道、系统、运行和有效载荷功能等需求进行足够规范后,得到“系统需求评审”(System Requirements Review,SRR),开始系统级上的设计定义。该设计定义工作包括:

- 开发初始姿态/轨道控制算法。
- 对产品结构进行详细、确切地系统拓扑化。
- 制作出第一张 CAD 图纸及电路图。
- 进行首次热与机械计算。

B 阶段以“初步设计评审”(Preliminary Design Review,PDR)结束。设备分包商随后递交邀请投标,为 PSP 底层元素的开发和制造做准备。

C 阶段再次考虑系统层面的设计,是真正的定义阶段。在此阶段,组件和子系统在分包商层面(1 ~ n 级 PSP)予以明确。C 阶段以“关键设计审查”(Critical Design Review,CDR)结束,对于子系统层面的标准组件,也是第一次在硬件面仓板或工程模型上进行设备验证。

随后的 D 阶段是生产阶段,以完成运行系统(如卫星)为结束标志。完整的产品必须以“飞行验收评审”(Flight Acceptance Review,FAR)的验收为结束里程碑。然而,对于航天器的总承包商,最重要的是前面几个里程碑,称为“资格审查”(Qualification Review,QR)。而此评审标志着所有设备验证测试、综合测试及系统验证测试都已完成。系统验证测试是由热真空腔中热测试和振动器中机械振动测试组成的。对于 QR,所有部件都必须满足空间环境要求(如电子组件应该用特殊的集成电路),同时电子设备的焊接、粘合等都应使用特殊的制造工艺。

在 D 阶段后,系统投入运行(如卫星发射)。运行 E 阶段期间,系统制造商仍然需要为航天器运营机构在有效载荷的调试、在轨特性及校准等方面提供支持。E 阶段之后是 F 阶段,它包括航天器的最终关闭和离轨处理。

2.2 系统控制及建模

除了一些无源部件,一个系统通常可以被抽象为控制函数或控制物理模型。这种方法不仅被用于整个航天器,也用于一些子部件,如雷达有效载荷、火箭级等。无源部件是指没有安装可展开天线的卫星主体结构、光学设备的太阳挡板等部件,而这些部件的设计分析不是本书讨论的主题。

本书将着重对系统的功能性及控制函数进行分析和建模。如今,这些功能系统的设计和验证大多数情况通过系统仿真技术实现。在此范畴内,不仅实现系统功能物理层面(关于电气系统、机械、热力学、流体动力学等)的建模,同时还实现系统控制器的性能验证,包括从单纯的机械控制到应用程序软件的验证。对系统物理学、加控技术等集成系统的处理中,系统仿真通常被应用于不同层面。这类仿真的技术准则主要关注:

- 对系统内部部件之间的相互作用进行分析与仿真。
- 通过建模实现整个系统的仿真。
  - 系统部件及其功能。
  - 部件接口及其接口间的相互作用。
  - 系统运行的外部环境。

系统建模的粒度和复杂度由整个系统工程引出的问题决定。仿真模型仅仅反映出真实设备的功能,如关注设备的通信协议、设备的运行模式及功耗等。功能仿真的目的并非精准反映设备组件的内部设计。当然,建模的粒度、效果以及仿真中的简化都应该符合设计要求和精度需求,这些要求是通过系统分析得到的。

在工程的不同开发阶段,系统仿真有不同特点,这是系统工程领域内的一个综合任务。系统工程提出问题,如一个工程的系统性能验证或者系统内部故障管理验证,为仿真提供边界条件。如今仿真技术已非常先进,所以如飞行器、卫星等复杂应用也可以单纯靠仿真技术开发。卫星独立机械模型或在装配到真实飞行器模型前的独立热模型等一些以前的工具开发理念已经过时。由于私人或者机构用户的任务预算减少,旧的方法不再有资金支持。然而,模型数量的减少不应危及任务的成功,通过以下途径可降低风险:

- 尽可能按照标准化组件设计系统。
- 在开始硬件制造之前进行详尽的配置仿真。
- 使用大量仿真技术支持系统设计验证中所有重要步骤,以及"组装、集成、测试"(Assembly,Integration and Testing,AIT)。

这种技术途径称为"基于模型的开发和验证"(Model-based Development and Verification)。CryoSat 1 是第一个欧洲航天局卫星项目,此项目中整个卫星工程模型原型由仿真代替(图 2.2、图 2.3)。

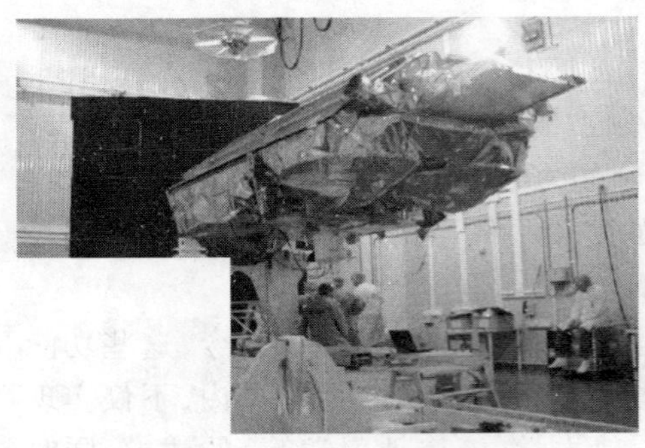

图 2.2　CryoSat1© ESA

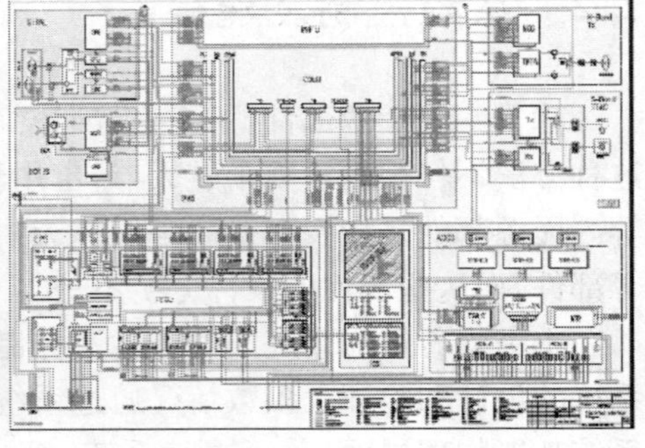

图 2.3　CryoSat 电子块图© Astrium

基于仿真的系统验证,对术语"验证"和"确认"进行精确定义:

- 验证是指检查所有已定义的系统需求是否已实现,这些需求应在正规需求文档中给出。验证可以通过分析计算、仿真、测试及检查等途径进行,根据需求类型选择具体合适的方法。
- 确认是指检查系统是否按预期目标执行,如对于卫星有效载荷,是否能够提供达到预期分辨率要求的空间图像。

2.3 节开始解释系统物理仿真和功能仿真的概念。其后讨论主题将聚焦于验证和确认,解释基于仿真技术的验证和确认在整个系统工程中的作用。

2.3 算法、软硬件开发及验证

对照图 2.4,我们讨论系统工程中系统仿真的嵌入和应用。现代复杂系统是硬件设备与控制软件的组合,如航天器、汽车、飞机、发电厂或其他机械装置等。图 2.4 解释了总系统及子系统(如卫星载荷)在开发过程中的相互关系。

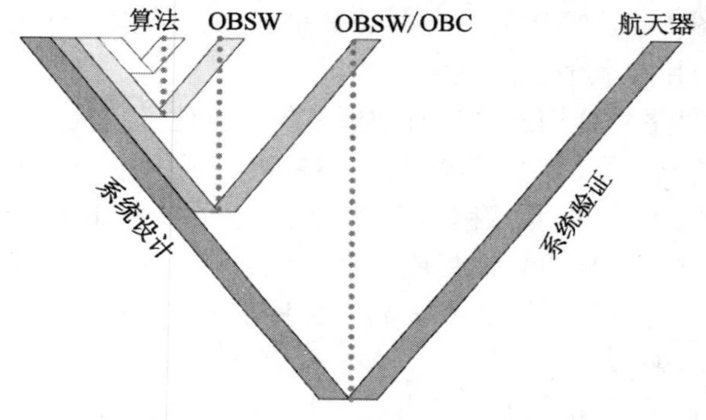

图 2.4 功能设计和验证

图 2.4 中将开发过程描述为典型的 V 形,其主分支包括设计和验证。然而,此 V 形模型在整个工程系统中,被分成一系列互相关联的 V 步骤,这些步骤从右到左可以解读如下:

- 为能够通过系统测试验证系统(航天器)的具体需求,计算机上必须有能达到既定目标的控制软件。
- 硬件/软件在这一步应该完成集成。
- 为验证硬件/软件是否正确集成,必须有一款已通过预验证的控制软件,对于航天器工程来说就是星载软件。
- 最后,为对星载软件进行预验证,必须为集成控制算法(如用于姿态控制的算法)提供可用的参考数据。参考数据来源于算法验证活动,参考数据本身应该已通过验证。

在大多数工程管理文献中都将功能设计和验证当作一个半双层问题,用一种简化的方式设计、验证系统和子系统(图 2.1 的 PSP 层)。在图 2.4 中,未提及从算法设计到系统验证的相关性,而这些相互关系能帮助我们理解何时参与工程是由何种输入所致,以及在项目中通过延迟输入迫使谁成为关键路径。

图 2.4 指出了关于系统建模和验证基础设施的一个重要事实,即从最简单的算法测试层面到极其复杂的顶层系统测试,任何功能测试都需要一定的基础设施。因此在系统开发中,必须预先建立设计和测试基础设施:

- 用于控制算法。

- 用于将算法(集成于目标硬件之前)转化为星载软件代码。
- 用于硬件/软件集成。
- 用于整个系统,这里是航天器,包括其集成的 OBC(On – Board Computer,OBC)。

理想情况下,所有这些基础设施都应以普通工具包形式存在,即可以从一个开发步骤移植到下一个步骤中。第 3 章将介绍这类基础设施的需求、功能和实现例子。对于图 2.4 所描述的飞行器及其星载软件的验证理念而言,其开发步骤和原则也可以用于其他工业领域。

第一,以软件形式或用测试台对物理系统进行建模,将已开发出的控制算法集成起来用以控制系统。此时算法几乎还未用目标程序语言编写,同样硬件也非目标硬件。这种形式的测试称为"算法在回路"(Algorithm in the Loop)。

第二,将算法用目标语言编写成软件。此时可用的控制软件加载到最终修改过的测试平台上,再一次控制系统。这种形式的测试称为"软件在回路"(Software in the Loop)。

第三,将控制软件加载到有代表性的目标计算机上,用于控制混合测试平台,目标计算机上最终的软件此时有了仿真的物理系统。此测试称为"控制器在回路"(Controller in the Loop)。测试第一步是目标计算机的软件集成。

第四,也是系统测试的最后一步,目的是用目标硬件上的控制软件控制实际系统,不再是测试台上的系统仿真。此阶段称为"硬件在回路"(Hardware in the Loop)。在航天器开发中,此时模拟器需要计算激励参数反映无重力空间条件。

对于这些步骤,必须每次在需求文件中写出算法、星载软件等待测试项目。在最终测试报告中,应该记录主要的验证方法、待测试项目的设计、最终生成的测试计划及其结果的收集和分析。

这种基于仿真的系统开发方法,要求从技术层面和工程的组织与职责分配两方面应用新型工作流程。需要管理的工作有:

- 工程学科的集成,如机械/动力学、电子学、热力学和系统运行/数据处理。
- 模拟器基础设施的分配应对工程负责,此角色也被称为"模拟器架构师",其任务是对仿真基础设施的及时管理、按需开发、质量鉴定和安装。
- 管理任务还包括模拟器、系统模型、配置数据库及测试规程在整个工程阶段(B、C/D、E 阶段)的应用。
- 系统设计、仿真和验证环境必须尽可能标准化,在未来的空间工程中可以复用。
- 最后一步是进行以下部件的集成开发和测试:
  - 卫星硬件和软件。
  - 系统模拟器。

➢ 软件和设备的检查。

基于仿真测试平台功能的定义、实施和检查必须按照上述步骤。

2.4 功能系统的确认

系统开发的最后目标是产生一个已验证的系统设计，其涵义可以参照对术语“确认”的解释，在系统交付、发起、成批生产或工厂调试之前，要确保系统功能满足预期的需求，这与其功能、可靠性以及性能有关。

确认过程也需要多个测试平台，但不要和前面章节中所讨论的验证基础设施搞混。这是因为对系统验证所需的测试平台最终只需要组成整个系统的一部分。汽车工业中确认汽车性能的方法是将一个新汽车原型的滚轴装置以指定的周期运转，以确认汽车的燃料消耗情况。真实系统的测试可以在测试车道上试车、在极地或沙漠环境下试车等。

然而，这恰恰是航天器出现特定问题的地方。若汽车原型在测试车道上未按照预期加速、制动，暴露了方向盘响应不足或其他性能的不足，这些不足可以在开始系列生产之前进行再优化，如使传动结构更加完善。

航天器，特别是地球观测卫星或深空探测器，其本身就是原型。对单一主要组件的确认，如对一个雷达有效载荷在电磁兼容试验箱的测试通常是可以实现的，但对整个系统在真实空间条件下进行测试是很困难的。基于“测试平台”，可在发射前于热真空腔中对系统进行热测试（图 2.5）。

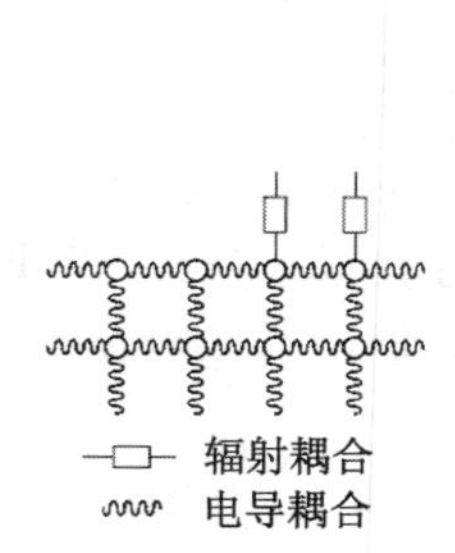

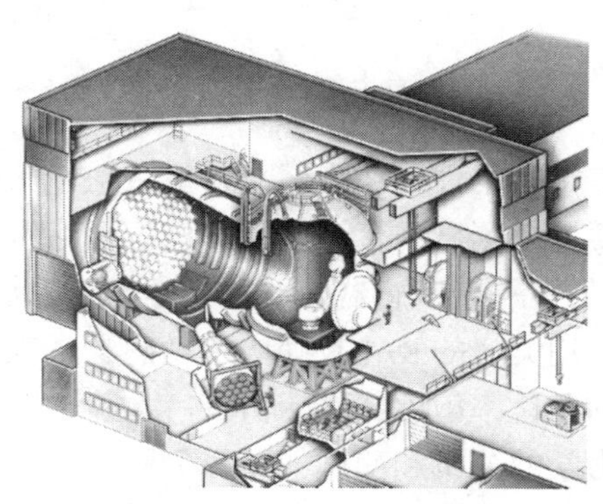

图 2.5　热力子系统的分析和测试© ESA

整个系统在电磁兼容腔中的有关电磁兼容性（Electromagnetic Compatibility，EMC）测试（图 2.6），以及对可预见发射器有效载荷频谱结构力学的相容性测试，都在一个动台上进行。

然而，功能行为的确认十分困难。例如，类似于前面所举的汽车驾驶动力测试的例子，对于航天器，为了验证姿态和轨道控制的正确性，在地球上不能提供

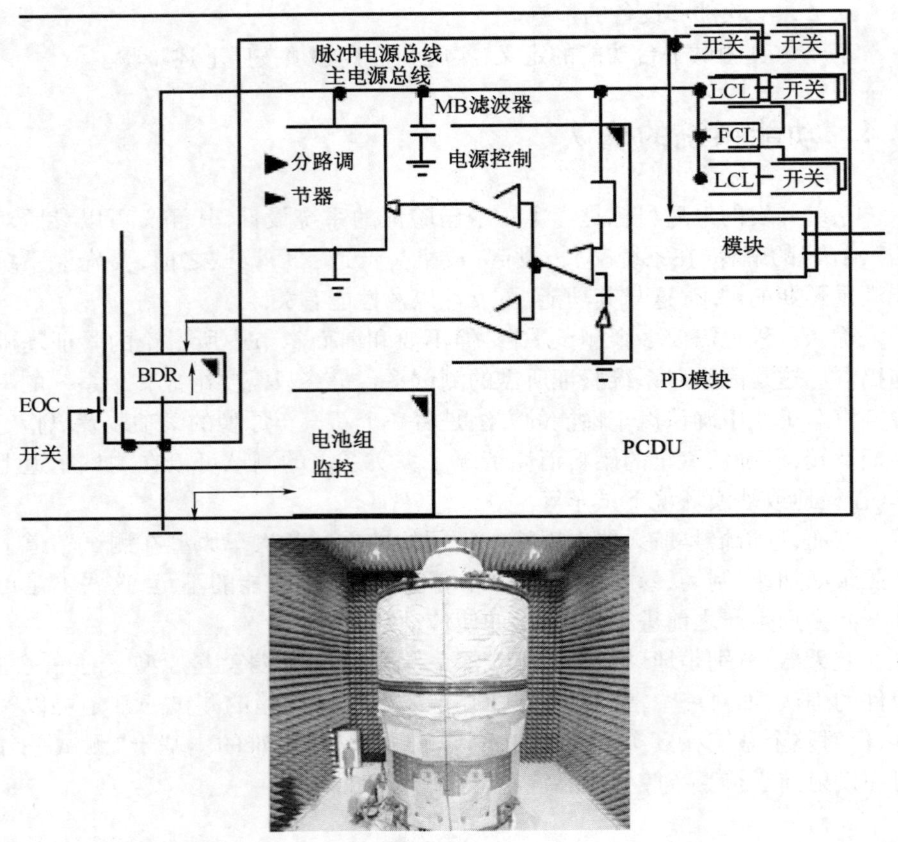

图 2.6　电磁兼容性分析和测试© Astrium

最基本的零重力条件。在测试平台上可对航天器的姿态和位置进行几何建模，因此有必要基于测试平台对航天器进行理论研究。在三维旋转测试台安装航天器敏感器，如在每个敏感器前放置光学和红外灯，对敏感器的太阳和地球可见性进行仿真。用类似的装置来确认星敏感器的功能。同时在这些转盘上，也可以对航天器的角速率敏感器进行仿真。

结构力学的分析和测试如图 2.7 所示。

图 2.8 中的旋转台装置仅限于仿真卫星姿态控制系统中太阳和地球敏感器，从此图中装备情况可看出测试平台的复杂度。如果需要对其他姿态敏感器、旋转敏感器及航天器执行机构进行仿真，应用类似技术方法，所用的装置复杂度会更大，甚至让人眼花缭乱。一个闭环验证测试平台中，所有硬件装备的花费已远远超过目前的任务预算。

因此，对于无人飞船，基于仿真技术进行开发是一个更加实用的方法，此方法包括：

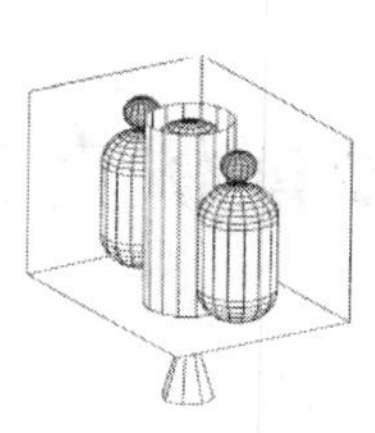

图 2.7　结构力学的分析和测试© ESA

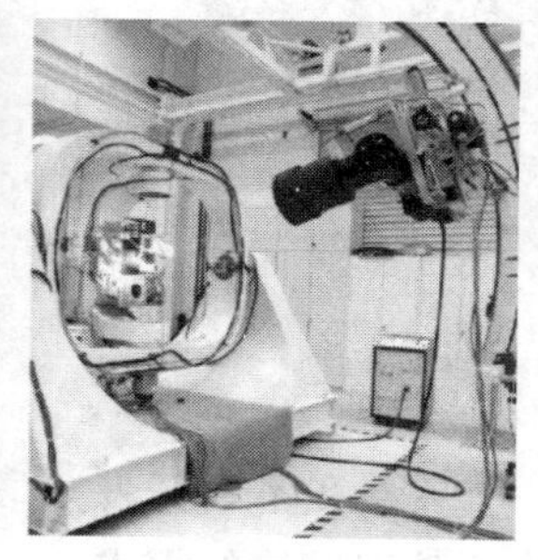

图 2.8　带太阳和地球模拟器的旋转台装置© Astrium

- 组件测试中确认测试的局限性。
- 尽可能快地核实整个系统的技术参数。
- 验证星载软件是否与“算法在回路”的状态一致，该软件将运行于真实系统部件对应的目标硬件之上。
- 限制测试平台上系统确认的类型为热、机械及电磁兼容等，如图 2.5 ~ 图 2.7 所示。

这就在一个可接受的层面上，减小了一个非功能系统的风险，最终的性能确认在轨运行调试阶段实施，属于 E 阶段的一部分。理论上，在最终测试之前已关闭系统确认，这也适用于所有应用的测试中中间验证步骤的基础设施设计。

第3章　系统分析与验证仿真工具

TanDEM-X © Astrium

表3.1总结了航天器在不同开发阶段的主要任务，根据这些任务可直接导出航天器开发与验证基础设施的需求。

表3.1　航天器开发过程中各阶段的主要任务

A阶段	B阶段	C阶段	D阶段	E阶段
• 任务分析 • 系统概念开发和配置选择 • 概念和配置分析、系统权衡 • 概念所选变体的标准化文档开发	• 系统设计优化和设计验证 • 系统和设备规范的开发与验证 • 功能算法设计与性能验证 • 接口和预算的设计支持	• 组件制造分包 • 组件和系统布局的详细设计 • EGSE 开发与测试 • 星载软件开发与验证 • 测试程序开发与验证 • 单元和子系统测试	• 软件验证 • 系统集成与测试 • 操作的性能和功能验证 • 飞行程序开发验证	• 地面部分的验证 • 地面操作人员培训 • 发射 • 在轨运行 • 有效载荷标定 • 性能评估 • 主要承包商提供航天器故障排除支持

0/A阶段的目标是开发系统概念，阐述基本的系统特征和定义。对于卫星来说，这些包括轨道定义和系统配置决策等，如本体安装或部署的太阳能帆板系统配置。这些任务基本上是设计任务。B阶段的主要任务是设计优化，完成系统级设计及详细部件级的需求分析。在这些阶段创建诸如航天器结构等所有物理设计，以及待实现功能的技术需求规范。

在现代技术中，设计者收集这些需求作为数据库中的文本模块。在随后的项目测试中，设计者可将测试计划、程序和报告等文档分配到这些需求文本模块中。需求指定了单元测试需要在组件级上验证至哪一级、集成测试需要在集成级上验证至哪一级、系统测试需要在系统级上验证至哪一级。这些测试文档可以说明如何验证需求。

后续开发的 C 阶段和 D 阶段重点研究组件的构建和验证，以及如何将组件集成到整个系统。最后是 E 阶段，着重研究航天器功能与性能的在轨验证。

在 0/A/B 阶段需要设计工具和模拟器。C/D 阶段需要能支持验证任务的工具。如表 3.2 所列，系统开发包括 7 种系统设计与验证基础设施类型，理想情况下，它们之间按照顺序环环相扣。

表 3.2　系统开发步骤及每个步骤对应的基础设施设置

(1) 概念化基础设施： **设计目标** 基于电子表格的任务概念分析和预算分析等； 基于商业工具的轨道分析和仿真。	
(2) 设计基础设施： **特定工具** 用于 AOCS 算法设计、控制工程设计、热设计、电气设计、结构分析的工具。	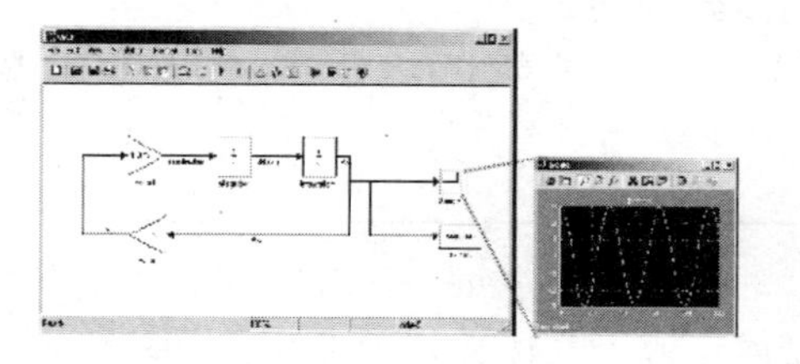
(3) 算法验证基础设施： **“算法在回路”(FVB)** 卫星和空间环境首次完整功能建模； 在仿真基准内测试步骤(2)中的控制算法。	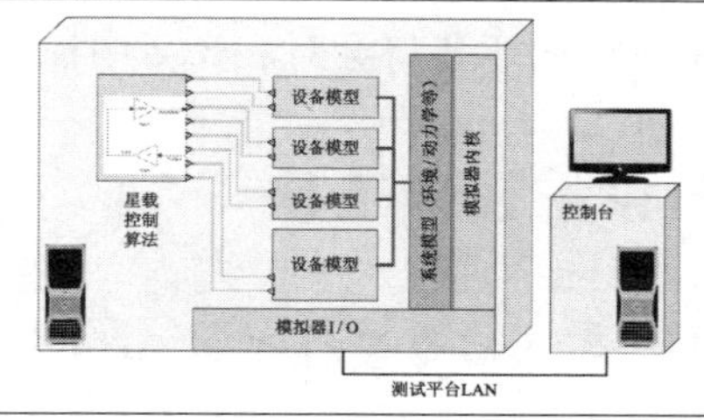
(4) 软件验证基础设施： **“软件在回路”(SVF)** 复杂的 OBC(OBC)； 星载软件(OBSW)； 仿真卫星内 OBC 模型的二进制可执行程序。	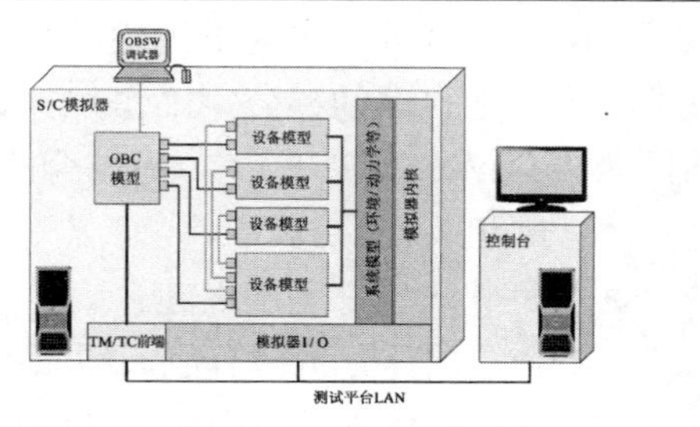

（续）

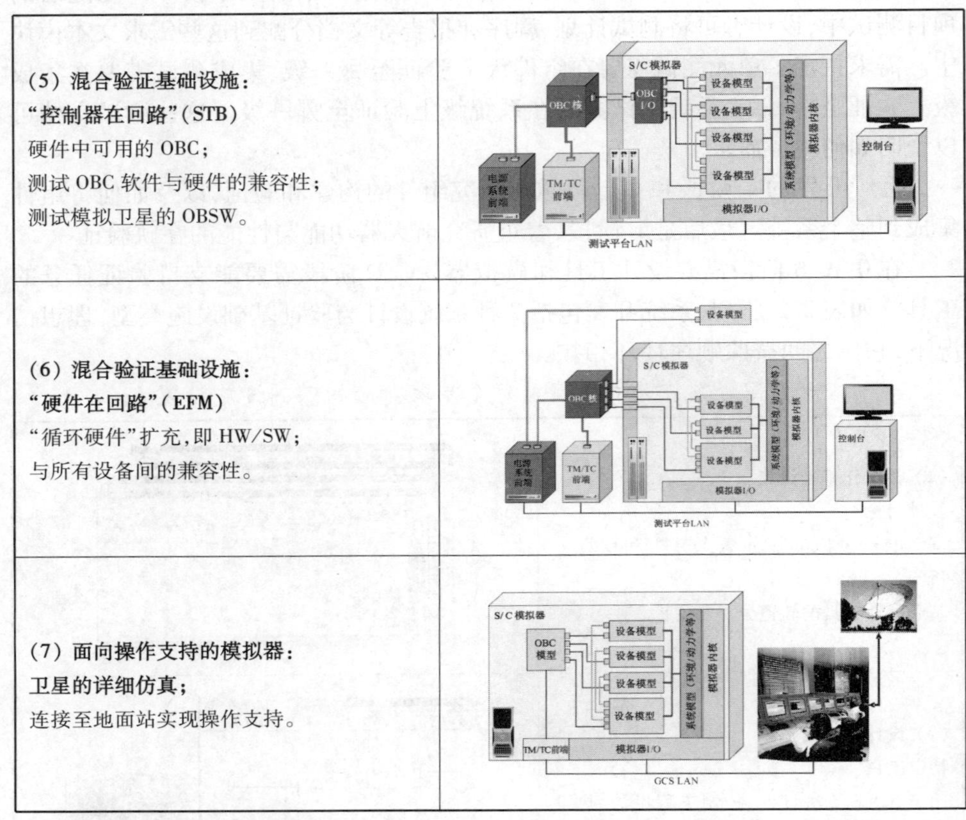

（5）混合验证基础设施： **“控制器在回路”（STB）** 硬件中可用的 OBC； 测试 OBC 软件与硬件的兼容性； 测试模拟卫星的 OBSW。	
（6）混合验证基础设施： **“硬件在回路”（EFM）** “循环硬件”扩充，即 HW/SW； 与所有设备间的兼容性。	
（7）面向操作支持的模拟器： **卫星的详细仿真；** 连接至地面站实现操作支持。	

仿真技术在每个设置中起着重要的作用。步骤(1)和步骤(2)基础设施类型属于概念和设计基础设施，而步骤(3)～步骤(7)的基础设施属于公共验证基础设施。后面章节将会对表 3.2 中描述的所有基础设施进行详细阐述。

3.1 系统设计工具

3.1.1 系统初步设计工具和概念

A 阶段的分析工作基于优化的半协作方法，其采用经典分布式（每一个领域的专家在他自己的办公室工作）与“设计办公室”式（开放式办公室，互相协作的团队以会议方式展开工作）相结合的工作方式展开研究。

- 轨道/弹道仿真工具。
- 特殊的软件基础设施：
    - 预算分析所有航天器系统工程领域，应用有关的电子表格工具。
    - 设计查看基础设施，如投影仪或 3D 可视化设备等。

- 用于结果分析的数据库及管理系统。
- 生成分析报告的工具。
- 客户(如空间机构)与系统主承包商间的视频会议基础设施。

可在主承包商与空间机构之间使用该基础设施。不同研究机构,对该基础设施称谓各不相同。例如,Astrium 称为“卫星设计办公室(图 3.1),ESA 称为“协作设计机构”(图 3.2),NASA/JPL 称为“项目设计中心”。

图 3.1　卫星设计办公室(阿斯特里姆的腓特烈港)© Astrium

在概念任务设计期间,办公室会议会在预算分析、轨道分析以及轨道仿真方面展开协作商讨。由于此时没有详细定义系统的详细拓扑和各项系统控制功能,因此,在该阶段不涉及航天器功能仿真。

图 3.2　ESA 的协作设计机构© ESA/ESTEC

图 3.3 例举了一个 A 阶段系统学习过程的逻辑,所选的例子来自 Astrium 卫星设计办公室。

在本例中,系统概念设计需要两周,其中包括了几个设计办公室会议。例如,风险分析和报告撰写等非技术任务在该时间框架内进行,参与工程的规则如下:

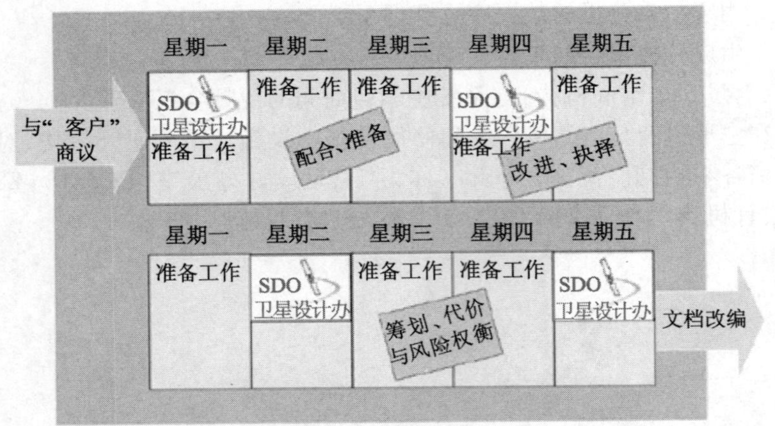

图 3.3　卫星设计办公室的研究范例© Astrium

系统	RF 通信
有效载荷	电源
相关操作与星载软件	机械配置/结构
轨道分析	热设计
电气系统和星载数据处理	调度和地面操作
AOCS	代价和风险分析
推进子系统	+SDO 会议主持人

该方法的实质是协调工作处理流程,包括有关开发逻辑和顺序,以及所有被评估系统的设计文档和任务概念文档。该文档对于设计变量选择和决策归档、建立同类后续项目知识库必不可少。此外,协调会提高了处理效率。但在实际工程中,通常几乎不为 0/A 阶段研究提供资金支持。

设计办公室电子表格实例如图 3.4 所示。

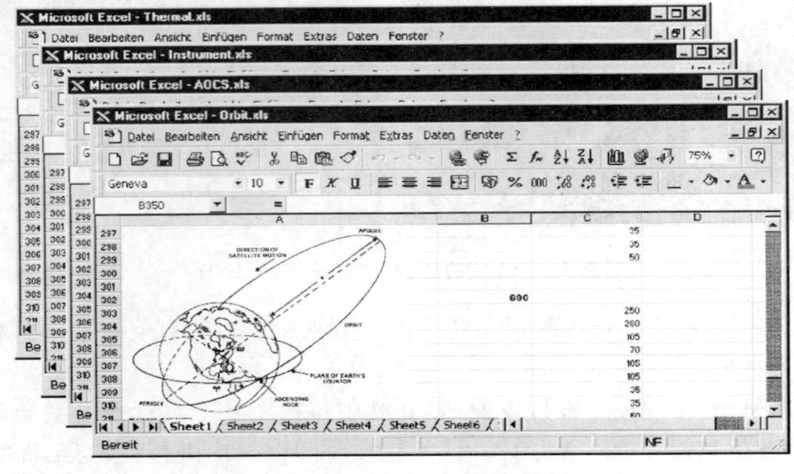

图 3.4　设计办公室电子表格实例© Astrium

对于系统仿真，在设计办公室进行的 0/A 阶段研究中，只应用轨道传播工具，一种广泛使用的应用程序是“卫星工具包”（STK）。在本书的参考附件中列出了与设计办公室有关的资料和网页。

3.1.2 B 阶段的功能系统分析工具

在 B 阶段，需要在系统工程过程中首次使用仿真工具进行总体分析和子系统设计分析。除了用于功能仿真的工具外，还有用于结构力学、热能工程、电气设计的分析工具，如有限元法工具（FEM）、热网络求解器等。在 B 阶段中，所用的功能工具通常是控制工程专用库和系统动态工程专用库组成的商业工具箱。目前，最普遍的基础设施是在 Matlab① 上附加工具箱 Simulink 和 Stateflow。此外，还有开源的 SciLab 和在汽车工业领域广泛使用的半开放工具 Modelica。

这里通过 Matlab/Simulink/Stateflow 的例子概述了基本工具和这些工具的功能（图 3.5）。这些用于系统设计分析的仿真工具清单详见参考附件相应细目。

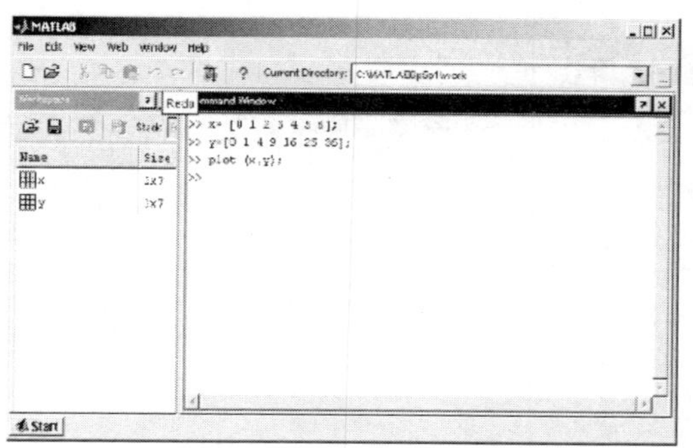

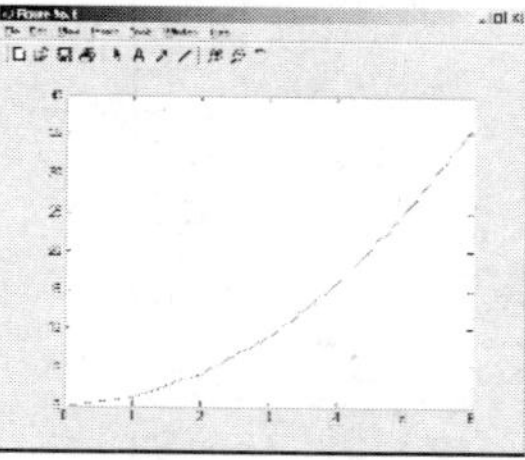

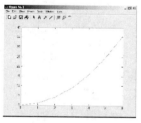

图 3.5 Matlab 用户接口

Matlab（矩阵实验室）是矩阵和向量代数的数学翻译器。用户可以基于该工具完成不同类型的数学计算。Matlab 提供如下功能：

- 全局变量定义。
- 广义函数标准数学运算符，特别是向量和矩阵代数。
- 大量的图形可视化功能。
- 考虑用户输入和命令的交互式计算。
- 使用 *. m-Scripts 进行基于脚本计算的可能性。
- 用 C/C ++ 编码，通过共享库（Mex）进行功能扩展。
- 用仿真以及自动工具箱 Simulink 和 Stateflow 进行补充。

Simulink 是一种仿真工具箱，允许动态系统的图形化建模（图 3.6）。其通

---

① Matlab、Simulink、Stateflow 是 MathWorks 公司的注册商标。

过单击鼠标添加单元块，用以装配信号流链上的功能单元，并可将数学运算符块、数字/模拟可视化块添加到整个系统图中。

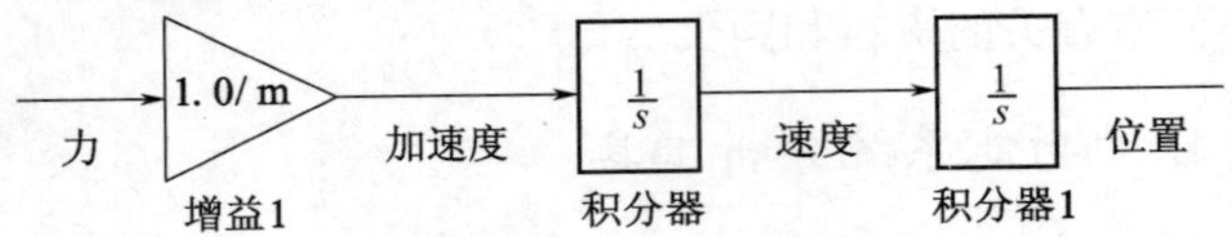

图 3.6　Simulink 块的装配

系统建模、控制理论和工程标准构件组成的巨大商用库可通过自编程功能块(S-Functions)进行扩充，可以用 FORTRAN 或 C 语言实现，也可以将 S-Functions 聚合存储在共享库中。Simulink 考虑了时域状态空间系统建模，以及拉普拉斯转换信号域、频率或 S 域的建模。

Simulink 模块库如图 3.7 所示，数值求解器的选择如图 3.8 所示。

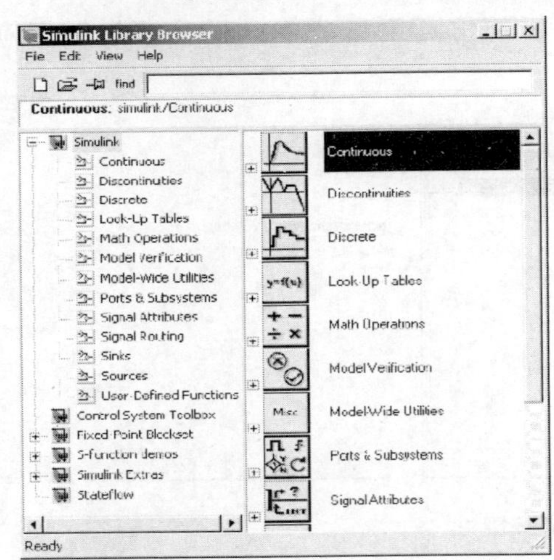

图 3.7　Simulink 模块库

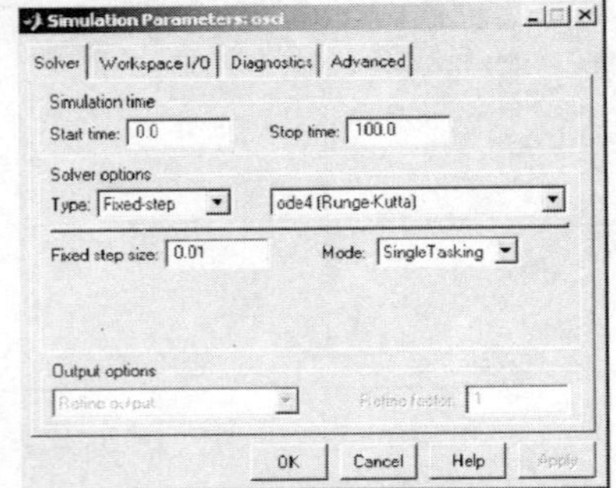

图 3.8　数值求解器的选择

Simulink 提供了大量的集成求解器，用于完成整个方程组的状态积分，一些求解器适合于有代数闭环的系统。

Simulink 的另一个特点是将系统划分成子系统，并且允许内部层次嵌套。图 3.9 描绘了一个简化的卫星模型块图。

Stateflow 是对 Matlab 和 Simulink 的功能扩展，支持将系统组件建模成有限状态机。这些状态机也可以像 Simulink 模型一样分层嵌套。Stateflow 是指将被模拟设备当作 Harel 类型的状态机，其包括过渡期和嵌套，并允许在一个状态图内模拟多个跨功能状态图。

B 阶段模型的典型建模粒度如图 3.10 所示。

图 3.11 显示了某一操作模式下的卫星姿态和轨道控制系统顶层，它是由

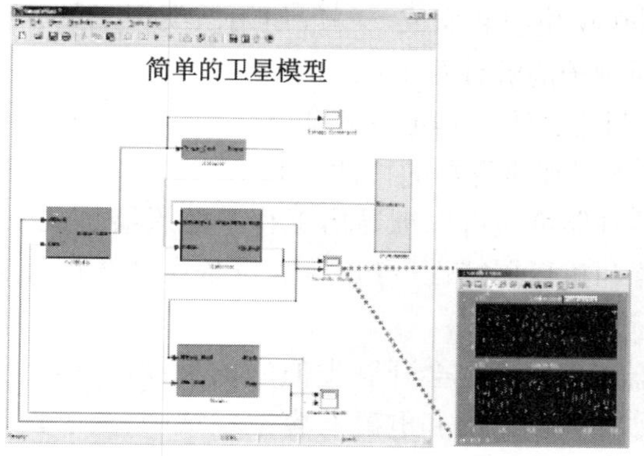

图 3.9　简化的卫星模型块图

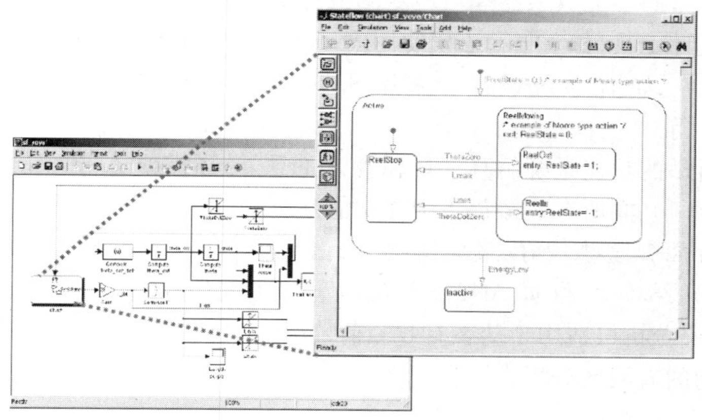

图 3.10　B 阶段模型的典型建模粒度© MathWorks 公司

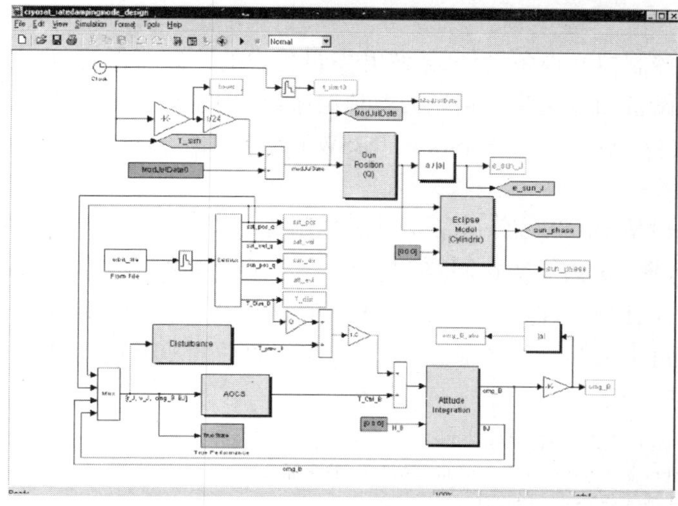

图 3.11　AOCS Simulink 功能模型顶层© Astrium

Simulink 块和 Stateflow 块组装而成。一般使用该类型工具分析典型的系统工程设计任务。上面的例子能够计算出：

- AOCS 控制器算法及其定量表征
- AOCS 敏感器和执行器的特性。

根据 AOCS 控制器算法可以推导出工程中航天器星载软件控制算法规范，根据 AOCS 敏感器和执行器特性，可将所需设备设计数据流融入分包商制造的组件规范中。

在其他航天器工程领域也会开展类似的仿真设计，但主要是在子系统级和设备级进行。例如在控制工程和电磁兼容性领域中，为了设计电源总线控制的规范，需要进行电源控制单元仿真。在高频设备设计领域也会展开类似工作，如针对通信卫星高性能放大器和对地观测卫星雷达有效载荷的仿真。每个领域有其特定的设计工具，如 AOCS 工程使用 Matlab/Simulink/Stateflow[8]、电子设计采用 PSpice①[11]，流体系统设计者采用 Sinda/Fluint[12]，ECLS 系统设计者使用 EcosimPro② 等。

除了所举的功能系统仿真工具和设计工具外，还需要进行大量深层次分析和尺寸计算。并非所有模拟都集中在功能系统上，最好/最坏情况分析也是要考虑的重要方面。这些最好/最坏情况分析包括热分析（如 ESARAD/ESATAN/FHTS 工具）、结构力学（如 ANSYS③、NASTRAN④ 软件）以及其他领域。此外，最好/最坏情况分析可适用于动态有效载荷情况，如在运载火箭的冲击和振动下卫星结构行为的有限元分析。

3.2 系统验证工具

完成了控制器和设备设计，系统开发过程中的验证工作就迈出了第一步，其涵盖从底层设备和算法验证到航天器顶层系统验证的全过程。以 AOCS 算法和卫星星载软件（On-Board Software，OBSW）为例，第一步实际上是测试 AOCS 算法。

由于算法是 OBSW 的一部分，旨在控制飞船，因此应该用真实航天器测试它，这将导致典型的“算法在回路”配置。由于在这个时间节点上仍然没有可用的真实航天器，因此只能采用航天器仿真对该算法进行预先验证。飞船模拟器是整个验证链上的第一个环节，下一环节与编码后的 OBSW 验证有关，OBSW 包

---

① PSpice 是 Cadence 设计系统的商标。

② EcosimPro 是 Empresarios Agrupados A. I. E. 的商标。

③ ANSYS 是 ANSYS 公司的商标。

④ NASTRAN 是 MacNeal-Schwendler 公司（MSC）的商标。

含上一步的 AOCS 算法。OBSW 也需要用真实的卫星进行验证，但因在此时间节点处仍无可用的真实卫星。因此，仍然需要采用“软件在回路”概念仿真验证 OBSW。下一步用卫星模型作外围，在 OBC 核(“控制器在回路”)上运行OBSW。如果接口齐全的全功能 OBC(硬件在回路)适用于真实的卫星连接组件，则用它代替 OBC 核。.

为了实现从一个仿真场景到下一个仿真场景的技术开发变化最小化，理想情况下，应用于这四个场景的系统模拟器应该有公共的基础设施。在表 3.2 中，步骤(3)~步骤(7)部分所示的就是适用于所有验证阶段的模块化模拟器基础设施。

图 3.12 是 Astrium 公司 GmbH 卫星的“基于模型的开发和验证环境”(Model-based Development and Verification Environment, MDVE)，广泛应用于所有欧洲 Astrium 卫星站点。MDVE 与具有附加配置数据库的更优性能模拟器核一起称为“功能验证基础设施”(Functional Verification Infrastructure, FVI)。

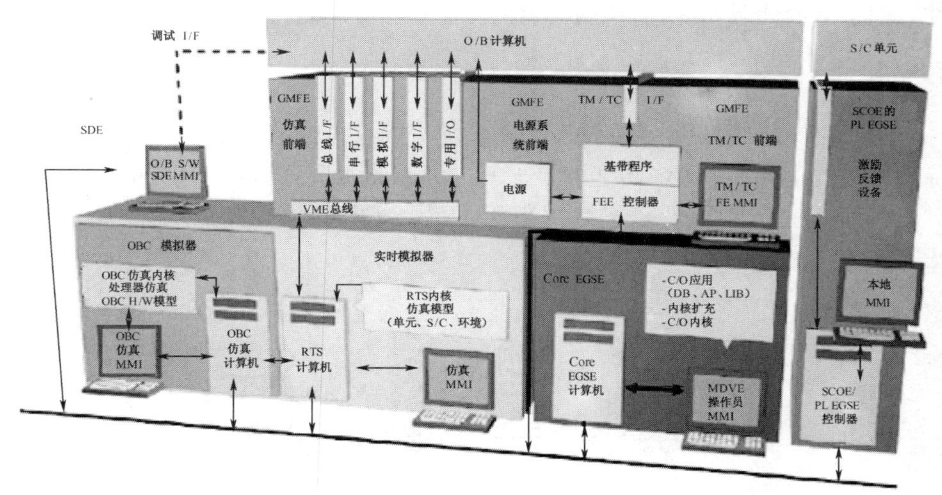

图 3.12　基于模型的开发和验证环境© Astrium

表 3.2 中，步骤(3)~(7)的组件具有一定的相似性。MDVE 基础设施的核心是系统模拟器，我们称为“实时模拟器”。系统模拟器部件即为 OBC 模拟器，用于模拟卫星的 OBC①，由“Core EGSE”②控制台控制。在实时模拟器和集成的卫星硬件之间留有接口，以便于混合平台的配置(如用真实的 OBC 代替仿真模拟器)。在 Astrium，该接口称为“通用模块化前端设备”。执行集成硬件与仿真

① 在 MDVE 基础设施中，OBC 模型是一个独立的仿真应用，与其他所有设备模型不同。在现代 FVI 中，所有设备模型受到同等对待。

② EGSE 表示电气地面支持设备。

之间的数据传输，负责集成硬件的电源，以及回路中两个集成硬件间遥控和遥测的路由。所谓的集成硬件即 OBC 和控制台。

这种模拟器的基础设施类似于一个“LEGO”构建工具集，在其算法、软件、控制器和“硬件在回路”测试配置中特性可有所不同。下面将详细介绍这些特征。首先，所有这些模拟器配置通常是基于一个标准化的内核，在大多数情况下，该实时应用程序内核将会用 C 或 C ++ 编程语言实现，设计者需将表示系统设备的模型耦合至内核。以卫星为例，模型包括 OBC、敏感器、执行器、有效载荷、太阳电池阵等。此外，该设备建模采用面向对象的方法。如果一个卫星有三个星敏感器，那么在仿真中将有三个星敏感器模型耦合至模拟器内核。通过应用这种面向对象的设计理念，三个星敏感器模型中的每一个模型对于相同的设计参数可有各自的值，如安装位置。同样的概念适用于功能接口建模，如数据互连、电源连接等。航天器中的真实互连也被表示为模拟器中相应类型的互连事件。除此之外，模拟器内核还包含模拟控制函数和数学积分器，启动时在配置文件中配备函数加载功能，为控制台提供互连和功能结果日志记录。

3.2.1 功能验证平台

图 3.13 所示的是用于算法验证相关配置的模拟器结构，通常将这种嵌入了待测算法的配置级称为“功能验证平台”(Functional Verification Bench，FVB)。对于大部分航天器而言，该平台仅限于卫星姿态和轨道控制系统(AOCS)的算法验证。

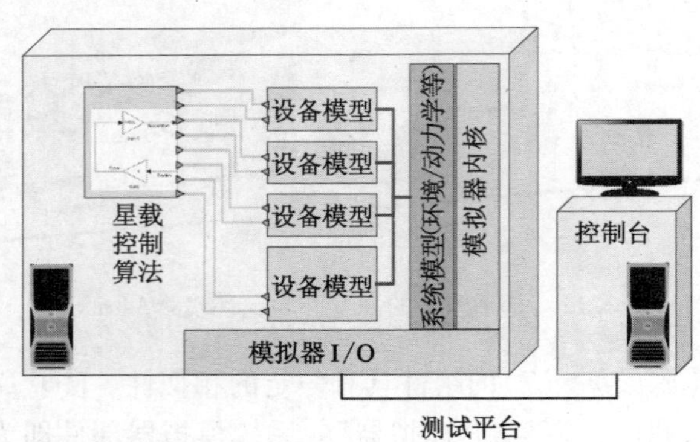

图 3.13 功能验证平台

以卫星为例，该基础设施组成如下：

- 简单功能的 OBC 模型——最初在 Simulink 或类似工具上嵌入 C 代码进行开发。
- 卫星设备的功能模型。
- 用于计算热载荷、辐射压力、磁场、引力场等外部空间环境对被仿航天器影响情况的数值模型，以及计算随时间推进卫星姿态和位置的动态传播算子数值模型。

在 FVB 中，工程单元通过组件接口间的参数传输建立被模拟 OBC 之间的数据互连、控制算法以及设备模型。由于此时还没有设备硬件接口规范，因此这些接口尚不能与后续的系统电缆线路相匹配。例如，航天器设计冻结后，在一种设计中可以通过两根独立的线从一个设备向 OBC 发送两个模拟信号。在另一设计中，可以把它们当作校准数据包，通过串行接口或 MIL-STD-1553B 总线进行传输。在 FVB 算法验证阶段，航天器电气设计尚未冻结至选择数据接口类型的级别。

在 FVB 中，系统设备的数学模型首次运行在模拟器参考环境之上。因此，必须根据需要把从功能设计阶段使用的 Simulink 等工具转化为面向对象模拟器代码（大部分转换为 C ++ 代码）。Simulink 生产商 MathWorks 公司开发的"实时工场"（Real-Time Workshop，RTW）可以部分实现该转化。RTW 将 Simulink 模型转化为 C 代码，该 C 代码可嵌入到整个 FVB 模拟器 C ++ 体系结构中。

此外，在 FVB 中，控制器算法、星载软件不再以 Simulink 运行，而是首次以转化成的 OBSW 实现语言（大部分情况下为 Ada 或 C）运行。这意味着，虽然尚未运行在目标操作系统和硬件之上，但系统已开始使用目标实现语言编译和测试"算法在回路"。

控制台为被模拟的 OBC 和模拟器本身提供相关命令，如模拟器启动和停止、参数报告与设置以及故障注入等。

3.2.2 软件验证工具

在卫星的开发过程中，"软件验证工具"（Software Verification Facility，SVF）的实现通常紧随在 FVB 之后。首次在该测试平台上预测试所编的卫星星载软件（图 3.14），对具有经典计算机体系结构的计算机而言，星载软件由以下部分

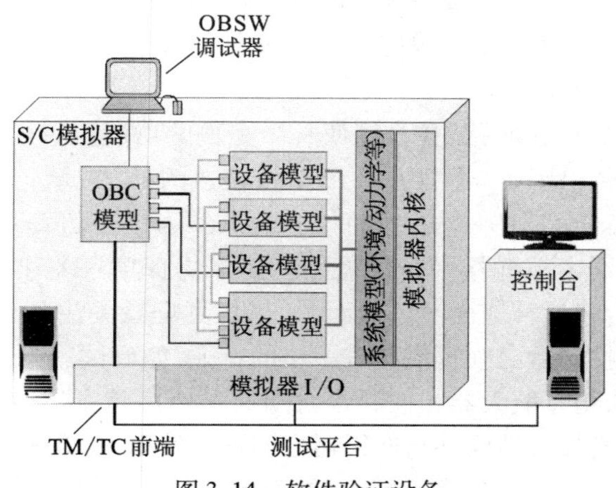

图 3.14 软件验证设备

组成:

- OBC 的操作系统。
- 包括所有控制算法的航天器系统控制代码。
- OBC 和卫星设备间输入/输出接口的驱动。
- 从地面接收遥控指令并为地面站生成卫星遥测的功能。

必须详尽地测试这些软件要素。与 FVB 相比,这种 SVF 配有 OBC(OBC)的详细模型。在 SVF 的 OBC 仿真模型中,包含微处理器或"中央处理器"(Central Processing Unit,CPU)在内的所有组件都反映了它们的功能。因此,可将为目标 CPU 和外围硬件架构编译的星载软件(OBSW)直接加载至 SVF OBC 模型,并可控制仿真卫星。它也适用于 OBC 的基本输入/输出系统 (BIOS)、OBC 的启动软件和操作系统。SVF 基础设施从而对应于"软件在回路"开发过程中的实现步骤。

此外,SVF 不仅用于姿态/轨道控制范围内的星载软件测试,通常而且也用于卫星的 FVB 开发。SVF 可以监控模拟航天器的所有功能。对于卫星来说,其包括 AOCS、平台和有效载荷这些在回路中所有受控于 OBSW 的部件。因此,与 FVB 相比,需要添加许多额外模型,并实现功能模型的升级。此问题也关系到设备互连的建模。例如,在 FVB 中,控制算法和敏感器模型在工程单元进行数据交换。在 SVF 中,OBC 中的 OBSW 通过真实的协议与相同敏感器的增强模型进行通信,在随后的航天器硬件中将通过一根真实的线路传输该协议。

由于 SVF 中所加载的 OBSW 通过二进制数据协议控制敏感器、执行机构、平台以及航天器的有效载荷组件,所以在模拟器中,功能接口反映航天器中真实硬件的互联。与 FVB 相比,功能有所增强。这意味着必须对模拟线路上的数据协议进行建模,包括经由设备到协议包的交换参数的聚合,以及原始工程数据转换成二进制格式协议的校准建模,如模拟温度从 Kelvin 向 16 位二进制转换。

此外,还需体现非 OBC 设备模型间的连接,将其功能和没有连接至 OBC 的线(如电源线)提升至全系统功能表示(比较图 3. 13 和图 3. 14 中所有类型设备模型间的交叉连接)。

目前,这种"软件在回路"仿真能使一个完整的功能卫星模拟(包括 OBC 模型和航天器动态传播因子)运行在一个功能较强的 PC 或笔记本电脑之上。但是,必须要将 SVF 连接到一个适当的控制台上。因为在仿真系统中,星载软件会像在真实航天器中那样接受指挥控制。如果仿真场景关注 OBSW 整个系统测试,那么控制台将代替地面站。然而,如果仿真场景关注单元或集成测试,那么软件开发者的控制台必须提供更进一步的特征,如调试器。

通常情况下,仿真航天器和控制台之间通过使用与真实航天器命令操作中相同的协议建立连接。地面站与航天器之间通常使用 CCSDS 协议。因此,可以像在真实卫星中那样控制仿真卫星中的 OBSW,只不过没有无线广播链路。图

3.15 所示的"遥测/遥控前端"(TM/TC-FE)模型实现从 CCSDS 协议向线路信号的转化,该线路信号为 OBC 从航天器应答机接收的信号。控制台发送 CCSDS 协议至 TM/TC-FE 模型,其代替真实的航天器应答机,并且用仿真线路将转化好的数据发送到 OBC 模型的应答机接口。遥测的传递正好相反,其从 OBC 模型经由 TM/TC-FE 模型传递到控制台。用于航天器和模拟器命令的协议定义包括:

- 二进制包结构。
- 包头/包尾结构。
- 接收方和发送方(如 OBC 模型或模拟器内核)的地址。
- 包中原始数据的二进制编码。

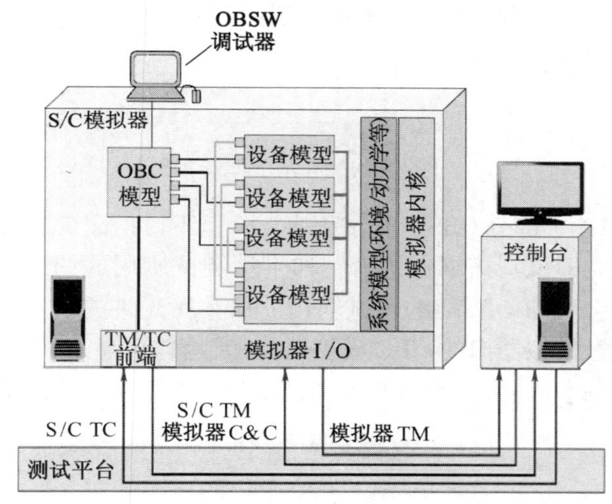

图 3.15 控制台与模拟器之间的互连

与带命令的模拟器和模拟航天器类似,模拟航天器的星载软件能够分别向地面和控制台发送遥测数据。通常情况下,可以通过配置文件来定义模拟器的遥测包,这些包连同控制处理工具一起被自动评估。对于每种类型的模拟器遥测包,可以在一个包中独立定义包含哪些模拟器参数。在大多数情况下,对于不同的包类型,其传输频率是独立可选的。例如,可以依据定义,按照模拟的中继位置每 10s 从电源控制与分配单元(Power Control and Distribution Unit, PCDU)向控制台发送模拟器遥测包。热数据包可能只需要每分钟发送一次,数据包长度也可以不同,由 CCSDS 标准给出规范和限制。

控制台大多是基于 Java 等易处理脚本语言开发的。开发人员将其用于详细的 OBSW 测试。通常可以通过 XML 文件①将卫星遥控遥测和所包含参数的

① XML 是一种标记语言文件,在本书 8.5 节中对其进行了详细描述。

定义及其二进制校准从项目的遥控/遥测参考数据库卫星导入到控制台,可以基于这些卫星遥控和 Java 解释脚本语言实现 OBSW 的简单测试程序(图 3.16)。

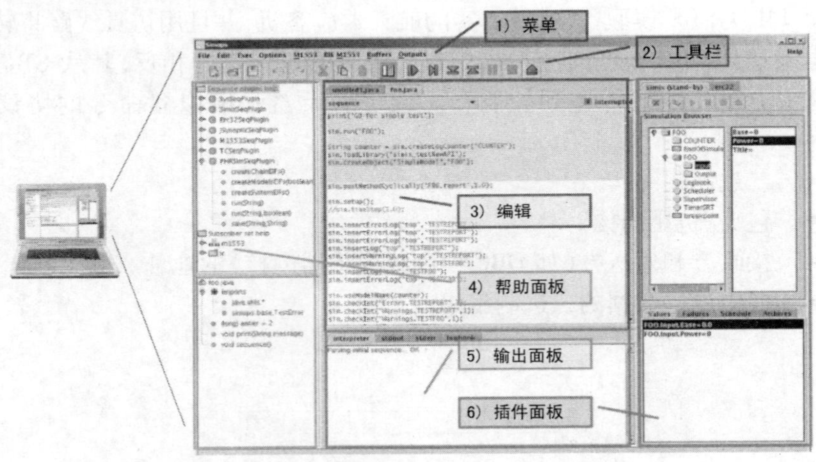

图 3.16　运行在笔记本电脑上的配有基于 Java 控制台的 SVF(一)© Astrium

图 3.17 描述了部分 OBSW 测试程序。这里不讨论命令的句法和结构,熟悉 Java 的读者会立即识别该编程语言。如果用测试所用的调试选项编译OBSW,建立该系统将会启动 OBSW 的调试输出。那么在先进的仿真基础设施中可以将调试器连接至模拟器内的 OBC 模拟器模型,这样可显示输出,并将输出日志记录到文件中,此外还可访问 OBSW 内部变量进行跟踪和手动覆盖。

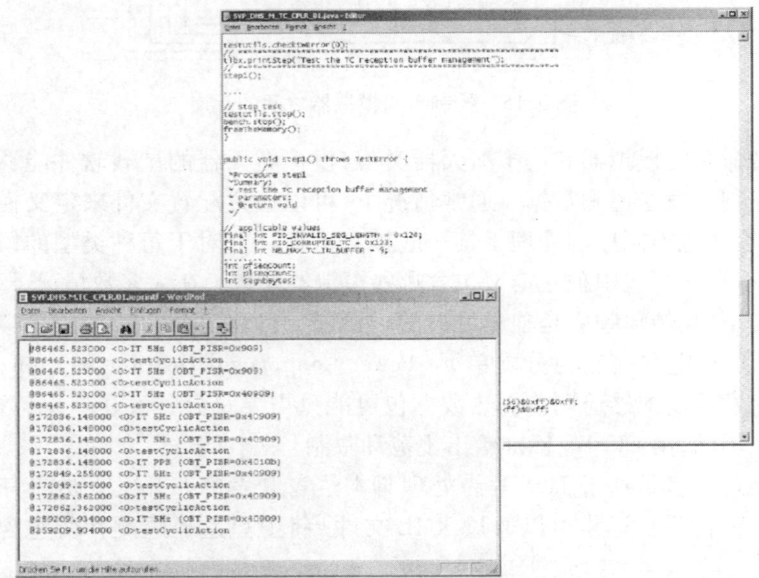

图 3.17　运行在笔记本电脑上的配有基于 Java 控制台的 SVF(二)© Astrium

当今的现代卫星 OBC 提供一个“服务接口”(Service-Interface,SIF)。通常情况下,可以直接在 CPU 板上实现 SIF,这主要得益于 SpaceWire① 数据连接。无论是否有人追踪输出,都将 OBSW 设计成周期性向服务接口发送内存和寄存器内容。在航天器的飞行条件下,也会产生该 SIF 输出。在地面条件下,可以获得这些数据,显示并记录为十六进制转储。专家们可以得到一些有关 OBSW 操作状态的重要信息,甚至在发射前最后时刻的测试中也可访问此服务接口,直至发射前一刻电连接器才会断开,将数据输出到服务接口的编码装置留在星上。一个现代 SVF 可以在控制台显示服务接口输出,这些输出直接访问特定的 OBC 内存和寄存器部分的转储。但是该直接输出是不公开的。图 3.18 的屏幕转储显示了这样的 SIF 输出。

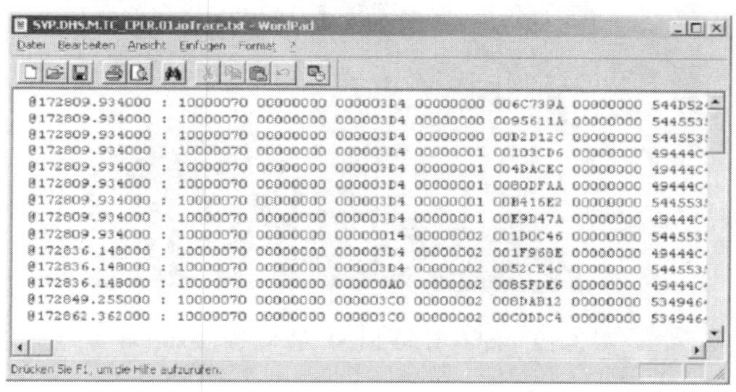

图 3.18　OBC 测试运行的服务接口十六进制转储© Astrium

因此,对于 OBSW 开发者来说,与 SVF 密切相关的是测试整个系统操作场景的 SVF(图 3.19)。此处与 OBSW 开发 SVF 主要的不同在于,其更适合于与真实航天器操作和控制同样的控制台。以卫星为例,它可以是用于地面站的控制软件,其包括卫星遥控和遥测包的一套完整定义以及所包含参数及其校准的定义。此外,该控制台启用了对天气显示的定义,如显示卫星所有热参数的定义,以及所需电源数据的定义等。

在混合动力系统测试平台结构中,控制台除了控制系统模拟器和 OBSW 之外,还需进一步控制“电气地面支持设备”(Electrical Ground Support Equipment,EGSE)。通常将该 EGSE 中央控制台称为 Core EGSE。Core EGSE 通过使用脚本语言来编写控制脚本。理想情况下,该脚本语言与在任务中航天器控制站中使用的语言兼容。

可将有 Core EGSE 的 SVF 配置级作为控制台,用于整个卫星复杂操作场景的验证。例如:

---

① SpaceWire 是一种用于空间高速数据传输的总线标准,它被欧洲空间标准化合作协会定义为 ECSS-E-ST-50-12A 标准。

- 闭环姿态控制场景。
- 闭环轨道控制测试。
- 多圈飞行中的电源控制测试,如供电、充电、放电循环等测试。
- 热控验证测试。
- 有效载荷控制验证测试。

图 3. 19 显示了运行的基础设施。

图 3. 19 配有 Core EGSE 的 SVF© Astrium

3. 2. 3 混合动力系统测试平台

将"控制器在回路"用于混合测试平台配置测试。为了实现该目标,往往需要进行逐步扩充。下面以卫星仿真和传统的 OBC 为例展示一种配置。这种类型的测试平台通常称为"系统测试平台"(System Testbench,STB)。第一阶段用于硬件/软件(HW/SW)兼容性测试。这意味着,在该测试结构的开发过程中,星载软件第一次加载到真实的 OBC 硬件之上。研究者们在此类平台上测试一些基本功能,如在真实硬件上导入星载软件、冗余硬件实例之间的切换和遥测/遥控处理等。值得一提的是,先前使用的 SVF 加入了 OBC 功能模型,该功能模型是基于供应商 OBC 提供的文档建立的。诸如 ASIC 时序等 SVF 的 OBC 模型特征只是理论数据,因为在 SVF 构建时刻,只能用真实硬件特征的近似值,该值可以从 OBC 原型中获得。在 STB 上测试硬件/软件期间,将首次评估真实硬件 OBC 中 OBSW 与 ASICS 和控制器芯片能否正确进行交互。

图 3. 20 和图 3. 21 显示这种 HW/SW 兼容性测试的测试平台建立原则,并给出了一个 Galileo-IOV 项目测试平台的例子。从图 3. 21 的照片可以看到:中间是 OBC 试验板箱,右边是控制器监视器、电源系统前端和遥测/遥控前端的框架,左边是将 OBSW 上传至 OBC 的个人计算机。笔记本电脑作为 MIL-STD-1553B 总线追踪器/应答器,在后期开发中测试 OBSW 和实现的设备主要连接的

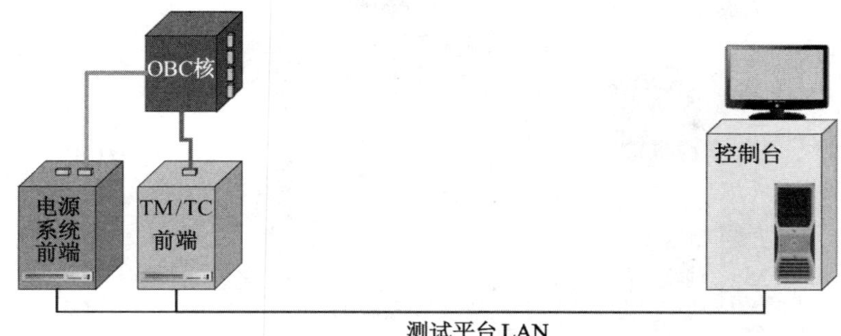

图 3.20　用于 HW/SW 兼容性测试的 STB

图 3.21　Galileo-IOV STB 扩展的第一阶段© Astrium

输出和输入,控制台位于图的最右端。

成功测试了 OBSW 和硬件的兼容性后,“控制器在回路”配置结束。接着就像在 SVF 中那样将 OBC 核连接到模拟卫星的设备——模拟器。此外,再增加对 OBC 模拟、数字、串行脉冲和总线接口的模拟。虽然当前只部分运行在实际的硬件之上,且与被模拟的设备相连,但此时就可以测试 OBSW 的复杂控制器功能了。图 3.22 显示了一个这样的设置。

在该项目阶段,如果一个已具有 I/O 模块的设备齐全的 OBC 可用,那么可以跳过该设置,如图 3.23 所示,直接实现由真实 OBC 和模拟设备构成的设置。

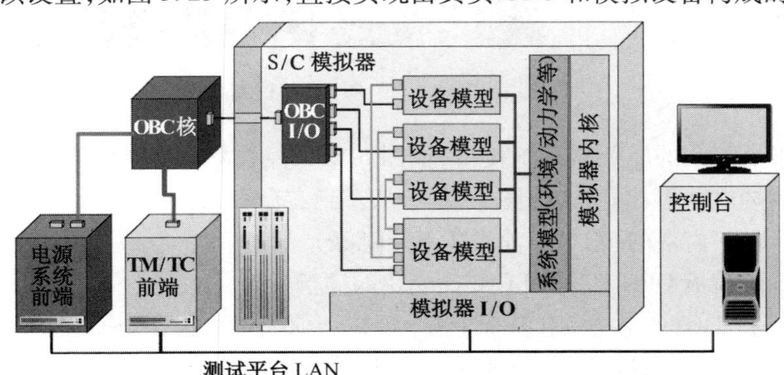

图 3.22　初始“控制器在回路”设置

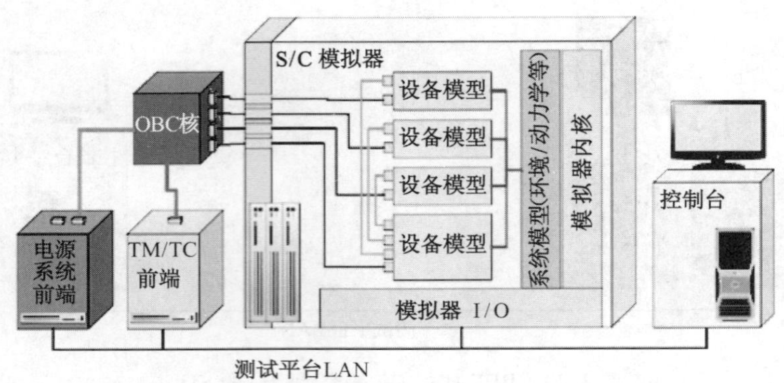

图 3.23　有完整 OBC 在回路的 STB

与图 3.22 所示的模拟接口设置图相比，该配置的优点是：可以直接测试 OBC 的所有 I/O 接口，包括 OBSW 对它们的处理。另外，完成从 OBC 到模拟器的所有连线，并可提供、配置和测试所有模拟器接口卡。图 3.23 中只象征性地描述了四个连接。在实际 OBC /模拟器互连中，电缆的数量如图 3.24 所示非常多。图 3.24 的照片显示了 CryoSat 1 的 OBC（黑盒）以及到模拟器的线，该模拟器仍是一个相对简单的航天器配置。

图 3.24　CryoSat 1 STB© Astrium

对于更复杂的航天器系统接口，如图 3.25 所示，测试工具和接口硬件——模拟器前端也会更加复杂，在图 3.25 中从左到右分别是：

- 毗邻窗口的 TC/TM 前端（部分隐藏）。
- 试验板 OBC 核和 OBC I/O 模块的插槽架。
- 来自 OBC 电缆的接口架，这个模拟器前端架还包含当前驱动接口所用的有效载荷模拟器，以及系统模拟器的处理器板。
- 最右端的设备为电源前端。

图 3.25　系统测试平台（Aeolus 项目）. © Astrium

除了精心验证图 3.22 和图 3.23 中的测试工具和接口卡的驱动程序外，还需要注意，系统模拟器的数值模拟器必须实时服务于接口。因此，必须并行处理所有接口的数据协议，这需要足够的处理能力、相应的实时操作系统（通常为 VxWorks 或实时 Linux 分配）和一个实时数据总线系统（大多数情况为 VME-bus）。

由于在 STB 配置中仍然要模拟除了 OBC 之外的所有卫星组件，因此该“控制器在回路”设置具有完全闭环能力。这意味着仍然可以用该设置模拟卫星的闭环操作场景。在卫星的“组装、集成和测试”（AIT）程序期间，通常会将已经在充分开发的 SVF 上验证过的许多系统测试复制到该设置上。

3.2.4　电气功能模型

可以进一步用“硬件在回路”将“控制器在回路”逐步进行扩展，形成一个完全部署的试验台，在大多数情况下称为“电气功能模型”（Electrical Functional Model，EFM），如图 3.26 所示。

EFM 由混合 STB 集成越来越多的卫星硬件演化而来。在硬件集成中，对于已具有真实硬件的设备，则用该真实硬件代替模拟器中对应的模拟设备模型。为了控制该附加的航天器硬件或从外部模拟它，可能需要一些附加设备。例如，可能会需要一些太阳/地球敏感器或星敏感器仿真设备。该附加的基础设施作为一个整体称为“专用检验设备”（Special Checkout Equipment，SCOE）。它从同一控制台命令 SCOE，以便于可通过单个源头的测试脚本控制经由 SCOE 的卫星硬件、仿真系统组件、硬件在回路仿真。

通常将 OBC 配置、附加软件、硬件在回路、电缆和激励设备的集成和测试安排在一起。因此，在卫星工程中将其命名为“FlatSat”。图 3.27 展示了一个用于

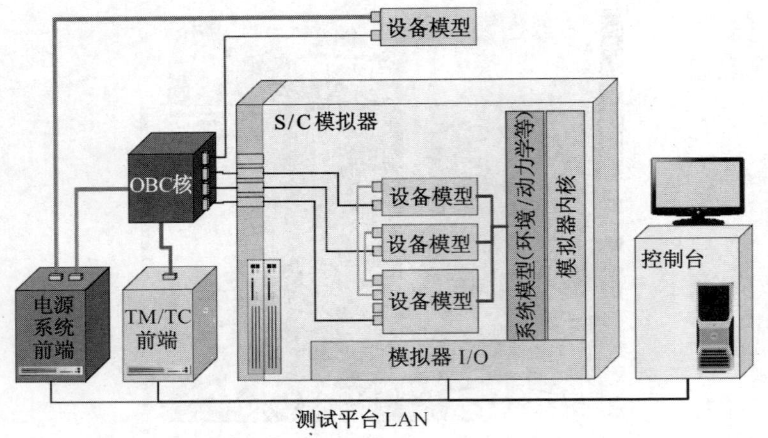

图 3.26　基础设施配置 EFM

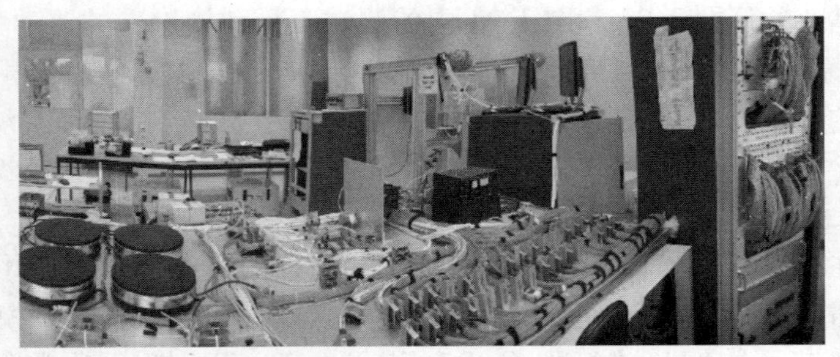

图 3.27　Galileo-IOV 航空电子 EFM 设置

Galileo-IOV 的航空电子子系统机构,在该配置中仍要模拟其他子系统的系统组件,如能源、推进和有效载荷。

图 3.27 的右边为模拟器前端,中心靠右桌上的黑色立方体盒子为 OBC。其后端装备被连接至一些托架,可以用一个三角装置将信号连接到模拟器或真实的卫星设备。图 3.27 左边桌上的四个物体为反作用轮,中间靠左的部件是太阳敏感器及附加到竖直板的光纤陀螺仪(能够测量地球的转动速度)。OBC 后面为电源硬件和用于地球敏感器仿真的 Test-SCOE。

图 3.28 给出了一个包含有效载荷电子等在内的整个卫星 EFM 装置的例子,该图来自于 CryoSat 1 项目。通过 EFM 中所有测试后,便可将卫星组件集成进准备好的卫星结构中(图 3.29)。

然后进行集成工作的初始化、整个系统级集成测试并完成热隔离。根据图 2.4 的功能系统验证方法完成这些验证步骤(图 3.30)。

随后是物理设计验证。对于卫星来说,这通常包括热真空测试(图 2.5)、电磁兼容性测试(图 2.6)、结构和力学测试(图 2.7)。航天器制造厂通常设有该

图 3.28 CryoSat 1 FlatSat 组装© Astrium

图 3.29 将源自 FlatSat 的功能设备安装集成进卫星© Astrium

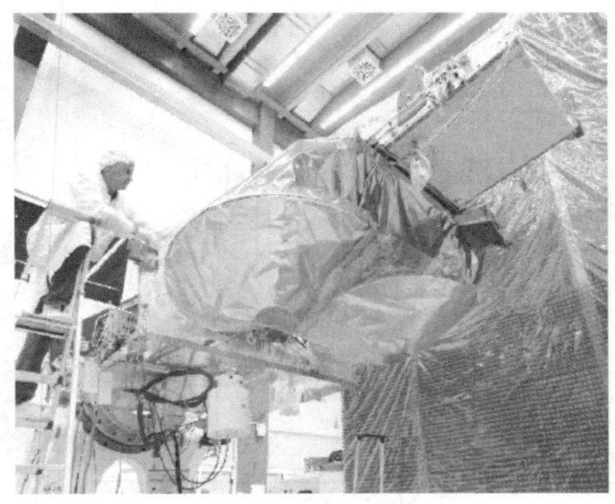

图 3.30 CryoSat 2 的最后组装© Astrium

测试所需的基础设施,它安放在空间机构或专业技术服务供应商专有的特殊实验室中(如 ESA/ESTEC、IABG、CNES)。因此,必须将卫星运送到相应的实验室以进行最终设计验证测试(图 3.31)。

图 3.31　CryoSat 2 的运输准备© Astrium

3.2.5　面向操作的航天器模拟器

可以应用开发链产生的系统模拟器支持航天器系统操作(图 3.32)。SVF 配置是最合适的设置,可以对其进行修改,使安装在航天器地面接收站的飞行操作系统代替控制台。SVF 模拟器接口以及模拟器与控制台之间的数据协议必须与图 3.32 描述的地面站控制系统兼容。地面站中由此产生的模拟器设备可用于:

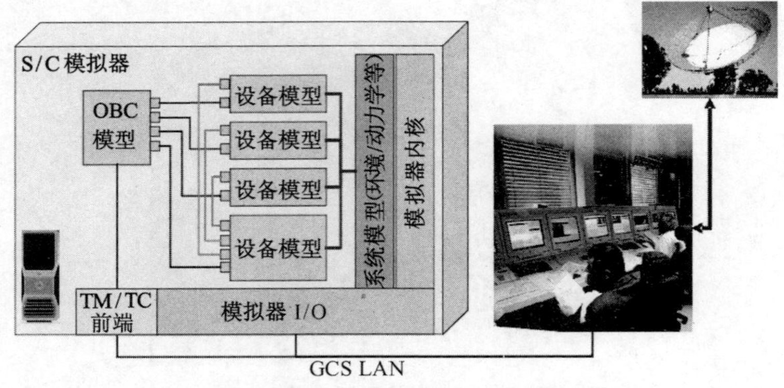

图 3.32　面向航天器操作支持的系统模拟器

- 航天器操作人员的培训工作。
- 模拟器在连接到真正的航天器之前所进行的 OBSW 补丁测试和漏洞修复。

对源自宇宙飞船系统开发的这种模拟器的看法，各太空机构有很大不同。一些机构正在使用这些系统模拟器（如 DLR/GSOC 使用的 Terra SAR-X MDVE），已通过了综合验证，具有可靠的质量保证。

“ESA 航天操作中心”（ESA Space Operations Center，ESOC）通常不接受来自开发周期的系统模拟器，它们只使用独立开发的操作支持工具。这种方法最大限度地减少了开发过程中潜在的固有开发处理错误风险，并且可以在操作过程中发现错误。出于该考虑，ESOC 开发了自己的系统仿真基础设施，称为 SIMSAT（图 3.33）。

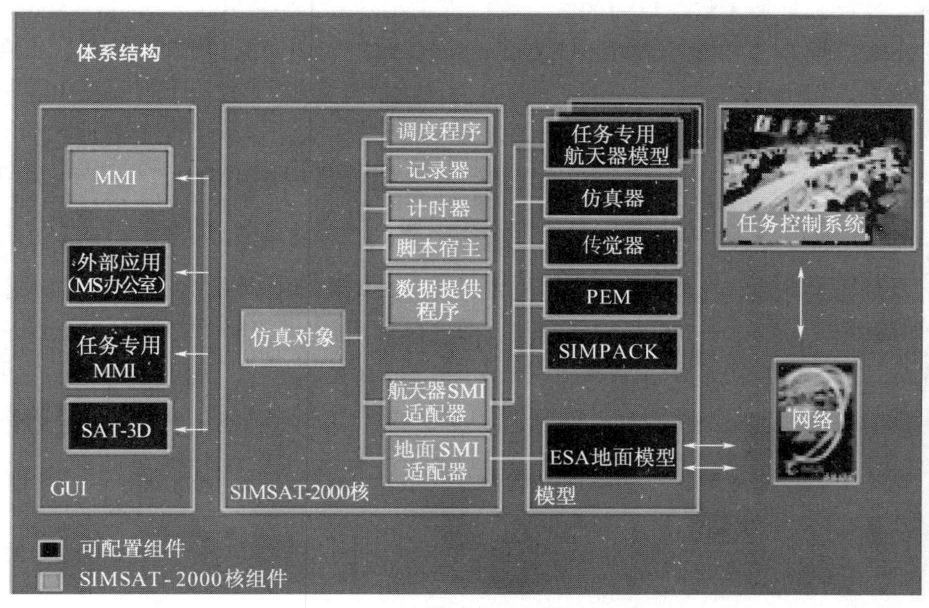

图 3.33　ESOC 的系统仿真环境 SIMSAT

3.3　基础设施的发展历程

“算法在回路”到“硬件在回路”的开发理念作为前沿技术，多年来几乎应用于控制器开发的所有工程领域（从机械工程到汽车和航空航天工程）。但是，这只适用于系统控制器本身的开发。在航天器领域，整个系统的功能设计和验证还是一个相当新的仿真基础设施应用。这是因为，必须首先开发模拟整个系统的配套技术，计算机的性能必须能够支持复杂系统的仿真。在欧洲航天工业中，

10 年来 Astrium 已经建立了自身在这一领域最新的技术解决方案。1998—1999 年,在 ESA "系统仿真和验证工具"(System Simulation & Verification Facility,SSVF)的研究中开发了第一个卫星模拟器。SSVF 是达姆施塔特的 VEGA 空间系统工程和腓特烈港的戴姆勒—奔驰航空航天工程(今天的 Astrium GmbH)相结合的产物。该模拟器基于商业 FORTRAN 工具,并于 1999—2001 年运用于 NASA 的"Grace"项目 STB 配置中。这是第一次 AOCS 闭环测试,进行了"硬件在回路"和模拟航天器的实时测试。2002 年对该工具进行了进一步开发,并用于 NASA/JPL 和 GSOC 的 Grace 运行支撑。基于先前的经验教训,他们加强了技术方法研究,并指出了在模拟器设计方面使用 FORTRAN77 存在的不足。Astrium 基于 TUHH① 的专题论文和 DLR 的"小卫星模拟器"研究,实现了 MDVE 模拟器内核。软件设计基于统一建模语言和代码平台完成,并采用了 C ++ 语言。这些软件技术将在后面的章节进行详细描述。2001—2003 年,设计者们首次将基础设施部署在 ESA 项目 CryoSat-1 中。对于 CryoSat-1 来说,其测试平台安装类型覆盖 SVF、STB 和 EFM FlatSat。这个项目是欧洲航天局的第一个卫星项目,它没有在系统级层面上实现航天器工程模型。随后,基于模型的系统开发技术不断发展,图 3. 34 给出了一个实例。该图也说明了测试平台设计从项目到项目的开发过程。到目前为止,Astrium GmbH 的 11 个卫星项目(包括 SSVF/GRACE)建立于该基于模型仿真和验证的技术之上。我们将 Astrium 公司内部开发的工具包称为"基于模型的开发和验证环境"(MDVE)。从应用于 CNES Pleijades 项目的 Astrium S. A. S. 开始,它已经成为跨国性协调与互补技术"SimWare"[17]。由此产生的下一代工具集称为"SimTG"[19],它首次应用于 ESA 的水星科学任务"Bepi Colombo"。同时,这种技术也用于其他领域,如在太空运输和

FVB
SVF
STB
EFM
SC- Sim
结构/热
ESA SSVF/GRACE
×
最初的仿真和验证基础架构(FORTRAN工具)
ESA CryoSat
× × ×
"基于模型的开发与验证"基础架构(UML/C++)
EU伽利略IOV
× × × × ×
附加的OBSW验证架构
ESA虚拟S/C研究
× × × × × ×
优化的数字航天器建模基础构架

图 3. 34 仿真技术的发展历程

① *ObjectSim* 2. 0 现已开源→*http*: /*www. Open SimKit. de*,见文献[120]与文献[23]。

类似“Eurosim”[18]的基础设施。其他一些公司也在加紧研发该技术。

通过上面的简要概述,可以得出这样的结论:在卫星工程中,模型和基于模拟器的开发技术已经成功地取代了在航天器级构建工程模型的传统方法。这种技术的特点如下:

- 在详细层级上进行了航天器操作仿真的动态建模。
- 迫使开发团队(包括分包商)在早期阶段就采用一致的方式冻结系统的组件接口和操作行为。
- 构建了一个仿真基础设施,它具有如下特点:
    - ➢ 在航天器软件和硬件可用之前就可启动早期功能系统仿真——“算法在回路”。
    - ➢ 为 OBSW 的开发与测试提供一个良好的平台(控制软件 + 操作系统 + BIOS)。
    - ➢ 进行 OBSW 的早期测试(在 OBC 硬件可用之前)。
    - ➢ 在 SVF 之上有效验证 OBSW(在测试时不需要访问飞行硬件)。
    - ➢ 只要硬件可用就可以进行硬件和软件交互测试。
    - ➢ 如果客户需要,可在地面站复用模拟器,实现对操作员培训和软件维护。

为了读者能够更加深入了解验证测试平台,本书参考附录的相应小节对验证测试平台进行了更加详细的描述,同时对地面站仿真基础设施的使用也进行了详细介绍。

第4章 部件平台组件

测试平台中的 OBC 模型© Astrium

本章的主题是测试和仿真工具组件。在此,我们先介绍许多非核心基本要素,然后引出核心模拟器内核、模型和数字系统。下面首先介绍控制台。

4.1 控制台

在 3.2.2 节中,我们介绍了模拟器基础设施如何应用于星载软件单元、集成测试和整体系统测试等各项工作。该基础设施中的控制台必须要操控航天器 OBC 和仿真,这就需要为这二者提供接口(图 3.15)。所需的 OBC 服务接口控制台是为航天器 OBC 和仿真模拟器提供接口的设备。OBC 服务界面以及星载软件遥测仿真数据实时可视化输出的必要性也一直备受关注。在控制器在回路和硬件在回路的想定中,控制器不仅管理 OBC 上的星载软件,而且控制仿真模拟器。此外,它还必须能控制其他专用的检测设备(Special Checkout Equipment, SCOE),如电源系统前端、遥控/遥测前端、敏感器触发设备,以及执行机构的测量数据记录系统。控制台与航天器、模拟器或者 SCOE 设备之间的通信是由通信协议确定的,该协议将来也可用于地面系统与航天器间的通信。它是面向 CCSDS①(空间数据系统咨询委员会)协议的国际标准信息包。ESA/DLR 项目

① CCSDS 是空间数据系统咨询委员会。

采用“包应用标准”(Packet Utilization Standard, PUS),这是一种以 CCSDS 包为基础的基于系统控制技术的服务。大多数情况下,可以将专用 Core EGSE 用作测试平台的控制台,也可使用航天器飞行控制所用工具进行测试平台控制。

Core EGSE 系统必须提供全部应有功能,包括测试过程的执行、测试结果和数据可视化、测试文档/记录(数据库)。图 4.1 为这一装置的内部结构图。在图 4.1 上方,用不同的显示类型描述用户界面或人机界面(Man Machine Interface, MMI)(图 4.2、图 4.3 和图 4.4)。从图 4.1 可以看出,用户从用户界面发送命令(包括参数值),再经过几个处理步骤,然后经由被寻地址(航天器、模拟器、SCOE 等)的 LAN 到达 Ⅰ 区域,按 Ⅰ 区域中的流程执行。此外,也通过 LAN 接收各单元的遥测数据并按 Ⅱ 区域中的流程进行相关处理,区域 Ⅱ 中的 HK 表示内务。新入的包被分类存储,然后读出参数值并将其送至 MMI 显示。除了对照指定的限定值检查纯可视化的 TM 外,控制台中的命令程序执行机构还可以对遥测参数值做出反应。所有已知的遥控和遥测包、结构和参数都应包含在数据库中(图 4.1 的中底部)。基于数据库中定义的遥控(TC)和遥测(TM)包,用户可以使用脚本语言编写测试脚本,该脚本语言可使用户发送命令和分析新的遥测。在图 4.1 中,测试序列执行器负责完成脚本的处理。

在欧洲,Core EGSE 建立了三个主要系统:

- ESA/ESOC 达姆施塔特的航天器控制及操作系统 SCOS 2000 的各种不同变体(图 4.2)。像“航天器控制与操作系统”这样的基本版本在 ESA 成员国家的项目中是免费使用的。但像 TerraSAR-X 和 Galileo-IOV 等需要提供航天器检测和测试平台中全部功能的项目则需要付费进行商业升级。
- 中心检测系统(Central Checkout System, CCS),以前称为不来梅阿斯特里姆股份有限公司的哥伦布地面系统(Columbus Ground System, CGS)(图 4.3)。
- 用于卫星检测的 Astrium 图卢兹阿斯特里姆 S. A. S“开放式中心”(图 4.4)。

图 4.2 ~ 图 4.4 就是这三个系统的用户界面截图。

几乎所有的 Core EGSE 系统都支持用户用图形编辑器实现所需参数值的可视化,并且显示类型是可选的,如:

- 曲线绘制显示。
- 文字数字显示。
- 柱形图。

这些可视化窗口称为“提纲显示”或“提纲”。每个航天器组件通常会在这在三种显示方式中选择一种方式进行创建,如图 4.3 所示的 CCS 截图。

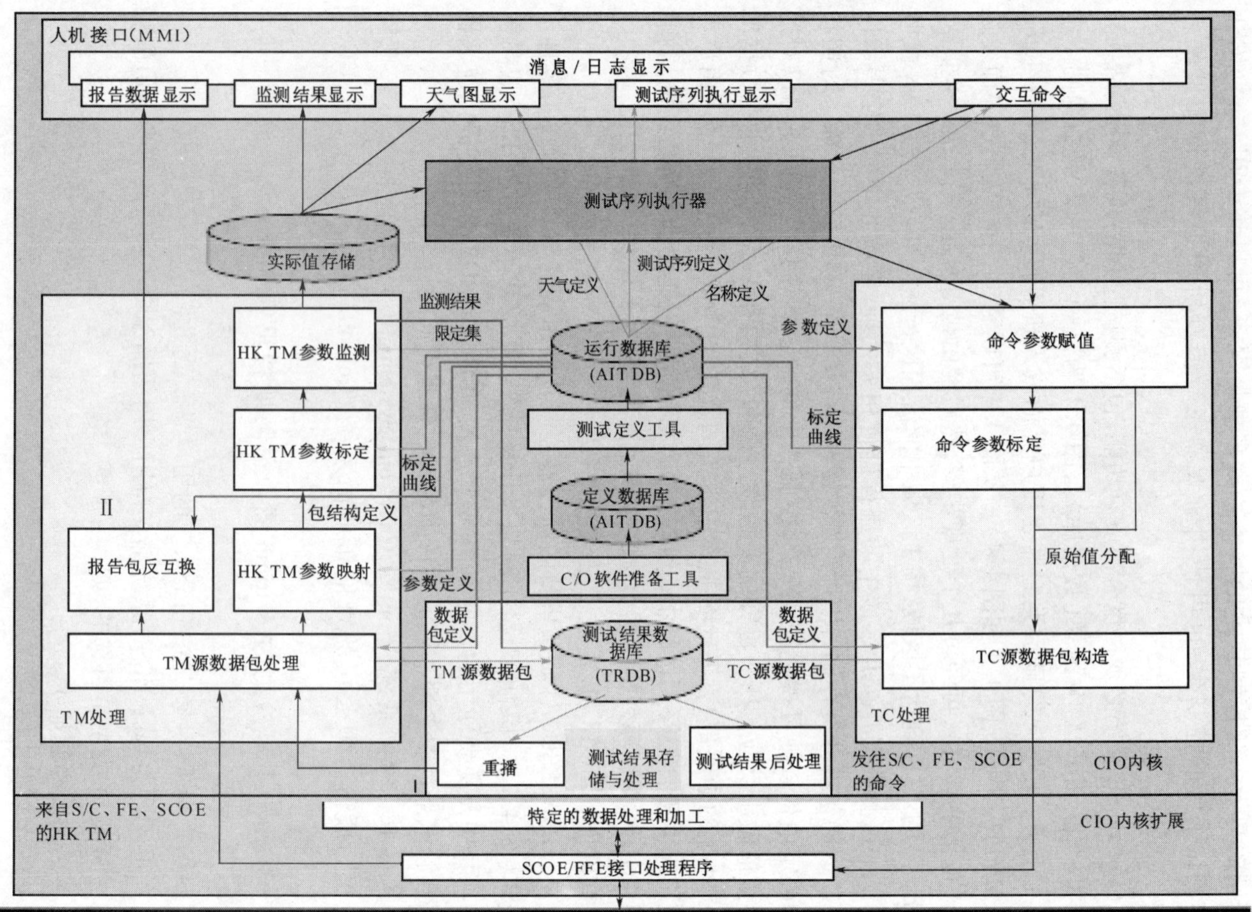

图 4.1　Core EGSE 的内部体系结构 © Astrium

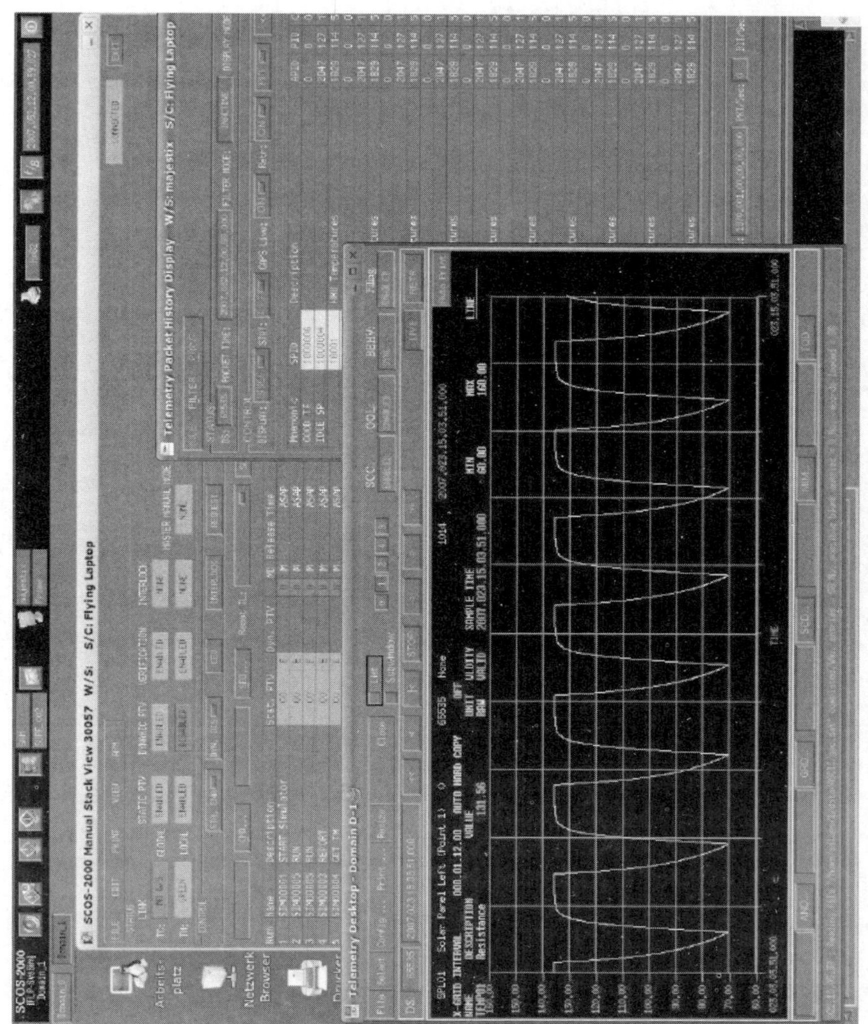

图 4.2 控制台 MMI：SCOS 2000

（应用示例：德国斯图加特大学空间系统研究所）

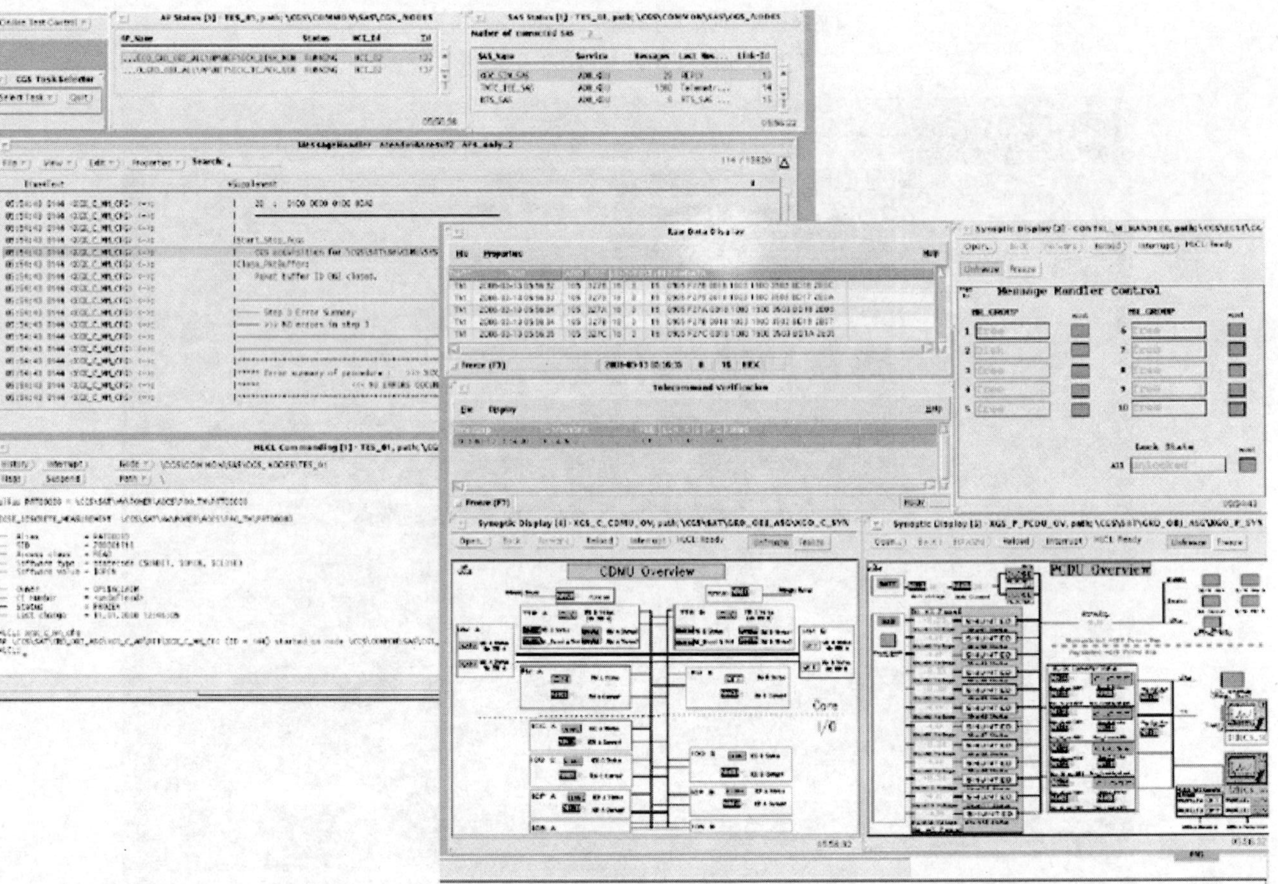

图 4.3 控制台 MMI：CCS 实例 © Astrium

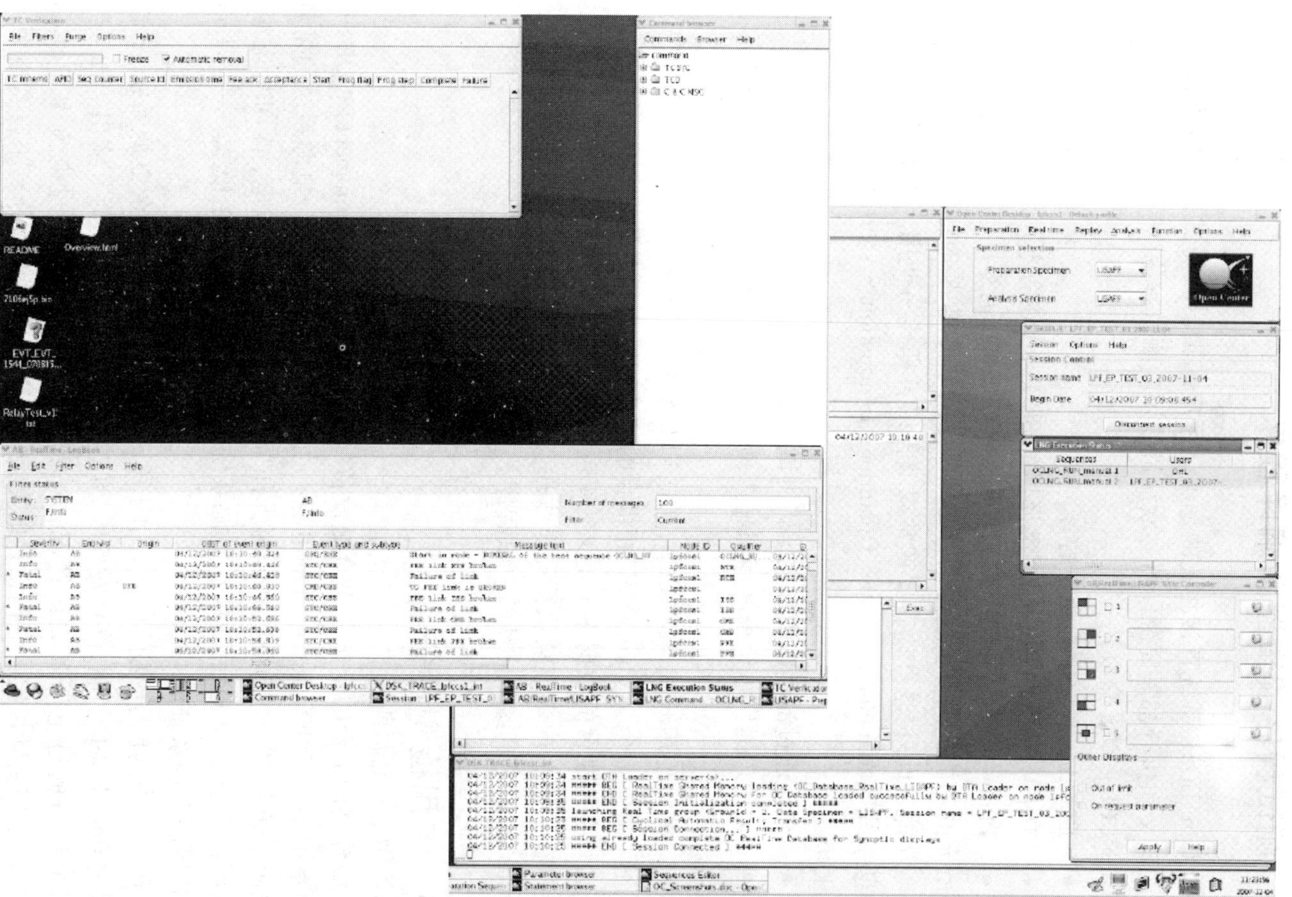

图 4.4　控制台 MMI：开放中心 © Astrium

4.2 测试程序编辑器和编译程序

与 Core EGSE 系统直接相关的是测试程序编辑器和测试程序翻译器，其中程序的定义和执行都需要翻译器。欧洲最常用的测试程序语言有：

- UCL—CCS 命令语言。
- ELIZA—开放中心命令语言。
- TCL①—带有 TOPE 程序翻译器的 SCOS 2000 命令语言。
- Pluto—带有 Apex 程序翻译器的 SCOS 2000 命令语言。

所需的功能范围要求这些语言必须满足测试控制、实时遥测响应、用户需求响应等功能。此外，这些语言要像常规编程语言那样易使用。因此，像“制造执行信息系统”(Manufacturing and Operations Information System, MOIS)等绘图工具已上市。

- 允许通过流程图图形化编辑测试程序。
- 为用户提供每个程序步骤输入掩码，以便于用户在文本格式下添加各种信息。
- 允许使用测试语言(UCL, TCL, ELIZA, Pluto)直接生成测试程序代码。
- 提供一个与 Core EGSE 相耦合的综合程序执行引擎。

必须在控制台的数据库中定义 TM 包和 TC 包，测试程序引擎允许通过合适的接口在控制台内部连续执行测试程序。在图 4.5 和图 4.6 中，各截图显示了如何用 MOIS 工具编辑和执行测试程序。

4.3 专用检测设备

SCOE 例子：电源前端

混合测试平台的经典专用检测设备(Special Checkout Equipment, SCOE)是电源系统。为了和实验室标准的电源有所区分，这种测试平台电源系统通常称为电源系统前端。它为测试平台的所有“硬件在回路”单元供电，如 OBC 电源。依据项目复杂度，可以手动控制电源系统前端，也可采用常用模式——由 Core EGSE 控制电源系统前端。

图 4.7 中的例子展示了一个用于 Galileo-IOV 项目的复杂电源系统前端。它通过 Core EGSE 控制，分别对 50V 和 28V 产生 14 个直流调节输出。独立监控每个环路的过电压和欠压情况，并通过封闭限流器提供过电流保护，Core EGSE 命令控制其设定。专门设计的复杂电路会精确滤去和分离来自主电源网络的影响。

---

① TCL 为工具命令语言，已广泛使用于 SCOS-2000 版本，此外还被诸多其他应用[131]所使用。

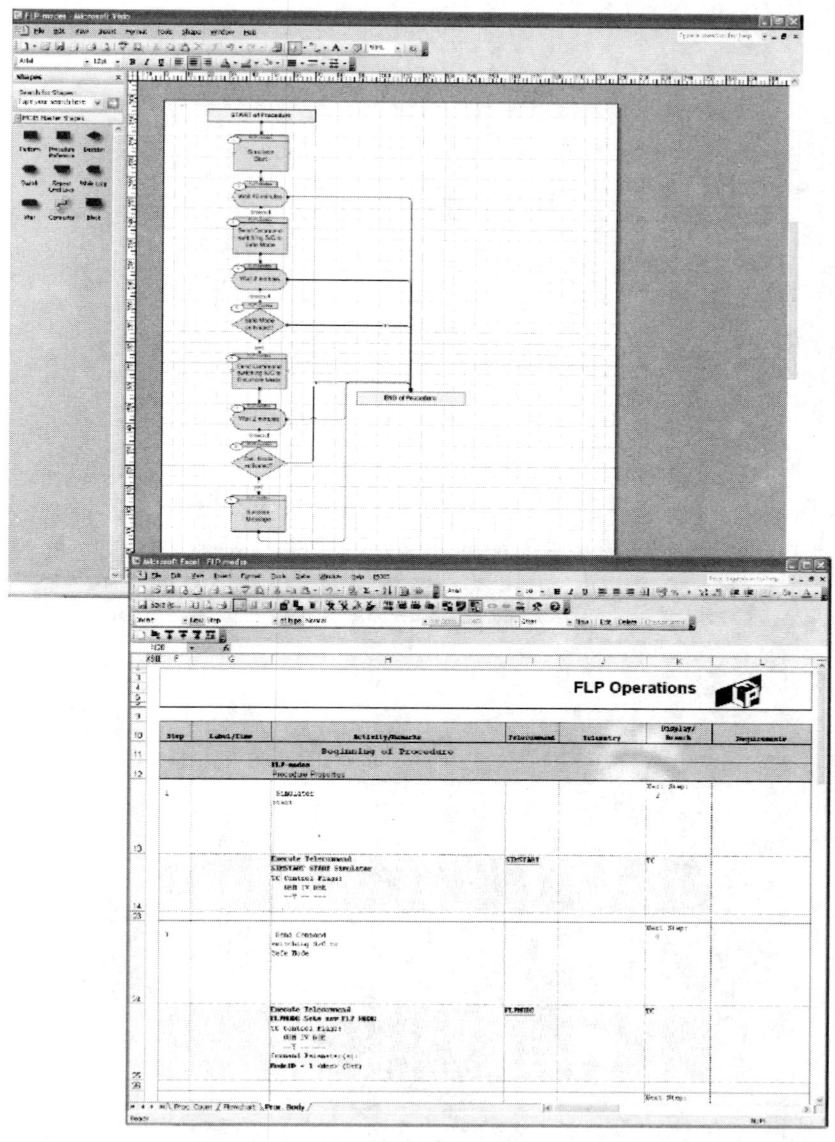

图 4.5(a)　流程图的逻辑步骤和细节定义
(应用示例：德国斯图加特大学空间系统研究所)

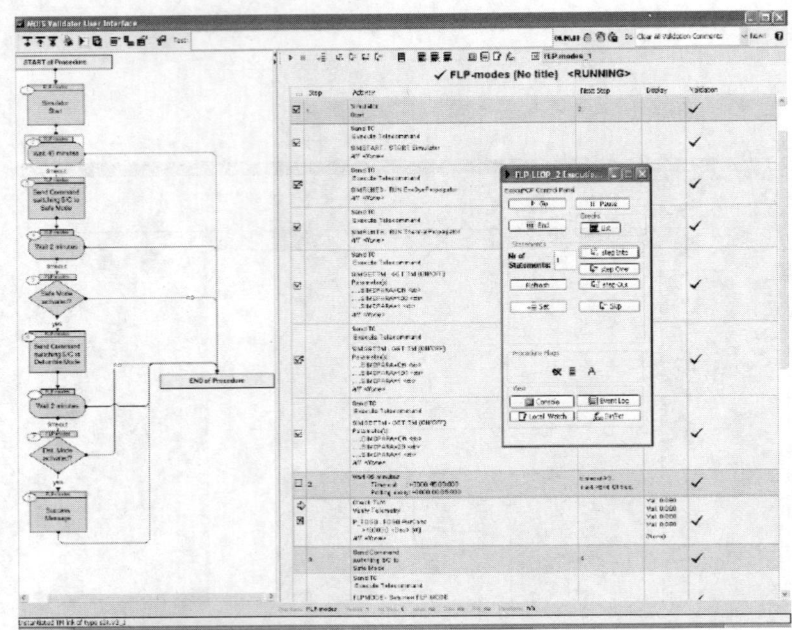

图 4.5(b)　带“验证器”的程序过程执行追踪

（应用示例：德国斯图加特大学空间系统研究所）

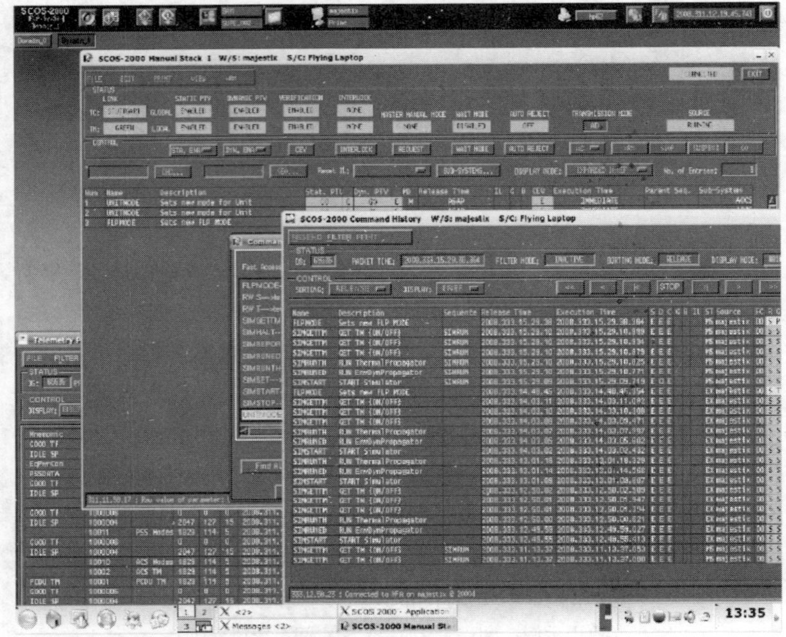

图 4.6(a)　模拟器和模拟航天器命令日志

（应用示例：德国斯图加特大学空间系统研究所）

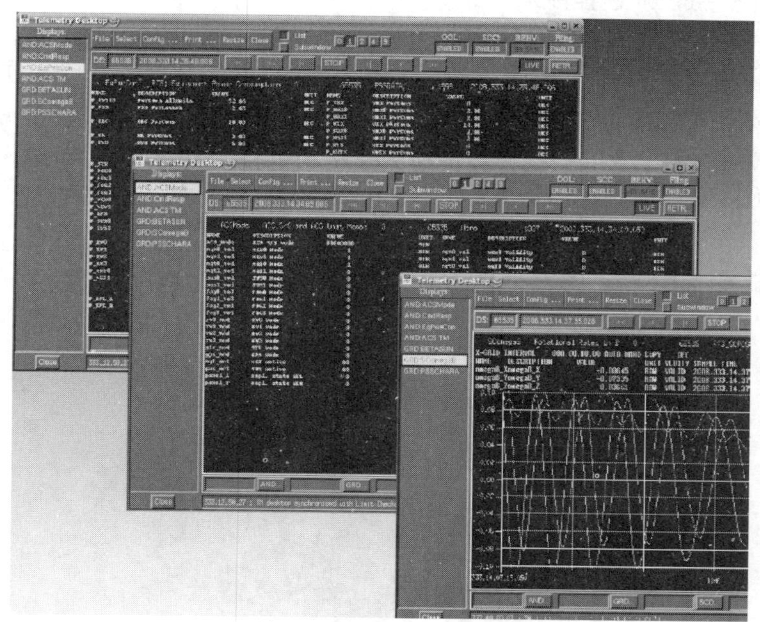

图 4.6(b) 模拟航天器的参数值
（应用示例：德国斯图加特大学空间系统研究所）

图 4.7 电源前端© 卫星服务 B. V.

SCOE 例子：遥测/遥控前端

另一个标准的 SCOE 设备是“遥测/遥控前端”（图 4.8）。在一个真实的飞行任务中，任务控制中心按照下面的 CCSDS/PUS 结构的数据包向航天器发送遥控指令。由于无线传输和带宽的技术限制，需要对这些数据包进行分包并进行额外校验组帧。这些数据包被传递到卫星的可控制部分——“CLTU”①，星上收到指令后向地面站发送应答信息。OBC 接收来自应答机的 CLTU 数据，而非任务控制中心发送的原始 CCSDS/PUS 数据包。从OBC返回的方式类似。这些帧被传输到应答机后，应答机将CADU②发送到地面，CADU 重组后发送给任务控制中心。

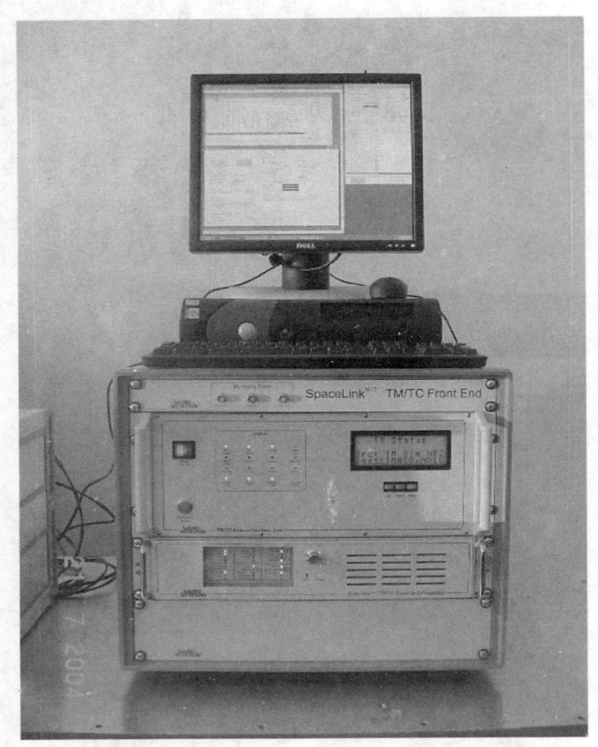

图 4.8　遥测/遥控前端© 卫星服务 B. V.

在测试平台中，用 Core EGSE 替换任务控制中心。在相同的协议（CCSDS/PUS）下，两者是兼容的。两者都涉及到真实的 OBC。但是，Core EGSE 和 OBC 之间缺少射频连接和应答机设备。遥测/遥控前端替代遥测和遥控链路中这两个缺少的链路，执行和传输 OBC、Core EGSE 之间的遥测。此外，通过各种编辑

① CLTU 表示指令链路传输单元。

② CADU 表示波道存取数据单元。

器和调试功能,它还能记录和调试 OBC 和 Core EGSE 之间的数据交换。

SCOE 例子:敏感器触发设备

混合测试台启动两种主要的“硬件在回路”测试,其包括 OBC 在内的许多设备。称其为开环测试。例如,真实航天器敏感器/执行机构/有效载荷通过导线连接到 OBC。最初的测试只评估如下方面:

- 该设备能否被正确控制。
- OBC 能否从设备正确接收到所有的探测数据和重要遥测。

此外,它还测试设备是否正确地连接到 OBC 的各个端口,如:

- OBC A 端口到 + Y 面太阳帆板的太阳电池阵驱动机构。
- OBC B 端口到 - Y 面太阳帆板的太阳电池阵驱动机构。

作为关键敏感器的子集,动态地激励敏感器并用 OBC 与敏感器衡量整个系统控制回路能否如想定的那样操作是非常必要的。根据不同敏感器类型,每种敏感器的激励设备会有所不同。

图 4.9 展示了图 3.27 中卫星地球敏感器激励系统的详细情况。地球敏感器(在左方)是通过使用黑体热辐射仪利用红外辐射地球反照率触发产生激励的。在测试中,该敏感器的位置由控制台通过电动控制指令进行动态控制。

图 4.9 地球敏感器测试装置© Astrium

在自动化配置级上,需要使用模拟器系统计算航天器的姿态和位置。例如,在上面测试步骤描述的信息中,模拟器可以提供如地球敏感器检测到的地球位置,并可以使用测试装置的相应控制。OBC 从真实的地球敏感器接收测量信号,就好像它真的在地球轨道上。接着 OBSW 将这些信息返回给姿态控制系统。

在测试中,该闭环系统的激励和/或测试基础设施可以完全区分两种航天器类型,它们的功能完全由将要运行测试的定义决定。图 4.10 展示了一个 ATV(图 1.6)推进系统的激励测试平台。

图 4.10　推进测试台© Astrium

4.4　模拟器前端设备

模拟器终端设备用于连接星载硬件（通常为“控制器在回路”）和要模拟的航天器剩余部件。在图 3.22 和图 3.23 中的模拟器终端将模拟器和 OBC 相连。模拟终端最初由一套接口插件组成，它用来传递从真实航天器 OBC 到系统模拟器的信号，并将模拟数据返回给 OBC。因为在这样的“硬件在回路”配置中，模拟器必须实时响应，并且运行在实时操作系统上，所以针对接口插件的数据总线系统也必须能够提供实时数据传输（如 VME 总线）。

图 4.11 是 VME 总线插卡照片。该插卡驱动程序作为独立任务运行在模拟器计算机的操作系统之上。该卡也可部分起作用，这意味着他们有自己的控制和智能设计，通常将智能设计编码进 FPGA 芯片。

模拟器前端架构图直观地显示了系统仿真中所用的大量接口和接口插卡，如图 3.24（底部左侧）、图 3.25（有大量电缆的中央支架）和图 3.27（右侧）所示。

图 4.12 以模/数转换器（Analog-to-Digital Converter，ADC）为例，作为一个简单接口卡的一部分，给出了典型寄存器、转换器芯片等的效果。图 4.12 的左边所示的是连接至 OBC 的模拟输出，图 4.12 右侧所示的是接收的数字信号，并针对模拟器中的相应设备模

图 4.11　模拟器前端接口插件实例© Astrium

型计算其转动速度和力矩。如图 4.12 所示,VME 总线介于 A/D I/F 卡上的灰色区域与 CPU 板上的灰色区域间,CPU 板表示卫星仿真的计算机目标硬件。

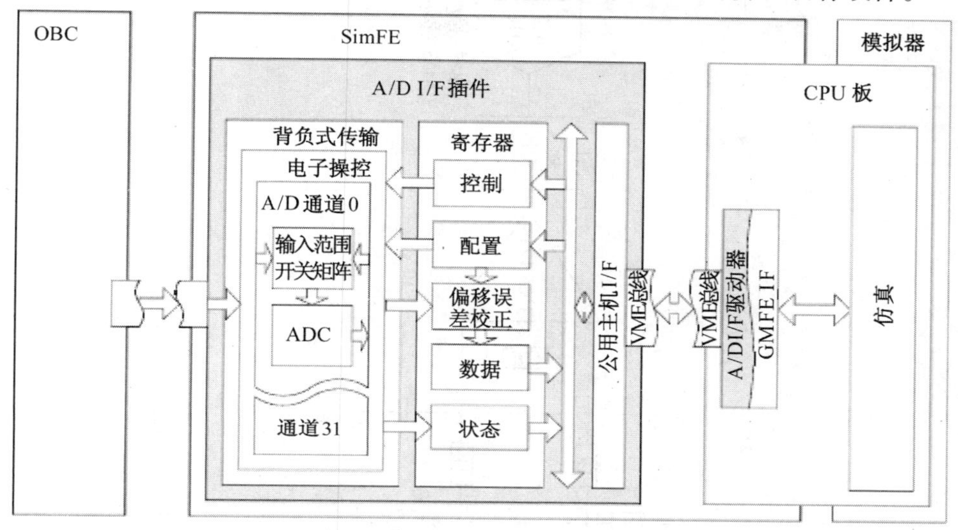

图 4.12　带驱动器的 A/D 接口插件原理图© 卫星服务 B. V

测试连线属于模拟器前端,用于连接航天器 OBC 和模拟器前端。从图 3.24、图 3.25 和图 3.27 可以看出这些测试连线的复杂性,由此可了解它们的定义、生产和单独验证。此外,OBC 上的接口插件、测试连线和硬件接口都必须是电气相容的。这涉及到电输出输入特性设计及相应信号的兼容性测量。根据接口类型,需要对信号进行电平、脉冲周期、峰值和协议序列等方面的验证。下面例举的两张图(图 4.13、图 4.14)恰好说明了模拟器前端插件设计文档中的典型电路设计。

图 4.13 所示的是信号源(OBC)、中间线路以及插件电子装置之间模拟信号传输的传统电路,模拟器插件驱动软件访问这些电子装置的 ADC。

图 4.14 的电路图展示了另一种情况:在真实系统中,OBC 使用接口控制功耗。在一个真实系统(如脉冲式磁力矩器)中,OBC 通过一个接口控制能源系统,但模拟器不能提供电源有效载荷。因此,一个连接前的“有效载荷模拟器单元”(Load Emulator Unit,LEU)须由该电流产生电压输出,作为模拟器前端插件的输入电流。在图 4.14 中,LEU 位于图的左侧,传统脉冲型模拟器前端插件位于中间位置。

这些转换比较简单,有时还可能需要模拟一些其他电路效应,如线圈的阻抗和类似效应。从这些简单的例子可以推断出,系统仿真不局限于信息学和计算数学领域。特别是在混合测试台中,其电气设计很大程度影响仿真性能和质量。在模拟器前端的设计和实现中定义了空间项目中“控制器/硬件在回路”测试平

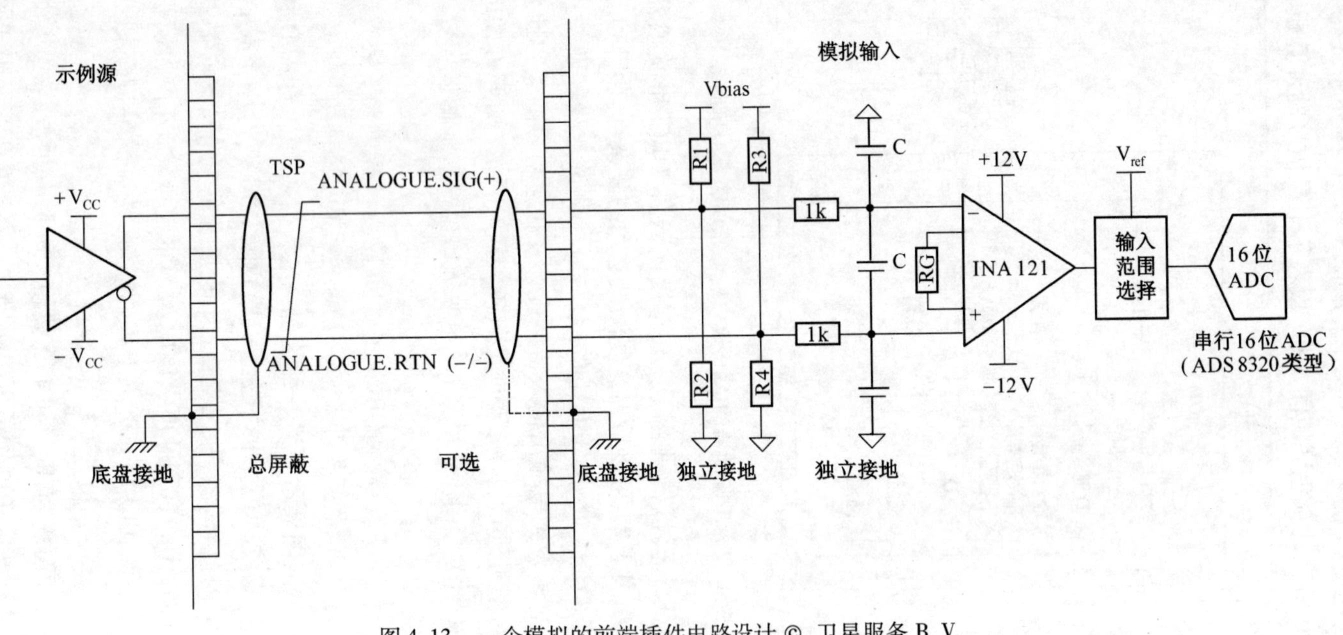

图 4.13　一个模拟的前端插件电路设计 © 卫星服务 B. V.

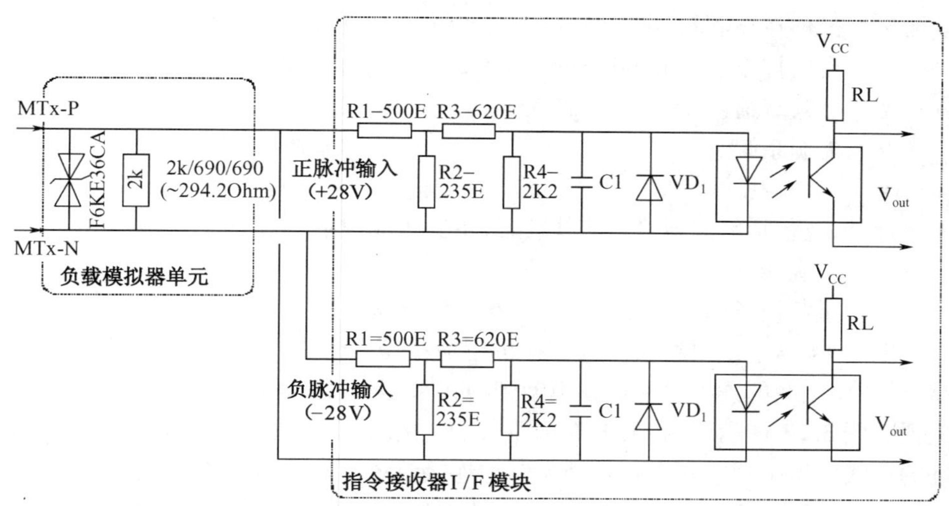

图 4.14　带上级负荷仿真的前端插件© 卫星服务 B. V.

台的关键路径,它是由模拟器前端定义和验证的复杂性导致产生的。在航天器的装配、集成和测试(Assembly,Integration and Testing,AIT)中,该框架下的模拟器软件定义了应用测试平台的有效日期。

模拟器前端的另一个功能是确保真实航天器控制器(OBC)与模拟器之间的时钟同步。若真实控制器和模拟器的时钟发生缓慢漂移不同步,那么会引发长期测试中的数值问题和数据协议中的传输错误。以 OBC 来说,在这种情况下,可能读到的是模拟器过期数据或接口板无效数据。为了防止模拟器前端发生这样的事,通常需要配备一个脉冲发生器插件,它提供一个外部信号便于同步 OBC 和模拟器的内部选通信号。这样做便于实现系统测试台部件之间的精确同步。在特殊"硬件在回路"配置下,可能需要通过网络时间协议(Network Time Protocol,NTP)、GPS 接收器或其他方法提供测试平台的绝对参照时间。

4.5　航天器模拟器

这种开发型基础设施测试平台的核心组件是航天器模拟器。航天器模拟器对卫星的运作及功能行为进行建模,它集成了所有技术规范,例如:

- 设备模型之间的数据交换。
- 系统环境物理学建模,如外部环境作用下的卫星动力学、机械学、电学和磁力学影响。
- 系统内部物理建模,如卫星的热系统、电系统等。

航天器模拟器包含航天器所有组件模型。在模拟器设计中,实现对这些组件正常运行模式和故障模式的详细建模。设备模型内部故障模式是为了复现真实航天器部件在星载软件的故障。卫星组件模型包括：

- 姿轨控系统(Attitude and Orbit Control System,AOCS)。
- 有效载荷。
- 能源系统。
- 电信设备。

此外,还包括航天器星上导线装置,主要组成包括：

- 电源线。
- 星载设备间的模拟、数字、数据总线连接线。

图3.14描述了“软件在回路”中的卫星模拟器。它展示了如何通过设备模型、设备模型间的连线以及设备模型到OBC的连线对真实航天器拓扑结构进行模拟。图3.23展示了“控制器在回路”结构中的卫星模拟器。通过连至接口插件的连线和模拟器前端设备的插件驱动连接卫星被模拟的设备,发送/接收电子信号到/从真实OBC的真实测试线路,从而通过该线路连接到模拟器前端插件的输入/输出端。

凭借中心数字求解器,模拟器自身应该具有时间域内系统行为的综合能力。就热动力系统或流体动力系统来说,求解器还必须能够处理数字系统强加的边界条件。对错综复杂的热系统和电源供应网络的模拟而言,也有同样的要求。由于模拟器内核的数字、模型调度功能以及到控制台接口的设定独立于项目,因此模拟器内核能复用于不同航天器项目。对于卫星设备模型之类的航天器组件模型,可以在设备和操作条件相同的两个不同系统中复用。

由于复杂测试台结构模拟器能够被连接至“硬件在回路”,必须实时提供输入/输出在实时操作系统上,因此,必须在带实时能力的数据总线的实时操作系统上运行该内核,如在VxWorks和VMEbus下的PowerPC核上运行,或在实时Linux变体和PCI-X总线下的Intel/AMD处理器上运行。模拟器内核包括：

- 面向数字和微分方程的数字求解器。
- 经由控制台的模拟器命令接口,以及为控制台提供模拟器遥测数据(不是航天器遥测数据)的接口。与这些测试平台组件间的数据交换与模拟器的数字化并行发生。发送这些模拟器命令能够使数字航天器模拟器运行时实现：
    - 控制模拟器操作。
    - 修剪或设置被模拟的航天器组件状态变量。
    - 修剪或设置模拟线路的不同情况。
- 日志接口允许：
    - 选择记录的模拟参数。
    - 在硬盘上进行循环存储且频率可调。
- 通常有一个“外部激励”界面：

➢ 它允许重写来自文件的组件模型计算值。

➢ 存储并定义文件中输入数据读取频率的控制设置，以及模拟期间重写的起止位置。被重写的数据存储于 ASCII 文件中，外部激励依赖于被模拟的硬件。例如，它也可能在模拟天体敏感器 1 和天体敏感器 2 时，重写有失效值的天体敏感器 3 的值。

此外，在一些模拟器内核结构中还加入了多处理器节点间的数字计算步骤分配功能。现如今，设计者们使用形式化设计语言设计模拟器内核软件，通常采用“统一建模语言”(Unified Modeling Language，UML)。航天器设备建模也基于此技术。有关 UML 方面的详细资料将在第 8 章进行介绍。

4.6 设备与系统模型

模拟器内部的航天器设备模型模拟系统部件的功能和运作行为，如模拟航天器敏感器或电源设备等。它们合起来满足精度和功能需求的组件算法来实现项目的特定需求，如故障模型和外部激励等。他们只模拟组件的功能，而非真实硬件设备的内部结构，如对于反作用轮而言，其只反映功能模型，计算轮子的力矩、转速计信号、功耗、轮子的转速、提供电机电流的热耗。但它不能反映是否有转子、电动音圈、框架、螺钉、球轴承等。

将表征功能的组件模型算法分成控制周期中的离散部分（一般将其看作一个状态机），以及控制周期和数字集成阶段的模拟部分（图 4.15）。

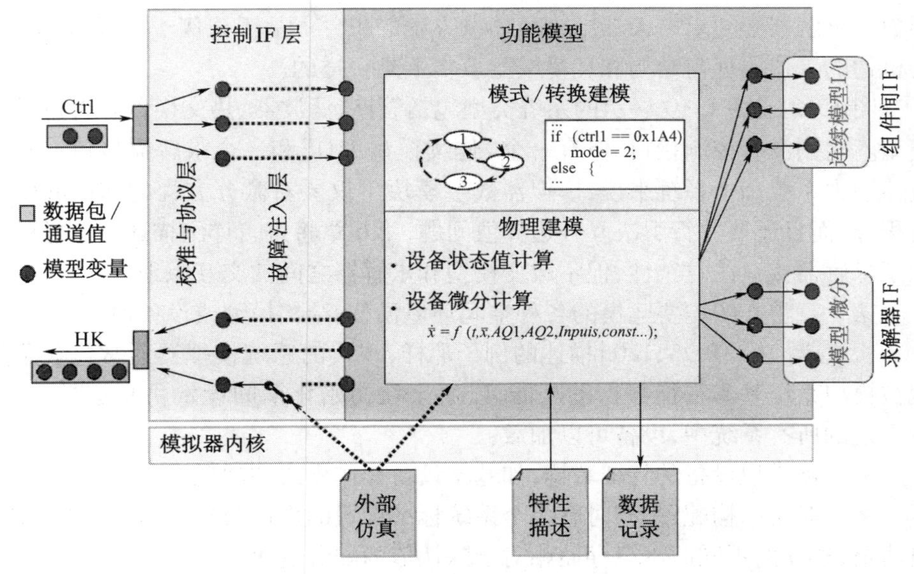

图 4.15 设备模型的组成

为组件模型配备一个数据接口(图 4.15 中的“Ctrl”和“HK”),以便于通过“硬件在回路”OBC 进行控制。该控制接口层还执行功能模型工程单元中两个变量值间的命令传递和常规数据的校准与移除。此外,这些模型还提供到模拟器内核的接口,用于:

- 初始化时加载特征数据。
- 为控制台提供模拟器遥测数据。
- 提供模拟器日志数据。

万一外部激励产生故障,那么这些接口将为模型的数字或协议接口反馈从文件/控制台到模拟器的故障值。此外,还为模型配备了到模拟器数字求解器的接口。例如,这些接口可将每个积分步中组件状态变量的倒数反馈给求解器。有关组件数字化更多资料将会在第 6 章进行详细介绍。最后,图 4.15 中标有“连续模型 I/O”的模型间留有接口以便于它们相互间进行数据交换。在许多出版物中都没有精确描述该项功能,为此,在这里将进行详细描述。

在有关模拟器的不同出版物中,设备模型和系统模型总是被区分开来。然而,像在第 6 章提到的那样,这种区分已经过时了。

一提到经典的设备模型,读者会立刻想到执行机构、反作用轮等。命令从 OBC 发送到控制接口,轮子模型就将转速、角动量和力矩信息反馈给“连续模型 I/O”。目前,仅关注力矩。产生另一种力矩的组件是磁力矩器。两种转矩的接受者是一个模型,在这里代表航天器结构。为了简单起见,假设该航天器结构模型为刚体结构,不装配到 OBC 的控制接口。该结构模型接收来自执行机构模型和空间环境模型的力矩。根据该输入可以计算航天器姿态积分所需输入的全部导数。求解器必须求航天器结构角动量方程的积分。基于该例子可以看出:执行机构的工作原理与结构和环境模型事实上是一样的。

图 1.12 或图 1.10 展示的系统类型包括管路、滤波器、热交换器等大量设备模型。它们没有控制接口,但有一个“连续模型 I/O”和一个求解器接口。对该流体动力系统和电系统来说,模拟器数字模块不仅要对微分方程的初值问题进行积分,而且还要并行解决互补边界值问题,第 6 章将进行详细描述。这样就增加了求解器接口的复杂性,但不改变模型和求解器之间的交互原理。

第 5 章将介绍需要建模的各种空间环境模型、结构模型或设备模型的效应。

像文献[16,21,23,120]描述的例子那样,现代的系统模拟器通常包含了加载被模拟系统基本特征数据的功能,以便于在初始化期间设定仿真运行参数。在上述的所有系统中,设备可以加载:

- 被模拟设备的特征数据,如基于设备操作模式的功耗。
- 对于结构配置,有时有一个系统标准设置的默认版本,为确保文件管理更清晰,独立的不同版本只存储相对于默认值的配置变化。
- 此外,还有一些数字化配置文件,其包含积分步长的定义、所选的数字化求解器方法和调度表。调度表用于定义模型调用的顺序以及设备模型间调用的时间偏移量。

- 另外,模拟器遥测配置和日志通常可从文件中加载。模拟器遥测包的信息、遥测的发送频率以及日志信息都会存储在这些文件中。
- 对于混合测试台中的模拟器来说,必须满足两项基本要求:一是设备模型和模拟器前端插件之间的模拟接口必须正确设置;二是真实硬件能够接收来自模型的数据。由于模拟器前端插件通常配有同一接口类型的多个信道,因此配置信息必须定义将哪个设备模型映射到插件驱动器的哪个端口(板卡上的某些连接器和 I/O 引脚)。
- 对于混合测试台,一旦使用数/模转换器,校准曲线必须可加载至板卡驱动的每个模拟连接。

当今的所有模拟器系统都遵循面向对象设计理念。这意味着,设备模型类代码在程序中仅被编码一次,也仅加载一次。例如,对于系统中一种设备类型的每个事件,只创建一份该类的数据区,而用户感觉好像加载了同一类型的多个设备组件。

若系统拓扑定义的方法不同,那么模拟器也会有所不同。拓扑结构蕴含着特定类型的设备组件数目以及组件间的连接方式。对于一些模拟器来说,在使用 UML 进行设计的过程中就必须定义好系统中特定类型的组件数目。然后,由 UML 图生成源代码,并编译该代码。此外,必须在编译时就为模拟器定义好模型之间的连接,确定哪个组件与哪类接口相连。

在模拟器初始化期间,其他系统允许加载整个系统拓扑结构,其中包括被模拟的设备和设备互连。因此,初级项目 *OpenSimKit*[23] 遵循这一结构设计原理。对于这种模拟器来说,只对组件类型和连接类型的模型类进行编码。系统一启动就可以从配置文件加载系统拓扑。

目前,常常通过可扩展标记语言(Extensible Markup Language,XML)写这种模拟器配置文件。8.5 节将会对其进行详细介绍。

第 5 章　航天器功能建模

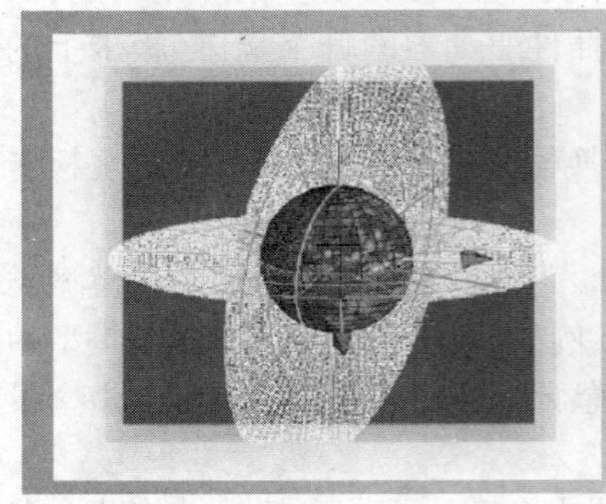

5.1　功能仿真概念

航天器“功能”这个术语早已被提及，下面给出其明确定义，随后再详述如何在功能模拟框架内对不同航天器结构和空间环境进行建模。后续内容引用的建模标准适用于卫星领域，同时也适用于航天飞机、火箭和运载工具等其他航天器。

功能建模与仿真基本概念

功能性建模意味着，对一个系统，仅对需要用真实数据测试验证的方面（如硬件、星载软件等）进行模拟，待测项目所建模型无需反映系统整体真实拓扑结构（图 5.1），如星载软件测试。

这种情况下，仅需对启动星载软件测试所需部分进行仿真。

相关设定：系统中所有无关测试的方面均可被简化，甚至于可忽略。

例如，电源分系统：

- 对于星载软件测试，PCDU 传送给 OBC 的数据与该测试是相关联的，其包括太阳能电池阵输出电流，供给能耗器件的电流和蓄电池充电电流的测量值。
- 太阳能电池阵和蓄电池内部细节（如电池电阻与温度关系）与该测试并无关联。

例如，卫星线束：

- 用于航天器研发和电气测试的线束数据库，对以下所有线路进行建模：

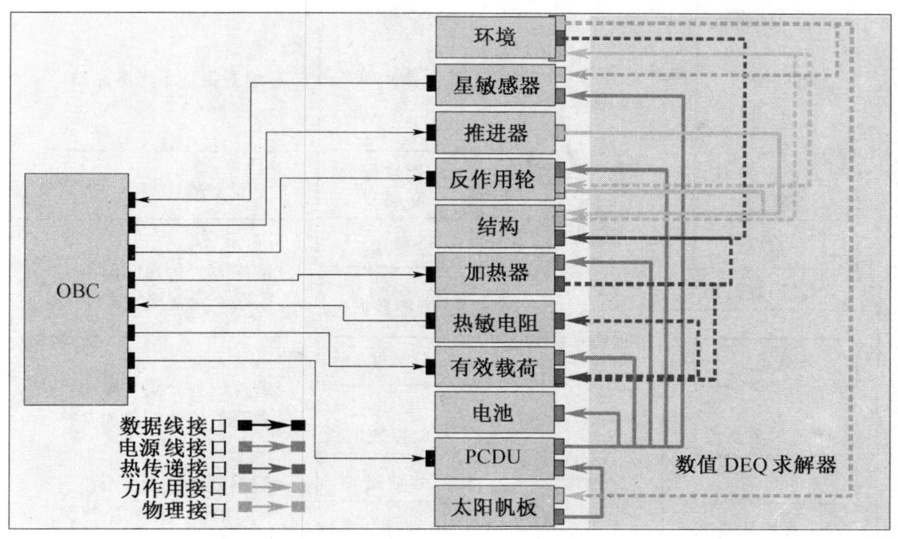

图 5.1　需功能建模的组件和接口

- ➢ 每根电线。
- ➢ 电磁屏蔽。
- ➢ 地线等。
- ➢ 每根电线引脚。

- 模拟器仅需要如下功能信息：
  - ➢ “功能接口”类信息，如航天器两个部件是否通过串行接口、仿真连接或数据总线等进行通信。
  - ➢ “功能接口”与被模拟设备“端口”的分配。
  - ➢ 对于混合测试台，“功能接口”与前端板驱动“端口”的分配。

例如，卫星拓扑：

- 在卫星功能模拟器中，不需要对进行建模卫星的几何形状或设备几何装配。
- 但模型必须反映：
  - ➢ 航天器本体坐标系中，AOCS 执行器和敏感器安装的坐标与指向。
  - ➢ 功能接口中，有关设备冗余和交叉耦合的电气拓扑表示。
  - ➢ 通过多个热节点，对由多个热相关组件组成的设备（如有效载荷）进行热性能表示。

例如，OBC 模拟器和 Core EGSE 之间的遥测/遥控：

图 5.2 给出了遥控指令从 Core EGSE 信息包到 OBC 的真实流程。遥控数据包组成数据段，每段由对应一个星载目标地址的数据构成。随后，数据段被分割成固定长度的帧，并由 GCS 传送至发射站。帧在发射站进一步被分为更短的

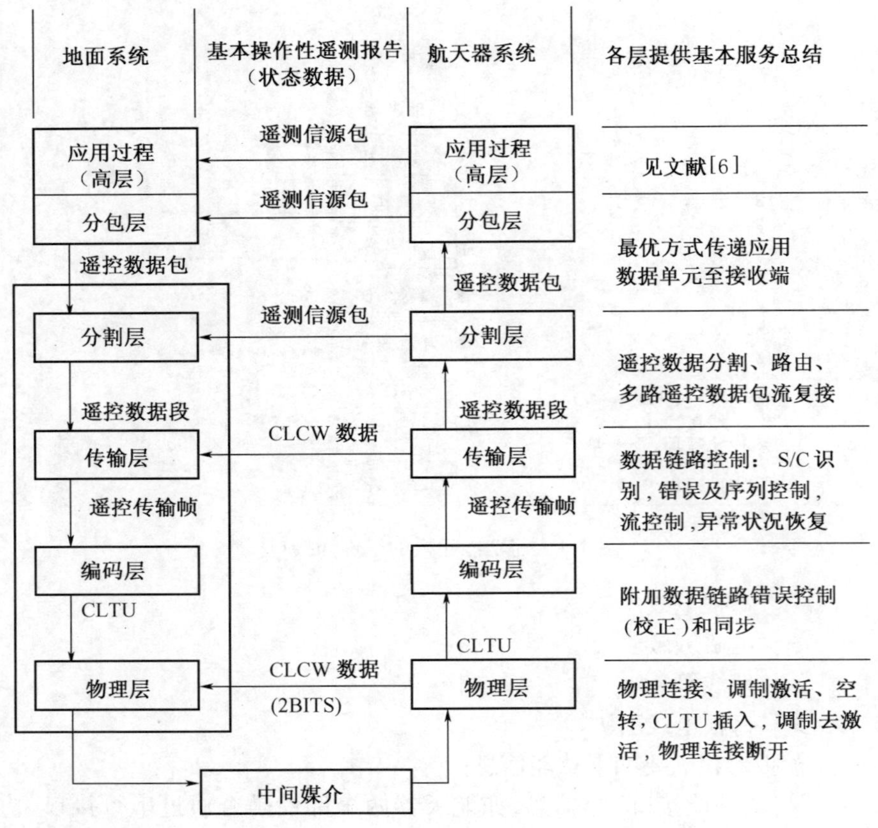

图 5.2　地面控制系统到卫星的遥控指令传输
（来源：ECSS-E10-71）

单元，并进入指令链路传输单元（CLTUS）。利用分配给航天器的频带，这些单元部分并行传递到航天器应答机。位于 OBC（TTR 板）里的应答机接口板对收到的数据进行重新组合，并返回给更高层满足高优先级命令，至少返回到帧一级，普通命令至遥控数据包级。OBSW 能读取这些数据包，并寄存到相应的 TTR。航天器遥测到地面的反向传输应用类似此过程。

在 SVF 类测试台中，控制台将已编的 CCSDS 包发送到待模拟 OBC。因此，考虑到 OBC 输入端表示真实 OBC 的 TTR 板，仅有以下的点对 OBSW 可见，并需要模拟：

- OBC TTR 板上的寄存器读/写。
- 从 TTR 板到 OBSW 的中断。
- TTR 板的故障模式。

在串行向量模拟类型中，数据分段和编帧通常不需要建模。

5.2 姿态、轨道和弹道建模

在模拟器中，对航天器轨道进行外推或对部分姿态进行计算时，必须考虑对航天器施加的所有力或力矩。对于轨道力学和姿态动力学，轨道和/或姿态改变须在模拟器内随时间积分（图 5.3）。考虑所有外部影响的总和及由航天器执行器产生的力和力矩（如反作用飞轮、推力器、磁力矩器等）影响，该步骤通过在时间上对脉冲方程和角动量方程进行积分实现。

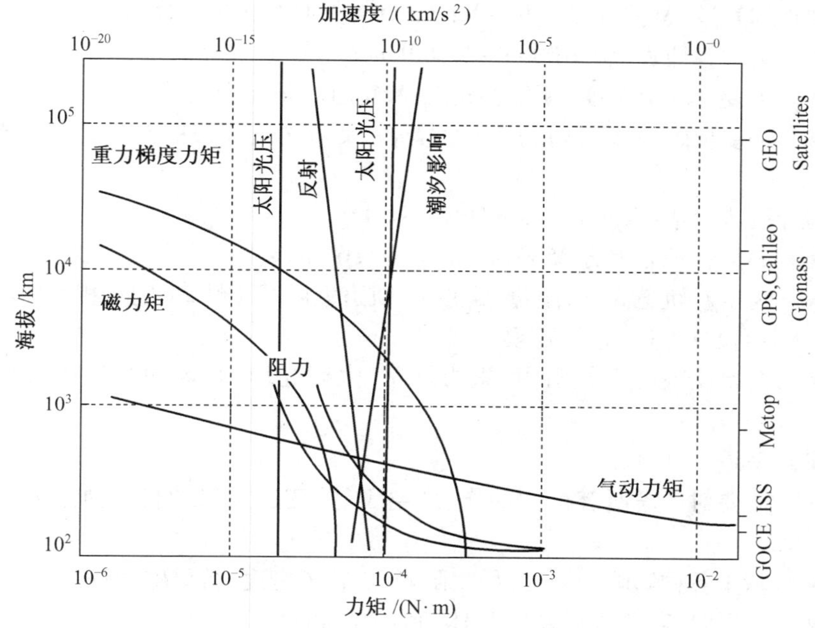

图 5.3 轨道摄动与姿态的函数关系

关于电学影响，在模拟设备和航天器系统状态时需考虑的初始基本信息有：太阳/日食周期、航天器所处位置的辐射强度和环境模型提供的值。若要考虑磁场和设备偶极效应的影响，也可应用此方法。因此，模拟器的“空间环境模型”需要反映如下外部影响：

- 引力影响：
  - 由地球引力场不均匀产生的影响卫星的力和力矩。
  - 潮汐力。
  - 其他星体，特别是月亮对卫星的引力。
- 大气阻力导致的摄动。
- 太阳光压和粒子流引起的摄动（仅在航天器轨道的向阳面）。
- 卫星组件和地球磁场之间的磁感应力和力矩。

后续将会列出不同任务类型的特征，包括相应空间模型中必须反映的特殊影响。

近地轨道(Low Earth Orbit,LEO)：

- 高度为地球测量椭球上方250～750km，$v_{S/C}\approx$ 8km/s。
- 需要对轨道高度、倾角、偏心率和轨道太阳同步性进行建模。
- 需要反映由大气阻力、重力异常、太阳光压、月球和行星影响导致的摄动。
- 依靠模拟验证进行卫星姿轨控系统修正。

中地球轨道(Medium Earth Orbit,MEO)(如GPS,GLONASS,Galileo)

- 高度为地表上方10000～30000km，$v_{S/C}\approx$ 6～3 km/s。
- 需要对轨道高度、倾角、偏心率和轨道太阳同步性进行建模。
- 需要反映由大气阻力、重力异常、太阳光压、月球和行星影响导致的摄动。

地球同步轨道(Geostationary Orbit,GEO)：

- 高度为地表上方35800km，$v_{S/C}\approx$ 2.6 km/s。
- 需要对轨道高度、倾角、偏心率、轨道太阳同步性，特别是相对地球位置(南北、东西位置保持)进行建模。
- 需要反映由大气阻力、重力异常、太阳光压、月球和行星影响导致的摄动。

星际弹道：

- 需要对考虑所有机动动作、低空飞越、变速策略的目标轨道外推进行建模。
- 基于各种影响的摄动，如太阳光压、粒子密度、行星磁场等。
- 必要时，需要进行复合N体动力学问题建模。
- 需要验证AOCS对轨道、机动的成功控制。

拉格朗日点任务：

- 需要对考虑所有机动动作的目标轨道外推和在目标位置受到拉格朗日点特殊合成引力影响的位置控制进行建模。
- 在飞向指定位置过程中，需要验证通过AOCS成功进行的轨道、机动控制。
- 上述同样适用于目标点正确位置控制(位置保持)。

无阻力任务：

- 需要对包括在轨或在拉格朗日点处的无动力轨道外推进行建模。
- 在飞向指定位置过程中，需要验证通过AOCS成功进行的轨道、机动控制。
- 上述同样适用于目标点位置控制(无动力控制)。

编队飞行任务：

- 轨道外推需考虑/反映所有轨道和编队修正机动动作。
- 需要验证轨道/编队机动动作的成功执行和通过 AOCS 的数字控制。

对于所有的任务类型：

- 需要对有效载荷操作期(精瞄)的姿态控制进行建模。

有关不同轨道类型的详细分类可参见文献[37]。此外，文献[38]给出了大量轨道动力学的建模例子 。

5.3 结构力学概述

关于航天器结构及其在轨状态，需要在功能模拟器中对以下特性进行建模：

- 航天器质量。
- 转动惯量。
- 航天器坐标原点。
- 所有敏感器和执行机构相对于卫星坐标系的位置和排列矩阵。
- 结构灵活性，即是否适应所有灵活模式，如展开的太阳帆板。
- 是否适应短暂的改变，如在太阳帆板调整期间的改变。
- 对于星载液体推进系统，必须考虑燃料晃动影响，尤其是对于长寿命的大型地球同步通信卫星、运载火箭和航天飞机考虑燃料晃动影响非常重要。

必须对所有上述航天器的特征和特征变化进行建模以进行姿态和轨道积分。在航天器仿真模型中，必须反映该“结构”在所有轨道摄动力和受控的执行机构力影响下的整个动力学特性。

5.4 热力学基础

对于一个在 SVF、STB 或类似测试台上实现的用于星载软件验证和系统测试的功能模拟器，需要在正确的数量级上对热系统进行充分模拟(图 5.4)。这意味着，在轨道模拟期间，星载软件应从模拟的热敏电阻信号中识别出以下影响：

- 必须在正确的数量级上对温度进行模拟。
- 当温度降到指定门限以下时，由星载软件触发的加热器工作周期必须和轨道序列保持一致。
- 当航天器由日食区重新进入光照区时，温度应显示上升，当超过开关门限值时，OBSW 必须能够检测到，需要再次关掉加热器。
- 温度模拟覆盖范围应涉及到温度故障探测、隔离和场景恢复(Failure Detection，Isolation and Recovery，FDIR)的测试。

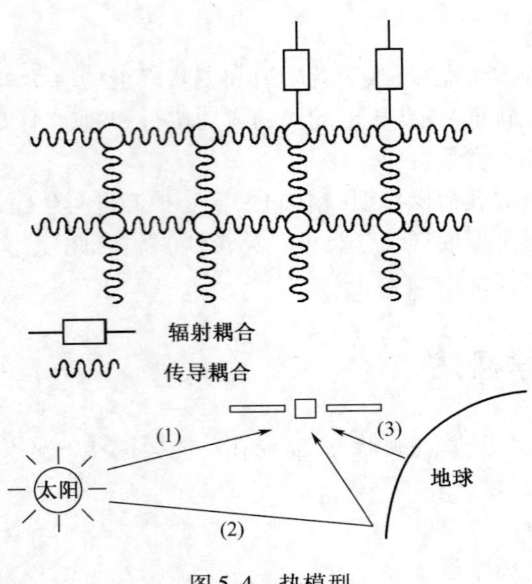

图 5.4　热模型

因此，需要对下列功能进行建模：

- 太阳辐射对航天器外表面的影响（用空间环境模型计算）。
- 地球反射辐射对航天器外表面的影响（用空间环境模型计算）。
- 从航天器外表面到太空的热辐射。
- 外表面通过热传导和热辐射与内部结构的耦合。
- 内部结构和系统部件之间的耦合。

更有效的冷却方法，如热管或斯特灵冷却器等，会与高散热率元件关系紧密。

对于一个中等复杂度的地球观测卫星，其全部设备的详细热模型由 3000 ~ 5000 个热节点组成的复合节点模型实现。在功能仿真测试台中，通常将建模卫星的热节点数减至 30 ~ 50 个，需要其不但能提供足够的热仿真精度，而且仍能在 STB 和 EFM 的复合测试台上进行实时模拟，但需假设如下经验法则：

- 每次发生显著散热的设备当作一个热节点。
- 每个加热器当作一个热节点。
- 每个热敏电阻当作一个热节点。
- 每个航天器外表面当作一个热节点，用以外部热有效载荷和辐射散热的建模。

5.5　设备建模

后续内容将会涉及典型航天器设备及其特征、功能系统仿真中需建模的一些效应。对所有设备类型，通常均需反映如下特征：

- OBC 数据接口。
- 设备组件的电源连接。
- 功耗（依赖于设备运行状态）。
- 散热（依赖于设备运行状态）。
- 电气组件的功能：
  - ➢ 运行模式、命令和遥测。
  - ➢ 数据协议。

除地球观测卫星平台等标准系统外，还有许多专用的航天器类型，例如，航天飞机、着陆器、探测车等。此部分仅概述了典型设备类型，具体子系统和设备建模的技术发展水平只能视文献研究而定。

控制及数据处理设备

OBC

在航天器模拟器中，OBC 模型肯定是最复杂的一个。因其必须在细节层面上对 OBC 的所有部件建模，并使之能加载和运行编译链接后的实际飞行软件，包括操作系统和在“软件在回路”设置（SVF）中的 BIOS——均为目标飞行硬件编译。因此，在模拟器中，需要对下面的典型要素进行建模：

- 中央处理器（Central Processing Unit，CPU），其通常由处理器模拟器实现。例如，已应用于欧洲卫星工业的 SPARC① 处理器体系结构，其典型代表为 Gaisler Research 的 TSIM 和 Astrium S. A. S. 的 SimERC。
- 对所有不属于处理器的 OBC 子部件进行功能建模。这意味着：
  - ➢ 仅实现使组件能够以正确的定时正确地响应来自 OBSW 命令所需的那些功能。
  - ➢ 需要对部件 I/O 寄存器建模，如数据总线控制器的寄存器。
  - ➢ 必须提供通过用户命令反映和引起组件故障的能力，用于测试星载软件错误处理功能。
- 除处理器外，典型 OBC 部件还包括：
  - ➢ OBC 系统存储器（RAM，ROM，PROM，EEPROM）。
  - ➢ 有效载荷数据存储卡/存储体。
  - ➢ 时钟模块。
  - ➢ 重配置逻辑。
  - ➢ 总线控制器（如 MIL-STD-1553B 总线，SpaceWire）。
  - ➢ I/O 子部件。
  - ➢ 到航天器所有数据接口的接口模块（所谓的远程单元）。

---

① SPARC 为 SPARC 国际的注册商标。

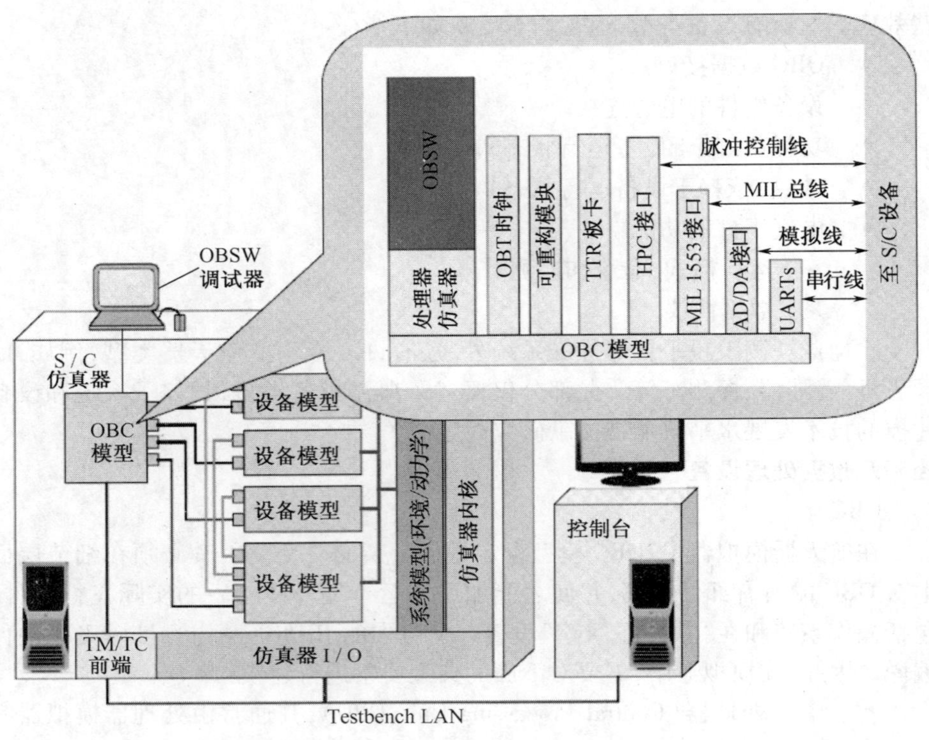

图 5.5　SVF 中的 OBC 模型

➢ OBC 遥控解码器、OBC 遥测编码器、OBC 传送帧发生器。

➢ OBC 电源模块。

- 整个建模都要考虑(处理器仿真和其他组件):

➢ 所有冗余。

➢ 所有组件的 I/O 寄存器和缓冲区。

➢ 所有被建模硬件单元切换和处理进程的时钟。

图 5.6～图 5.8 描述了这样的模块,其包括了在真实 OBC 互连中的冗余和交叉耦合。这表明,除处理星载软件微代码的处理机模型自身以外,对其余 OBC 基础设施的建模也是一项大型工作。

如前所述,在当今的项目中,OBC 处理器本身通常通过使用处理器模拟器模块来建模。该方法产生一个纯粹的软件模型。对于在配备有基于诸如具有典型 25MHz 星载时钟频率的 ERC32. SPARCV7(单流水线设计)等标准处理器的 OBC 上的卫星模型而言,以 3GHz 奔腾 PC 用作模拟器目标平台能够实现 SVF 的近似实时性能。这意味着,卫星的典型 90min LEO 轨道仿真在 SVF 上也要消耗大约 90min 计算时间。更快的模拟器目标硬件会导致缩短相应每一圈次的仿真时间。

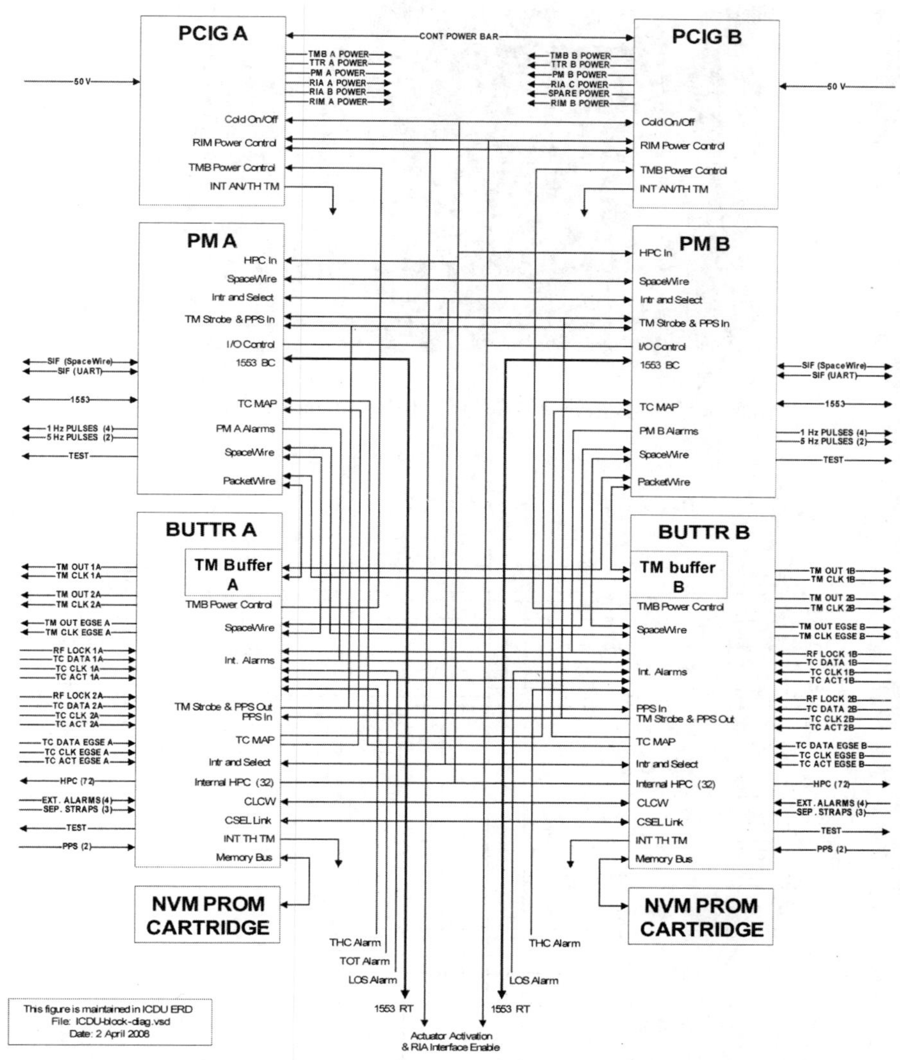

图 5.6　OBC 数据处理器模型块图

© RUAG Aerospace Sweden AB

相对于模拟器平台性能，模拟一个更强大的多流水线处理器（如 LEON，Sparc V8，提供三个流水线）成本更高。这意味着，对一个装配 LEON 处理器的航天器的 SVF 将相应变慢。为了避免该问题，可以使用一种处理器仿真。在该模拟器中，借助硬件设计语言 VHDL，星载处理器架构可映射到现场可编程门阵列芯片（FPGA）中。通常，FPGA 位于 SVF 计算机的 PCI 板卡上。采用该结构，对装有 25MHz LEON 处理器的航天器实时仿真会比采用 3GHz Pentium PC 快 5～10 倍。这导致上述 90min LEO 轨道的仿真时间只要 10～15min。这两种配

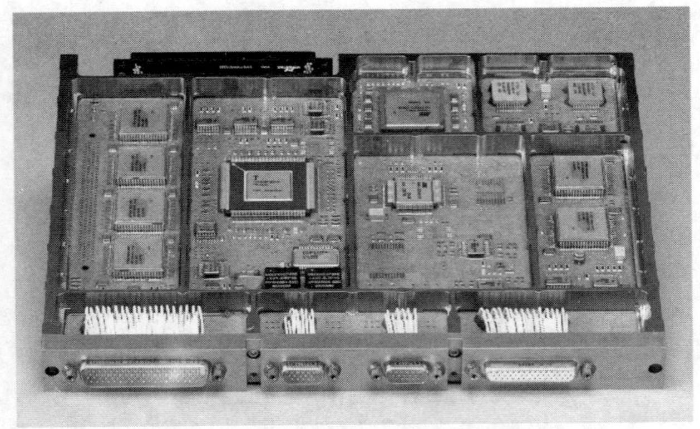

图 5.7　OBC 数据处理器模块。© RUAG Aerospace Sweden AB

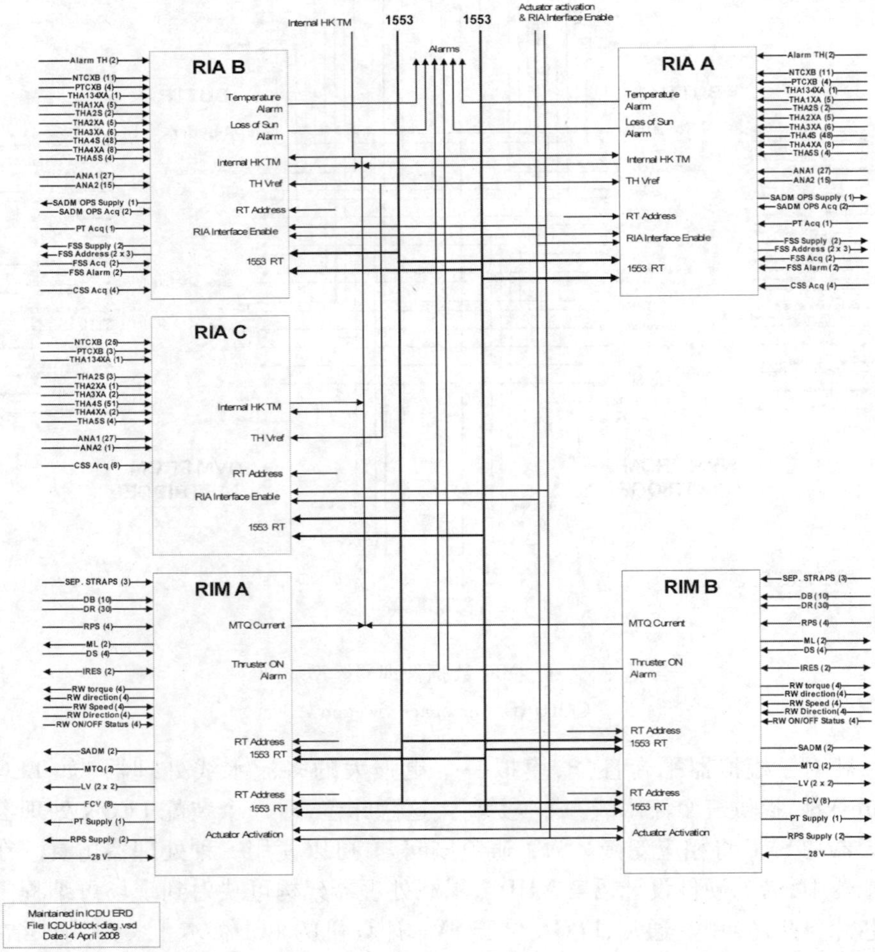

图 5.8　OBC 输出/输入单元块图
© RUAG Aerospace Sweden AB and RUAG Aerospace Austria GmbH

置如图 5.9 所示。

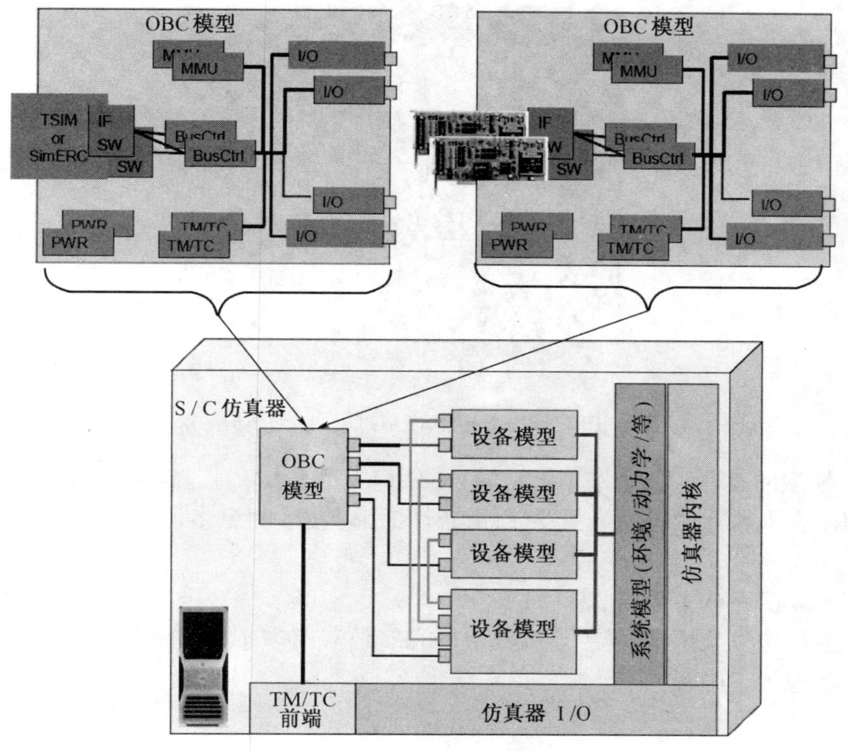

图 5.9　以处理器仿真与模拟建模 OBC

从图 5.9 可以清楚看出，模拟 OBC 的 I/O 板模型必须连接到被模拟的线束，该连接通过共享存储器实现。在该存储器中，OBC 模块负责写入，线束模块从中读取，反之亦然。

数据处理器仿真隐含表示了 OBC 模拟器的调度。中央 OBC 模型通常向航天器模拟器提供同步时钟信号，该信号在真实航天器中也是由 OBC 发送给其他需要时间同步的星载设备。同步信号典型频率是 1Hz，因此也称为"每秒脉冲"(Pulse Per Second，PPS)信号。在 SVF 层面，对于待仿真处理器及相应 OBC 模型乃至 SVF 整体并不需要非常精确的实时性能，因为硬件在回路没有与模拟器相连。

在典型处理器模型的安装中，通常会有一个标准的调试器接口，从而可以监视 OBSW 代码的执行情况，也可交互式地控制执行(停止，查询变量值等等)(图 3.14)。在借助 FPGA 进行处理器仿真的情况下，则该功能受到了限制。

由于航天器根据其特定任务要求装备有不同的 AOCS、平台和有效载荷组件，因此 OBC 还配备有不同类型的数据接口，必要时甚至具有不同种类的处理器和内部数据总线系统(图 5.10)。OBC 模块要相应实现所有的特性。这种

图 5.10 OBC 图片© RUAG 航空航天瑞典 AB

OBC 模型的设计和实现基本上是通过使用 UML 作为软件设计语言和 C ++ 作为编程语言来执行。有关模拟器软件设计和编码技术的更多详细信息,请参见第 8 章。

大容量存储系统(图 5.11)

卫星仿真系统中,模拟航天器星务和有效载荷产生的科学数据的存储功能时需考虑如下内容:

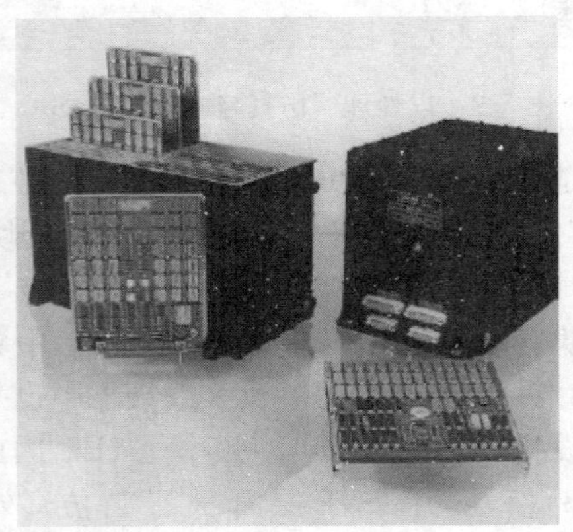

图 5.11 大容量存储单元© Astrium

- 存储容量。
- 单独存储体数量。
- 对于操作模拟:
  - 星务处理提供的数据速率。
  - 有效载荷科学数据的填充。
  - 地面站通信的存储释放。

- 仅建模到填充级,没有真实数据。

AOCS 组件:敏感器

星敏感器(图 5.12)

- 通过识别固定星来确定敏感器在空间中的姿态。

需要建模的方面:

- 数值敏感器的正确姿态。
- 敏感器噪声影响。
- 致盲效应。
- 敏感器电子元件操作模式。
- 与 OBC 的数据接口。

图 5.12 CryoSat FlatSat 中的星敏感器© Astrium

地球敏感器(图 5.13)

- 确定敏感器相对于地球的姿态。
- 光学测量(CCD 像素图)或热(狭缝/热敏电阻组件)测量。

需要建模的方面:

- 敏感器噪声、校准和致盲。
- 如果是光学数据敏感器,则需要考虑:
  - 电子操作模式。
  - 与 OBC 的数据接口。

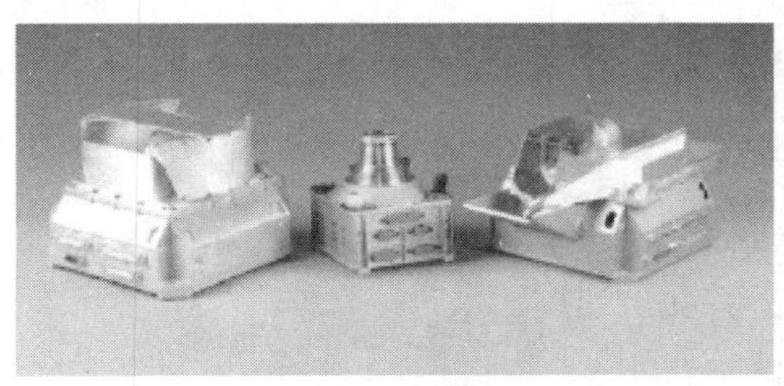

图 5.13 地球敏感器© Astrium

太阳敏感器(图 5.14)

- 确定敏感器相对太阳的姿态。
- 光学测量(CCD 像素图)或热(狭缝/热敏电阻组件)测量。

需要建模的方面:

- 敏感器噪声,校准和致盲。
- 如果是光学数据敏感器,则需要考虑:
    - ➢ 电子操作模式。
    - ➢ 与 OBC 的数据接口。

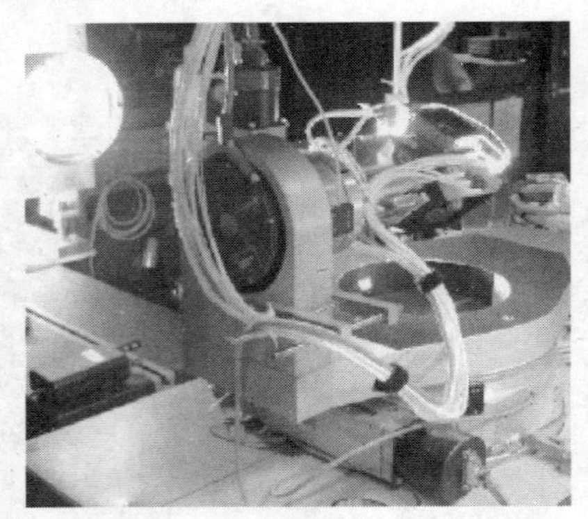

图 5.14　在转盘上的太阳敏感器© Astrium

磁强计(图 5.15)

- 测量安装方向上的磁通量。

需要建模的方面:

- 敏感器噪声和校准。
- 若需要,对由相邻电系统或金属结构造成的永久变形进行建模。

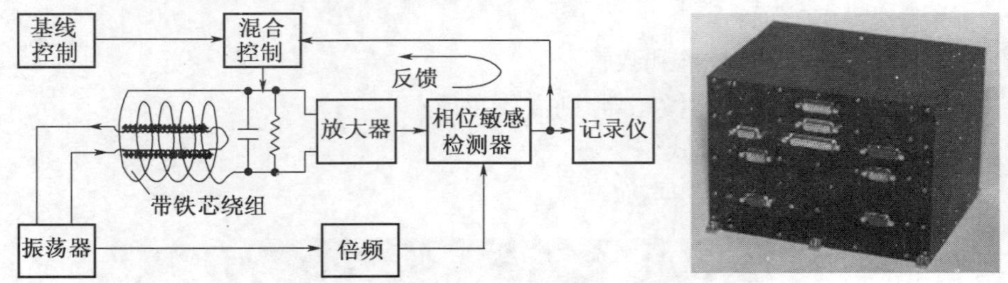

图 5.15　火星环球探测器磁强计© NASA

陀螺仪和陀螺组件

- 测量航天器转动角速度。
- 测量原理:
    - ➢ 机械:三轴式陀螺。

➢ 光学：两个激光束通过光纤线圈在相反方向的干涉——“光纤陀螺”(Fiber-Optic Gyro,FOG)(图 5.16)。

需要建模的方面：

- 陀螺仪电子及 OBC 数据接口。
- 机械陀螺：摩擦效应。
- 光纤陀螺技术：光纤在寿命开始/结束时的特性参数时，要考虑老化对光纤不透明度的影响。

图 5.16　光纤陀螺© Astrium

加速度计/重力梯度计(图 5.17)

- 主要测定轨道修正操作中的惯性加速度。
- 在“无阻力”任务中控制航天器加速度。

需要建模的方面：

- 电子性能及其操作模式。
- 与 OBC 数据接口。
- 若需要，对测量原理进行建模。

图 5.17　GRACE 卫星的 ONERA SuperSTAR 加速度计© Astrium

GPS/Galileo/GLONASS 接收机(图 5.18)

- 测量航天器和 GPS 卫星之间的距离,以便确定航天器的位置——至少要有 4 个 GPS 卫星对航天器可见才能确定其 3D 位置。
- 仰角分辨能力有限。

需要建模的方面:

- 航天器的正确位置。
- 真实 GPS 测量误差范围内的统计变量,以测试 OBSW 性能。
- 接收机电子操作模式。
- 与 OBC 的数据接口。

图 5.18 全球导航定位系统接收机© Astrium

DORIS 接收机(图 5.19)

- 测量航天器与地面站之间的距离,以确定航天器位置——至少 4 个地

图 5.19 DORIS 接收机天线© NASA

面站对航天器可见才能确定3D位置。

• 需要专用DORIS地面站模型。

• 由于测量的距离用于确定轨道位置，所以数据在地面处理，而不是在OBSW中进行处理。

需要建模的方面：

• 接收机电子操作模式。
• 与OBC数据接口。
• 虚拟测量数据包。

AOCS组件：执行机构

反作用轮(图5.20)

• 通过改变轮子转子的转速，沿着轮子安装轴产生一个动量。

需要建模的方面：

• 动量相对转速变化的相关性。
• 转速变化与指令速率或电流的相关性。
• 粘着和摩擦效应。
• 反作用轮电子特征及与OBC接口。
• 若需要，对反作用轮衰减的特殊影响进行建模。

图5.20 混合测试台上的反作用轮装置© Astrium

姿轨控推进系统(图5.21)

• 冷气(如高压氮气系统)。
• 肼推进系统。
• 使用可再生双推进剂，主要用于轨道修正机动。

需要建模的方面：

• 所有由OBC控制的推进系统的阀门和执行机构有自锁阀、止回阀、流量控制阀、电爆阀、罐和压力控制器。

• 控制推进器阀(线性或脉冲)及产生的推力。
• 推力相对于阀门打开的延迟。

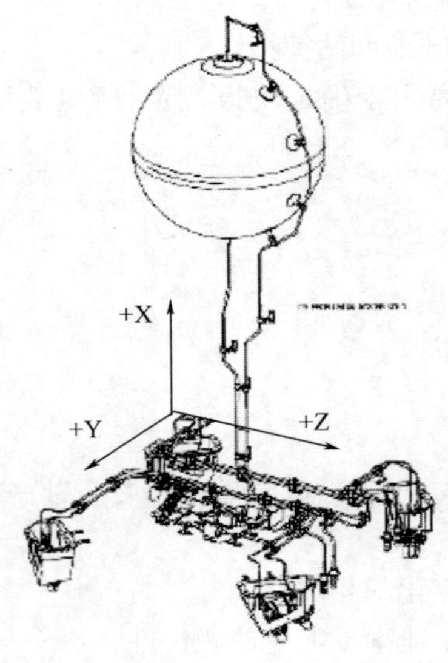

图 5.21　Galileo IOV 推进器系统© Astrium

- 必要时对推进器催化床加热器电子系统进行建模。

磁力矩器(图 5.22)

- 产生磁场的电线圈,通过与地球磁场的相互作用产生一个动量。

需要建模的方面:

- 电阻/阻抗。
- 所产生磁场强度。
- 滞后效应。

图 5.22　伽利略磁力矩器© Astrium

离子推进部件(图 5.23)

- 适用于需要节省燃料,长时间轨道或弹道机动。
- 通常用于行星际任务。

需要建模的方面:

- 推力器产生的推力控制。
- 电能消耗及燃料消耗。

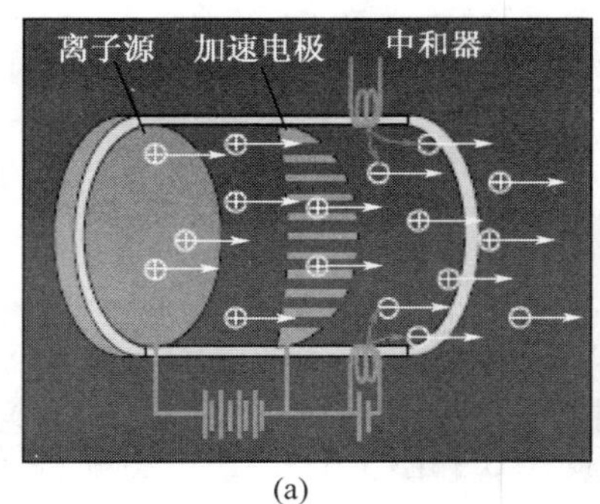

(a)

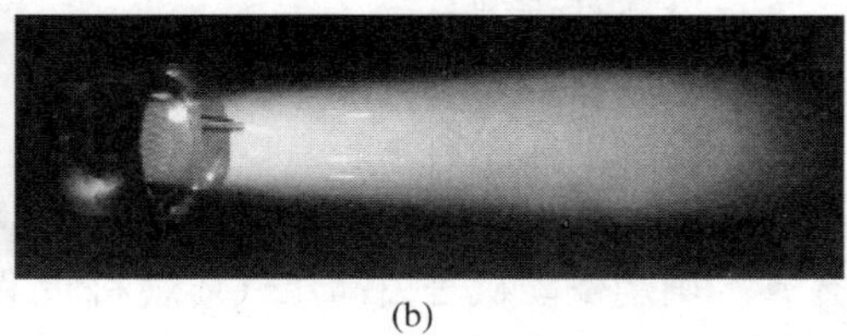

(b)

图 5.23　离子推进部件

（a）原理图© 德国斯图加特大学空间系统研究所；（b）RIT 10 推进器© Astrium。

电 μN 发动机

场效应电推进系统(Field Emission Electrical Propulsion,FEEP)(图 5.24)

- 需要极端精确姿态控制的推进器类型。
- 也用于无阻力加速度控制。
- 用于编队飞行中位置控制。

需要建模的方面：

- 推力器产生的推力控制。
- 电能消耗及燃料消耗。
- 功能和操作模式,以及用以固体推进剂加热和加速的典型复杂高压电器的电气特性。

图 5.24　铯场效应推进器© ESA

主火箭和上面级发动机(图 5.25)

依照推力系统特性,此处仅对各种火箭和上面级推力系统进行简要归纳,其类型有:

- 固体推进剂助推器。
- 液体推进剂系统。
- 低温推进系统。
- 标准液体燃料系统。
- 该燃料系统可根据不同的燃料类型进行分解。
- 确定发动机是由高压气体燃料储箱(图 1.3 和图 1.12),还是由配备涡轮泵的供给系统进行供给。
- 发动机在特定高度上的推力特性(大气背压)。
- 整个燃料供给系统(见文献[23])。

图 5.25 SNECMA Vulcain II

(源自:Stahlkocher)

(GNU 自由文档许可)

电源子系统组件

太阳帆板(图 5.26)

需要建模的方面:

- 展开期间,航天器转动惯量和重心的改变。
- 故障模式下展开阻断。
- 振动模式的机械特性。

图 5.26　太阳电池翼© Astrium

- 与老化相关的性能(寿命开始/结束对模拟设备启动特性的可加载性)。
- 冗余和配电束/布线。
- 故障模式下单元和线束故障。

太阳电池阵驱动机构(图 5.27)

需要建模的方面:

- 与太阳帆板的连接(电源线)。
- 与电源控制单元的连接(电源线)。
- 从 OBC 到步进电机的指令线。
- 步进电机功能(步长、空转、保持、主动保持等)。
- 位置敏感器。
- 步进电机的能耗。
- 若需要,考虑内部热敏电阻。
- 故障模式(电机故障、敏感器故障、阻塞)。

图 5.27　太阳电池阵驱动机构© Oerlikon Space AG, Zürich

电池(图 5.28)

需要建模的方面:

- 电池的数量。
- 电池类型(锂电池、镍氢电池等)。

- 充电特性。
- 有效载荷下电流/电压曲线。
- 自放电特性。
- 老化相关性能(寿命开始/结束对模拟设备启动特性的可加载性)。
- 内部电路和冗余。
- 电池单元及电路故障。

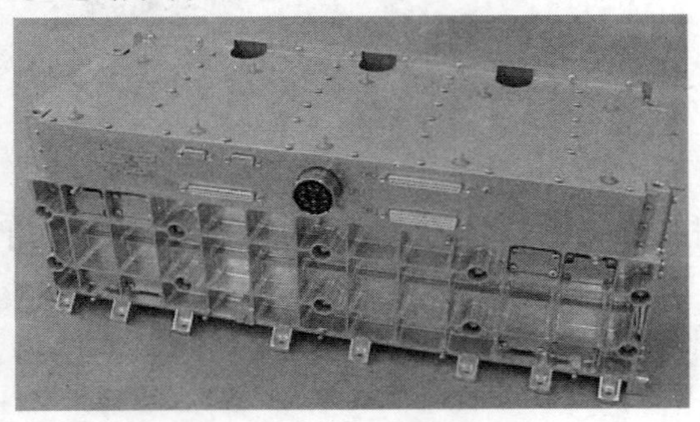

图 5.28　电池组© Astrium

电源控制和分配单元(PCDU)(图 5.29)

从这些单元来看,针对不同有效载荷,需要对电源控制装置和配电的功能进行建模,整个 PCDU 通过 OBC 被控制。基本能源是太阳电池阵,次要能源(待充电控制)是航天器蓄电池。

图 5.29　电源控制装置和配电单元© Astrium

需要建模的方面:

- 与 OBC 的连接和指令/控制数据协议。
- 通过高优先级命令行的控制功能。
- 与蓄电池的连接。
- 与太阳帆板的连接。
- 内部电流限制功能。

- 内部冗余。
- 用户载荷切换的继电器。
- 对于每个通道的过压监控。
- 反电流保护。
- 过电流保护。
- 每个波道的冗余。
- PCDU 的功耗。
- PCDU 的散热。

燃料电池子系统

对于燃料电池系统的建模，读者可先参考图 1.10 和图 1.11。该子系统的建模根据模拟的目的而不同。如果目标是验证 OBC 和星载软件控制，则此分系统可简化表示为一个具有与 OBC 接口的单个单元设备，其性能由特性曲线中的近似值表示。如果目标是燃料电池系统自身性能评估，则系统的不同组件必须逐一建模，如图 1.10 所示。系统组件类型有燃料电池堆本身、冷凝器、隔膜分离器、热交换泵和风扇。燃料系统在诸如电解质类型（不稳/稳定）、隔膜类型和系统是否可再生等方面也有所区别。文献[31 – 33]给出了关于燃料电池的多种类型和技术建模的详细描述。

热核发电机（图 5.30）

- 为深空探测器提供能源，在太阳系外，其由于太阳光亮度低，而不能使用太阳电池阵。

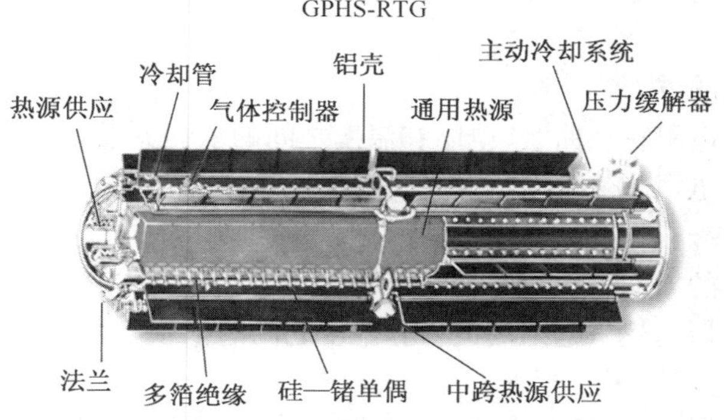

图 5.30　卡西尼深空探测器的放射电热核发电机© NASA

需要建模的方面：

- 由于塞贝克效应，环境温度和放射性核素温度之间比值决定的发电量。
- 使用材料的电流/电压特性曲线。
- 热辐射输出取决于环境温度与放射性核素温度之间的比率。
- 塞贝克元件的电连接（包括冗余）。

- 放射性核素的类型和取决于操作时间（任务开始/结束）的热特性曲线。
- 冷却系统（主动冷却系统或热导管类型）。

机械/机构

太阳电池阵和展开机构

需要建模的方面：

- 展开过程持续时间。
- 展开阻断信号。
- 电气接口。
- 航天器转动惯量和重心的改变。

天线结构和展开机构

需要建模的方面：

- 展开过程持续时间。
- 展开阻断信号。
- 电气接口。
- 航天器转动惯量和重心的改变。

热组件

加热器

需要建模的方面：

- 加热器特性曲线（电阻和温度之间的依赖关系）。
- 加热器和热模型节点之间的连接。

热敏电阻

需要建模的方面：

- 热敏电阻特性曲线（电阻和温度之间的依赖关系）。
- 热敏电阻和热模型节点之间的连接。

恒温器

需要建模的方面：

- 加热器与热敏电阻的电阻和温度之间的依赖关系。
- 温度开关（最终迟滞）。
- 恒温器和热模型节点之间的连接。

卫星/空间探测器载荷

卫星/探测器载荷多种多样，从利用宇宙粒子的地球遥感设备（相机、雷达等）到磁感应器（图 5.31）、光谱相机乃至同时是有效载荷和 AOCS 敏感器的系统（原子钟、无阻力敏感器等）。因此，设备模型特性也很大程度上取决于模拟测试台的类型和目的，例如：

- 软件验证设备。

- 硬件测试设备(STB/EFM)。
- 任务控制模拟器。
- 编队飞行测试模拟器。
- 载荷数据处理器测试模拟器。

图 5.31　HRSC Mars 相机© Astrium

对于卫星模拟器,真实有效载荷收集的科学数据仅仅需要对数据包结构和内容进行最低限度的建模,以使卫星星载软件能够处理它们。有效载荷功能建模应尽可能细致以涵盖不同的操作场景,并验证:

- 由于卫星的热效应而造成的限制。
- 电源引起的限制。
- 可用存储量引起的限制。
- 故障模式引起的限制。

特别地,对于有效载荷单元,需要进行以下方面建模:

- 电子器件及其操作模式(通常建模为状态机)。
- OBC 的指令/控制接口。
- 有效载荷科学数据协议(科学数据通常建模为虚拟数据包,只使用简单的计数器变量来测试从有效载荷到 OBC 和大容量存储器的接口)。
- 取决于有效载荷操作模式的热反应和热耗散。
- 取决于有效载荷操作模式的功耗。

生命保障系统组件

由于生命保障系统及其变型的复杂性和多样性,且常与航天器电源或水管理系统相关,所以这里将不详细描述生命保障系统,感兴趣的读者可以在文献[35,36]中了解这种设备的更多细节。有关航天器设备建模的进一步阅读和互联网页列在本书参考文献附录的相应小节中。

第二部分
模拟器技术

第 6 章　系统仿真的数值基础

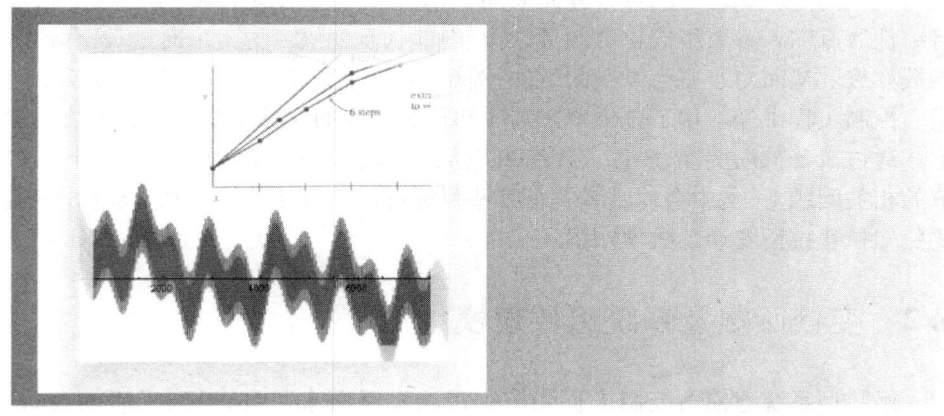

6.1　数值方法介绍

仿真技术运用于基于计算机的系统设计已经数年了，涉及从船舶建造到空间技术的广泛应用领域，覆盖了所有需要分析的问题，其范围从特定静态负载情况下的系统组件设计，一直到为了分析系统动态运行而进行的全系统仿真。

在实际生产中，有各种各样商用的或用户自行开发的仿真程序套件运用到这些任务中。对于那些想要掌握这些技术的学生来说，理解隐藏在这些工具背后的建模技术和数值方法往往并不容易。尽管事实上在某些仿真应用领域，有详细的技术资料可供参考，但是要找到关于具体的适用工具和数值方法等问题的概览还是有难度的。本章节的目的是对这些技术和方法进行概述。为了不使读者因为过分深入某具体细节而混乱，在偏离中心主题的细节处理之处会标出延伸阅读材料。

为了更好地叙述，首先做出如下符号约定。此处列举了可以明确的具有标准名字的变量，如 p 代表压力、T 代表温度或 H 代表焓，仿真组件的变量定义如图 6.1 所示。

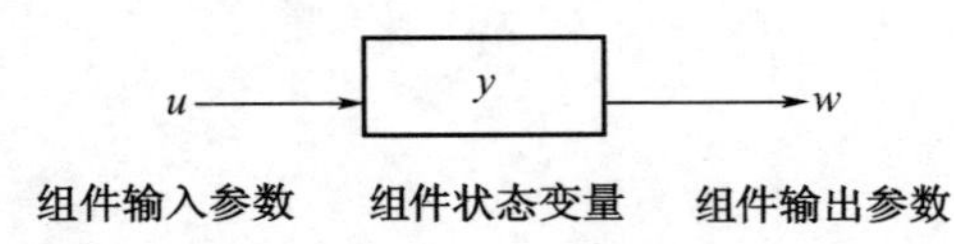

图 6.1　基本组件模块

为了与其他各种资料对照，也为了使贯穿本书的技术规则（如 AOCS、热、电源、OBSW）整体上保持一致，保留变量“z”用作几何参数。以管道为例，其温度或者流体成分的摩尔数等状态变量会随管道长度 z 变化。

变量 x 仅仅用于表示一般自变量，如示例代码中积分 $y = f(x)$ 的数值积分器。对于积分器来说，其并不关心自变量 x 究竟是表示位置 z 还是时间 t。

以下内容从状态空间符号方面概述了系统仿真的数值基础，总结起来就是将组件所有输入参数组成一个向量，所有内部状态变量合为一个向量，所有输出参数亦然。从而对于更为复杂的组件，图 6－1 中的变量 u、w、y 实际上变成了向量。控制工程中经常用于分析动态响应和控制设计的频域模型只用在少数问题上。通过拉普拉斯变换，线性方程组可以从状态空间域变换到频域。在下面章节的相关问题上，文中会向读者解释哪些目标可以通过该计算达到，读者并不需要熟知拉普拉斯变换的数学知识。

6.2　变换函数及系统组件建模

函数型系统建模由控制工程和控制理论发展而来，目前得到了诸如 Simulink 或 Modelica 等强大仿真工具的支持，尤其是 Matlab/Simulink/Stateflow 这一工具套件允许对非常复杂的系统进行特征和性能分析。由于工具特性过多，只有少数用户会对这些工具的内部技术以及优缺点感兴趣。

基于函数的方法采用如下式的数学变换函数对系统建模，即

$$y = \sin u \tag{6.1}$$

在 Simulink 等工具软件中，用户能够通过图形界面从这样的基本函数开始创建整个系统的模型。当然，用户不仅能够使用上面提到的如正弦的简单数学变换函数，也能够从一个无所不包的庞大的变换模块库中选择模块，这个库还能整合用户自己编码的函数模块（图 6.2）。

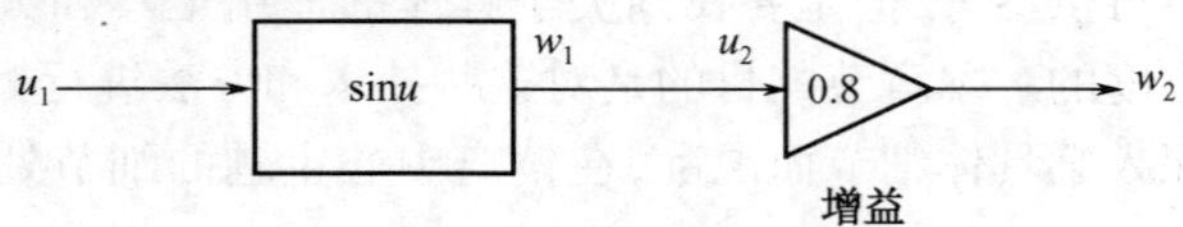

图 6.2　变换函数模块组装

此外，如果数据以向量形式输入输出，还有多于一个变量的模块函数供使用。考虑一个简单的例子，混合气液流中的气体催化转化器，其输入参数集可以

用压力、流量和液体温度描述，即

$$\boldsymbol{u} = \begin{pmatrix} p_{\text{in}} \\ T_{\text{in}} \\ \dot{m}_{\text{in}} \end{pmatrix} \tag{6.2}$$

气体混合物经过催化反应后的输出状态也能用压力、流量和液体的温度描述，但要先假定如下的静态过程，即

$$\boldsymbol{w} = \begin{pmatrix} p_{\text{out}} \\ T_{\text{out}} \\ \dot{m}_{\text{out}} \end{pmatrix} \tag{6.3}$$

其中

$$\begin{cases} p_{\text{out}} = f_1(p_{\text{in}}, \dot{m}_{\text{in}}) \\ T_{\text{out}} = f_2(T_{\text{in}}, \dot{m}_{\text{in}}) \\ \dot{m}_{\text{out}} = f_3(\dot{m}_{\text{in}}) = \dot{m}_{\text{in}} \end{cases}$$

该例子中，没有考虑气体混合物摩尔数的变化，但是它会由组件的输入、输出参数向量中的其他项表现出来。这个例子说明，通常输出参数取决于输入参数，但在采用式子紧凑的向量表示法时，这种情况并非显而易见，即

$$\boldsymbol{w} = \bar{f}(\boldsymbol{u}) \tag{6.4}$$

6.3 时间响应组件

函数型组件建模的下一步就是考虑组件物理上的时间响应。实际上大多数系统组件并不会单纯地将输入的变化通过变换函数立即作用到输出上，而是表现出积分效应，相应的输出参数值在对输入参数变化有一定响应时延这说明真实组件内部存在电容性参数，如 6.1 节提到的内部状态变量 $\boldsymbol{y}$。因此，通常认为内部状态变量和输出参数都依赖于状态变量和输入参数。更准确地说，内部状态变量值的变化直接取决于输入参数的值和自身整体上的实际状态，即

$$\begin{cases} \dot{\bar{y}} = \bar{f}(\bar{y}, \boldsymbol{u}) \\ \bar{w} = \bar{g}(\bar{y}, \boldsymbol{u}) \end{cases} \tag{6.5}$$

由此，目前还不能给出函数 f 与 g 的定义，唯一能确认的是可以用数学上的微分方程（Differential Equation，DEQ）表征时间响应系统模型。系统的动态行为

可以通过对这些微分方程进行时间积分来计算。再加上辅助的代数方程，就能在数学上完整的描述一个系统了。此外，输入变量对时间的依赖也要考虑，系统表达式为

$$\begin{cases}\dot{\bar{y}}(t) = \bar{f}(\bar{y}(t), \bar{u}(t)) \\ \bar{w}(t) = \bar{g}(\bar{y}(t), \bar{u}(t))\end{cases} \tag{6.6}$$

此外，组件的变量除了依赖时间和其他状态变量外，也可能还依赖位置变量。例如，推进系统管道运行长度的改变。因此，更一般的系统表达式为

$$\begin{cases}\dot{\bar{y}}(z,t) = \bar{f}(\bar{y}(z,t), z, \bar{u}(t)) \\ \bar{w}(t) = \bar{g}(\bar{y}(l,t), \bar{u}(t))\end{cases} \tag{6.7}$$

式中：l 表示管道的总长。在前面的方程中总是考虑组件的输入、内部状态、输出。一旦组件被整合进系统，其数学模型还必须反映出各种输出参数可能直接或间接、全部或部分地反馈到组件的输入。这种关于耦合矩阵的处理将在 6.9 节讨论。

一般认为组件的内部状态不影响建模结果方程类型的分析。下面逐步介绍方程类型、系统及其数值解法。

在仿真中，系统分为时间连续系统和时间离散系统两种：

- 时间连续系统：

$$\dot{\bar{y}} = \bar{f}(\bar{y}(t), \bar{u}(t)) \tag{6.8}$$

- 时间离散系统：

$$\bar{y}_{n+1} - \bar{y}_n = f(\bar{y}_n, \bar{u}_n) \tag{6.9}$$

由于时间离散系统（如状态机）大多数情况下不会导致数值表示上的重大问题，所以下面将集中精力讨论时间连续系统。

在系统的数值描述中，下面的微分方程类型很常见。

- 连续非线性——下面的方程不能直接转换成方程式(6.6)的形式：

$$\dot{\bar{y}}\bar{y} - \bar{y}^2 = f(\boldsymbol{u}, t) \tag{6.10}$$

- 连续线性——各阶导数仅与代数因子相乘，并只由加减运算符连接：

$$a_2\ddot{\bar{y}} + a_1\dot{\bar{y}} + a_0\bar{y} = f(\boldsymbol{u}, t) \tag{6.11}$$

- 对于这些方程，还能进一步确认其是连续线性时变方程：

$$a_1(t)\dot{\bar{y}} + a_0(t)\bar{y} = f(\boldsymbol{u}, t) \tag{6.12}$$

- 或者是连续线性时不变方程：

$$a_1\dot{\overline{y}} + a_0\overline{y} = f(\boldsymbol{u},t); \quad a_0, a_1 = \text{const} \tag{6.13}$$

系统的方程中如果只有这种类型的方程，那么系统称为连续线性时不变系统（Continuous，Linear，Time Invariant System，CLTI System）。

实际中用来描述组件物理行为的平衡方程，大多数并不是上述形式的微分方程，而是偏微分方程（Partial Differential Equations，PDE）。平衡方程中那些要对时间积分的状态变量不仅依赖于时间，而且依赖于其他如位置之类的参数。在下面的章节中，将通过各种例子讨论这些平衡方程的形式，以及如何转换为常微分方程（Ordinary Differential Equations，ODE）。

6.4 平衡方程

在得到类似上面提到的式(6.10)～式(6.13)等四种类型的方程组之前，首先要对被建模的系统或者组件的物理过程进行形式上的描述，然后进行数学上的转换。第7章叙述将会表明，通过平衡方程对系统组件的物理过程进行描述，在大多数情况下，会产生一组偏微分方程及附带的代数方程。

6.4.1 流体系统方程组

在航天器里可以找到很多流体系统，例如：

- 推进与发动机控制系统。
- 燃料箱增压系统。
- 复杂能源系统，像燃料电池系统。
- 环境调节与生命保障系统。
- 主动制冷和加热系统。
- 实验室框架系统。

为每一独立的系统组件建立的平衡方程，其描述的平衡量的变化完全能够通过下面三个基本过程描述：

- 存储。
- 输送。
- 转化。

在大多数情况下，建模所设定的体积是固定的，尽可能与被建模仿真的航天器组件一致。对这个闭合的体积中的平衡量，适用于下面的方程，即

$$\frac{\mathrm{d}}{\mathrm{d}t}\int_V M\mathrm{d}V = -\oint_A \overline{\varphi}\mathrm{d}\overline{A} + \int_V S\mathrm{d}V \tag{6.14}$$

式中：M 为体积中具体的平衡量；V 为设定的体积；A 为该体积的表面积；φ 为穿过系统边界的量；S 为该体积内的转化速率。

根据高斯定律,面积积分可以转化为体积积分:

$$\frac{\mathrm{d}}{\mathrm{d}t}\int_V M\mathrm{d}V = -\oint_V \nabla \overline{\varphi}\mathrm{d}V + \int_V S\mathrm{d}V \tag{6.15}$$

微分形式如下:

$$\frac{\partial M}{\partial t} = -\nabla \varphi + S \tag{6.16}$$

式(6.16),已经能够体现系统组件仿真所有必要的平衡方程的形式。

后续内容将以热力学系统和流体力学系统的平衡方程作为例子,原因在于其特别适合演示某些数值特性。轨道姿态动力学等方程将在后面介绍。热力学系统的平衡方程通常有:

- 质量平衡形式的连续性方程。
- 混合物化合平衡。
- 动量方程。
- 能量方程。

连续性方程

连续性方程中,平衡量定为单位体积的质量,即流体密度 ρ。由于质量既无法生成也不会消失,因此本例中表示产生和消失的项 $q=0$。组件中从一种物质转化为另一种物质的化学变化与连续性方程无关,而是化学平衡方程所讨论的。所以,连续性方程可以写为

$$\frac{\partial \rho}{\partial t} = -\nabla(\rho \boldsymbol{v}) \tag{6.17}$$

对于可以用一维流体表示的简单系统组件,可简化为

$$\frac{\partial \rho}{\partial t} = (\rho v)_{\mathrm{ein}} - (\rho v)_{\mathrm{aus}} \tag{6.18}$$

化合平衡

在所考虑的体积内,化合反应由反应物的流速、化学反应以及扩散速度决定,而扩散速度由反应物的浓度梯度决定。对于表征混合物中的化合反应的化合平衡方程,其平衡量是该反应的容积率 C。对于混合物中的第 i 种物质,化合平衡方程为

$$\frac{\partial c_i}{\partial t} = -\nabla(c_i \boldsymbol{v}) - \nabla(-D\nabla c_i) + \frac{\dot{m}_i}{\rho_i V_{\mathrm{ges}}} \tag{6.19}$$

式中:最后一项表明了物质的化学反应(产生或者消失)。

对于一维的情况,式(6.19)可写为

$$\frac{\partial c_i}{\partial t} = -\frac{\partial(c_i v)}{\partial z} - \frac{\partial}{\partial z}\left(-D_{i,j}\frac{\partial c_i}{\partial z}\right) + \frac{\dot{m}_i}{\rho_i V_{\mathrm{ges}}} \tag{6.20}$$

通常将扩散系数定为常数,式(6.20)可简化为

$$\frac{\partial c_i}{\partial t} = -\frac{\partial(c_i v)}{\partial z} + D_{i,j}\frac{\partial^2 c_i}{\partial z^2} + \frac{\dot{m}_i}{\rho_i V_{\mathrm{ges}}} \tag{6.21}$$

线性动量原理

对于线性动量方程,平衡量就是线性动量流,即

$$\frac{\partial(\rho \boldsymbol{v})}{\partial t} = -\nabla(\rho \boldsymbol{v}\boldsymbol{v}^{\mathrm{T}}) - \nabla(\bar{\bar{\tau}} + \rho\bar{\bar{\delta}}) + \bar{f} \tag{6.22}$$

式中:$\bar{f}$ 为作用在体积中流体上的力,如重力、直线或向心的力。

- 牛顿流体力学认为,黏滞力张量线性依赖于速度梯度。
- 各向同性流体,黏滞力张量符合 Stoke 假说,若在组件表示中,假设只有合力作用在流体上,则

$$\frac{\partial}{\partial t}(\rho v_i) = -\sum_j \frac{\partial}{\partial z_j}\rho v_i v_j - \frac{\partial p}{\partial z_i} - \sum_j \frac{\partial}{\partial z_j}\tau_{ij} + \rho g_i \quad (i = x,y,z;\ j = x,y,z) \tag{6.23}$$

能量平衡

对于能量平衡方程,通常使用组件的内能作为平衡量。表示流入体积的净能量流的通量参数包括:

- 内能的净流入量。
- 在体积表面所做的机械功。
- 因热传导进入到体积中的热流量。
- 体积内通量所做的摩擦功和机械功。
- 势能的净增加量。

于是,能量方程为

$$\frac{\partial}{\partial t}\left(\rho u + \frac{1}{2}\rho \boldsymbol{v}^{\mathrm{T}}\boldsymbol{v} + \rho g h\right) =$$

$$-\nabla(\rho u\bar{v}) - \nabla(\rho g h v) - \nabla\left(\left(\frac{1}{2}\rho \boldsymbol{v}^{\mathrm{T}}\boldsymbol{v}\right)\boldsymbol{v}^{\mathrm{T}}\right) - \nabla(p\boldsymbol{v}) + \nabla(\lambda \nabla T) - \nabla(\bar{\bar{\tau}}\boldsymbol{v}) +$$

$$\dot{Q}_{\mathrm{internal}}/V_{\mathrm{cumul}} + \dot{W}_{t,\mathrm{internal}}/V_{\mathrm{cumul}} \tag{6.24}$$

在某些情况下,能量平衡方程也可用总体能量密度(不仅仅是内能),或者整体热焓密度建立。

代数耦合方程的例子

代数耦合方程定义了平衡方程中各种参数相互之间的固定联系。对于热力学或流体力学,这些方程一般为下面例子中的热力学状态方程。对于其他系统,这些方程也可能是力或动量平衡方程或符合其他原理的方程。

$$\rho = \rho(p, u) \tag{6.25}$$

$$T = T(p, u) \tag{6.26}$$

$$\frac{p}{\rho} = RT \tag{6.27}$$

$$\partial u = \rho c_v \partial T \tag{6.28}$$

6.4.2 航天器动力学方程组

在这一领域,典型的方程类型是刚体系统的卫星姿态动力学方程。位置向量 $\boldsymbol{r}$ 的变化表示为

$$\begin{cases} \dot{r}_x = v_x \\ \dot{r}_y = v_y \\ \dot{r}_z = v_z \end{cases} \tag{6.29}$$

速度的变化可表示为

$$\begin{cases} \dot{v}_x = f_1(F_x) \\ \dot{v}_y = f_2(F_y) \\ \dot{v}_z = f_3(F_z) \end{cases} \tag{6.30}$$

式中:$\boldsymbol{F}$ 表示作用在航天器上的所有力的总和。

下面的非线性微分方程可以表示转动速度的梯度:

$$\overline{\overline{\Theta}} \cdot \dot{\overline{\omega}} = \overline{N} - \overline{H} - \overline{\omega} \times (\overline{\overline{\Theta}} \cdot \overline{\omega} + \overline{H}) \tag{6.31}$$

式中:$\overline{\overline{\Theta}}$ 为惯量矩;$\overline{\omega}$ 为转动速度;$\overline{N}$ 为所有力矩总和;$\overline{H}$ 为内部角动量,如反作用轮产生的内部角动量。

最后,对于用四元数[①]而非三角方程描述的姿态变化,可建立下面的一阶常微分方程:

---

① 想要了解四元数的定义及其推论,请参考关于航天器轨道姿态控制的相关文献,如文献[40]的12.1节。

$$
\begin{cases}
\dot{q}_1 = f_1(q_1, \dot{\omega}_x, \dot{\omega}_y, \dot{\omega}_z) \\
\dot{q}_2 = f_2(q_2, \dot{\omega}_x, \dot{\omega}_y, \dot{\omega}_z) \\
\dot{q}_3 = f_3(q_3, \dot{\omega}_x, \dot{\omega}_y, \dot{\omega}_z) \\
\dot{q}_4 = f_4(q_4, \dot{\omega}_x, \dot{\omega}_y, \dot{\omega}_z)
\end{cases}
\tag{6.32}
$$

方程式(6.31)表示一个一阶非线性微分方程。但实际上,若将矩阵 **N** 展开,式子将变得非常复杂。

作用在航天器上的重力、光压、磁场等导致了动力学方程中的非线性。在实际应用中,对这些因素的精确建模使得方程更加复杂。

关于航天器轨道姿态控制的详细资料列在本书参考文献附录的相关部分。

6.4.3 航天器电气学方程组

航天器上的能源电气设备有:

- 太阳能电池/太阳帆板。
- 蓄电池/电池组。
- 电源控制器。
- 电源分配器。

从系统仿真的角度可以将其物理特性建模为一阶常微分方程组,但太阳能电池、蓄电池的特性曲线会导致部分系数不是常数。

关于卫星能源电气数学建模方面的深入读物列在本书参考文献附录的相关部分。

6.5 偏微分方程的分类

6.4 节讨论的平衡方程和其他物理方程,在某些情况下是常微分方程(ODE),在另外一些情况下是偏微分方程(PDE)。若要对系统行为在时间上进行数值积分,前提是要将偏微分方程转化为常微分方程。第一步工作则是深入分析这些偏微分方程的类型。

对照 6.4 节例子中平衡方程及其特征,考虑如下类型的二阶偏微分方程:

$$
a\frac{\partial^2 y}{\partial t^2} + 2b\frac{\partial^2 y}{\partial t \partial z} + c\frac{\partial^2 y}{\partial t^2} + d\frac{\partial y}{\partial t} + e\frac{\partial y}{\partial z} + f_y - g = 0 \tag{6.33}
$$

这类偏微分方程解法的核心在于方程的前三项。偏微分方程的三种基本类型如下：

$$\begin{matrix}\text{双曲线形} \\ \text{抛物线形} \\ \text{椭圆形}\end{matrix}\quad \text{当判别式 } b^2 - ac \begin{cases} > 0 \\ = 0 \\ < 0 \end{cases}$$

前面遇到的平衡方程没有包含对时间更高阶导数项：

$$\Rightarrow a = 0$$

也没有出现过对时间 t 和位置 z 的联合导数：

$$\Rightarrow b = 0$$

在关于混合物化合的平衡方程与能量的平衡方程中出现对位置 z 的更高阶导数：

$$\Rightarrow c \neq 0$$

于是，可将 6.4 节中方程归类为抛物线形微分方程。

6.6 偏微分方程到常微分方程的转换

为了求解关于时间和位置的导数的偏微分方程，首先要对目标体积在位置上进行离散，可将其离散为节点。例如，简单管道或者反应器可以离散成片段，航天器的三维几何结构可离散成热网格节点。以下内容对不同节点状态变量之间的依赖关系进行描述。作为演示，再举一个到目前为止遇到过的最复杂类型平衡方程的例子——流体化合平衡：

$$\frac{\partial c_i}{\partial t} = -\frac{\partial (c_i v)}{\partial z} + D_{i,j}\frac{\partial^2 c_i}{\partial z^2} + S_{\mathrm{R}} \tag{6.34}$$

式中：S_{R} 为混合物 i 产生的速度，也就是反应速度。

这个方程就是所谓的扩散/转化型非线性偏微分方程，只考虑某一流体成分在某个时刻的状态，则

$$\frac{\partial c}{\partial t} = -\frac{\partial (cv)}{\partial z} + D\frac{\partial^2 c}{\partial z^2} + S_{\mathrm{R}} \tag{6.35}$$

进行位置离散时，应假设管道可以分割为编号为 $(1, 2, \cdots, L)$ 的 L 个长度为 Δx 的等长部分。进而，位置 l 处的导数可以离散化表示为

$$\left.\frac{\partial c}{\partial z}\right|_l \approx \frac{c_{l+1} - c_{l-1}}{2\Delta z}$$

从而导出

$$\left.\frac{\partial^2 c}{\partial z^2}\right|_l = \left.\frac{\partial\left(\frac{\partial c}{\partial z}\right)}{\partial z^2}\right|_l \approx \frac{1}{\Delta z}\left[\frac{c_{l+1}-c_l}{\Delta z}-\frac{c_l-c_{l-1}}{\Delta z}\right]=\frac{c_{l+1}-2c_l+c_{l-1}}{\Delta z^2} \tag{6.36}$$

则偏微分方程式(6.35)可转化为 L 个常微分方程形式,即

$$\frac{\mathrm{d}c_l}{\mathrm{d}t}=\alpha c_{l-1}+\beta c_l+\gamma c_{l+1}+S_{\mathrm{R}} \tag{6.37}$$

式中:系数 α、β、γ 分别定义为

$$\alpha=\frac{D}{\Delta z^2}+\frac{v}{2\Delta z},\quad \beta=\frac{-2D}{\Delta z^2},\quad \gamma=\frac{D}{\Delta z^2}-\frac{v}{2\Delta z}$$

由于各个部分的混合物浓度相互依赖,所以微分方程必须同时求解。

每个微分方程仅描述管道某个部分中的混合物中的一种成分浓度随时间的变化。这些微分方程的求解意味着沿着管道或反应器对它的每一部分中的每一种混合物成分的浓度随时间变化的计算。这个方法就是所谓的“线方法”(图6.3)。

$$\frac{\mathrm{d}c_l}{\mathrm{d}t}=\alpha c_{l-1}+\beta c_l+\gamma c_{l+1}+S_{\mathrm{R}}$$

对由多个参数描述的系统状态,若假定系统状态用压力 P、温度 T、浓度 C 能够完整描述,方程式(6.38)表示了与上面相同的方法:

$$\begin{cases}\dfrac{\mathrm{d}c_l}{\mathrm{d}t}=f_{cl}(c_{c-1},c_l,c_{l+1},T_{l-1},T_l,T_{l-1},p_{l-1},p_l,p_{l+1},x,t)\\[2ex]\dfrac{\mathrm{d}T_l}{\mathrm{d}t}=f_{Tl}(c_{c-1},c_l,c_{l+1},T_{l-1},T_l,T_{l-1},p_{l-1},p_l,p_{l+1},x,t)\\[2ex]\dfrac{\mathrm{d}P_l}{\mathrm{d}t}=f_{pl}(c_{c-1},c_l,c_{l+1},T_{l-1},T_l,T_{l-1},p_{l-1},p_l,p_{l+1},x,t)\end{cases} \tag{6.38}$$

对于不仅是浓度的一般参数集合,方程的向量形式为

$$\overline{\overline{B}}\frac{\mathrm{d}\boldsymbol{y}}{\mathrm{d}t}=\boldsymbol{f}(\overline{y,x,t}) \tag{6.39}$$

其中

$$\boldsymbol{B}=\begin{bmatrix}1&&&&\\&\ddots&&&\\&&1&&\\&&&\ddots&\\&&&&1\end{bmatrix},\quad \boldsymbol{y}=\begin{bmatrix}y_1\\\vdots\\y_l\\\vdots\\y_L\end{bmatrix},\quad \boldsymbol{f}=\begin{bmatrix}f_1\\\vdots\\f_l\\\vdots\\f_L\end{bmatrix}$$

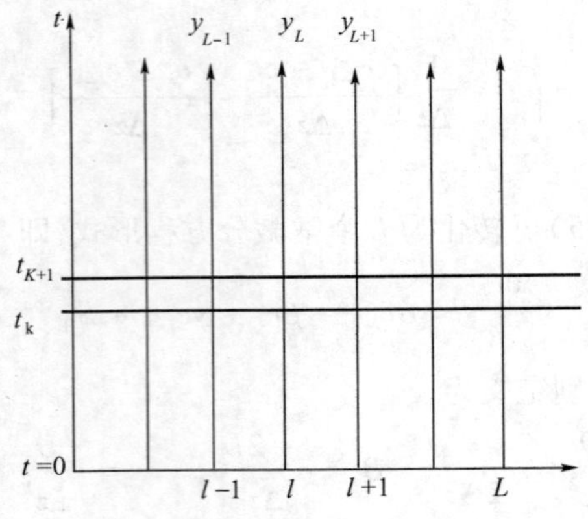

图 6.3　线方法

这些例子均能导出如式(6.12)的线性非常系数微分方程。系统的物理行为最终可以用偏微分方程描述。利用离散化方法,这些偏微分方程能够在数学上转化成相应的常微分方程,而讨论过的代数耦合方程蕴含其中,该组方程组称为微分代数系统或者简称为 DA 系统。高阶的微分方程可以转化成一阶微分方程组。

6.7　数值积分方法

系统仿真要求从一致的初始条件集开始求解前面章节讨论过的微分方程组的时间积分问题。通过数学上的简化,这个问题归结为求解

- 一阶;
- 微分代数系统;
- 初值问题。

为了保证解的稳定性和数值精度,必须

- 根据方程类型使用合适的数值求解方法;
- 确保所有积分变量初值的一致性。

前面已经详细讨论了微分代数系统中的常微分方程的类型:

$$\overline{\overline{B}}\,\frac{\mathrm{d}\overline{y}}{\mathrm{d}t} = \overline{f}(\overline{y,x,t}) \tag{6.40}$$

代数方程以物质状态方程形式出现(如气体方程),当建模系统组件时也表现成离散状态机形式。代数耦合方程在数值上可视为没有导数项的微分方程,可在微分框架内与方程组一起求解。在讨论这个方法细节之前,首先要讨论一下求解这类初值问题的最普通的数学积分方法。

欧拉方法

最简单的方法是显式欧拉方法(图 6.4),该方法一步积分出整个区间 Δx,适用于一个导数的方程,即

$$\begin{cases} y' = f(x,y), \quad y(x_0) = y_0 \\ h = \Delta x \\ y_{n+1} = y_n + hf(x_n,y_n) \end{cases} \tag{6.41}$$

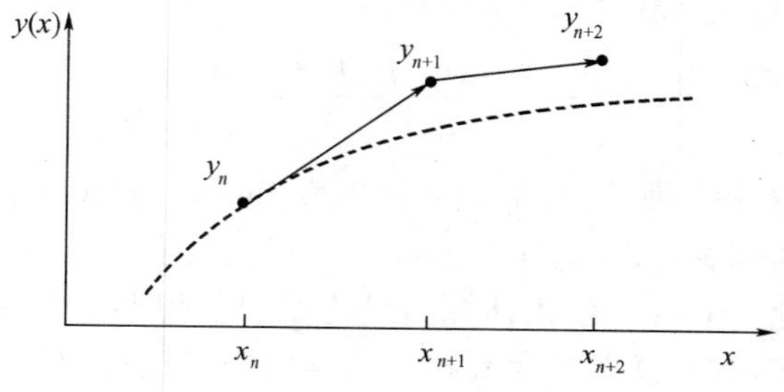

图 6.4　显式欧拉方法

显式欧拉方法在数值上仅对具有负梯度的系统行为参数值收敛。这个简单方法能够适用的例子是文献[23]中高压容器中气体热力学状态积分。这种情况中,包含的质量、压力、温度在整个系统运行期间都具有负梯度。半隐式欧拉方法对正梯度的微分方程组也是稳定的,这将在 6.12 节讨论。

Runge-Kutta 方法

应用最广泛的积分方法是各种 Runge-Kutta 方法。对不同的阶数有多个变形,最常用的是:

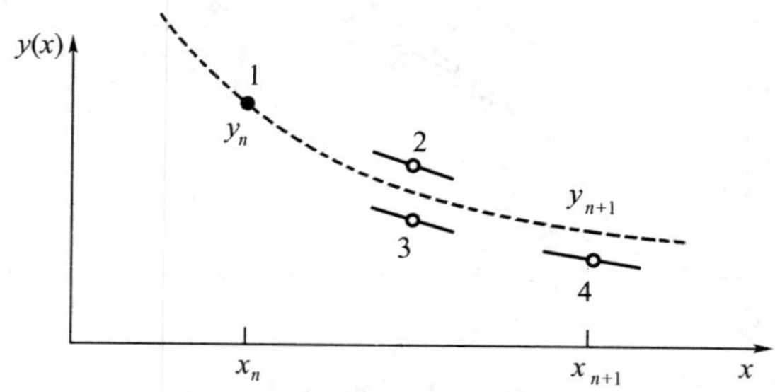

图 6.5　四阶 Runge-Kutta 方法

- 二阶——中点法。
- 四阶——经典 Runge-Kutta 方法。
- 六阶——Runge-Kutta-Fehlberg 方法。

$$
\begin{cases}
h = \Delta x \\
k_1 = hf(x_n + y_n) \\
k_2 = hf\left(x_n + \dfrac{h}{2}, y_n + \dfrac{k_1}{2}\right) \\
k_3 = hf\left(x_n + \dfrac{h}{2}, y_n + \dfrac{k_2}{2}\right) \\
k_4 = hf(x_n + h, y_n + k_3) \\
y_{n+1} = y_n + \dfrac{k_1}{6} + \dfrac{k_2}{3} + \dfrac{k_3}{3} + \dfrac{k_4}{6}
\end{cases}
\tag{6.42}
$$

这些方法没有一步积分整个区间,而是像上面 Runge-Kutta 四阶公式所显示的那样在中间点进行"测试计算"。计算出每一个测试点上的导数来,用于下一步的计算。最后,通过一个嵌入公式计算出最终结果。想要了解关于稳定度(非常好)和精度的详细情况,读者可参阅相关数学资料。这里提到的 Runge-Kutta 方法均是显式类型。

Richardson 外推法

下面的 Richardson 外推法是一种完全不同的方法,该方法首先采用少量中间步计算整个区间上积分,如图 6.6 中的第 2 步计算,然后以偶数增加中间步的数量,逐渐取得越来越精确的结果,最后通过评估中间计算结果的值,估计出步长足够小时的最终计算结果。这种算法中比较流行的是 Gragg-Bulirsch-Stoer 方法。

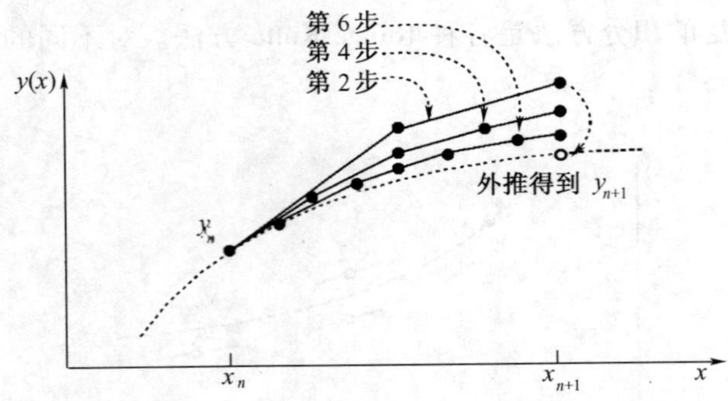

图 6.6　Richardson 外推

下面的 Java 代码是计算下式的初值问题的例子,即

$$
y' = 2\sin x + (\tan x)y, \quad y(0) = 1 \tag{6.43}
$$

积分区间是[0,1]从 2 ~ 12 阶。

```
public class Main {
    /* a = interval - initial value: */
    static int a = 0;
    /* b = interval - terminal value: */
    static int b = 1;
    /* exact solution */
    static double lsg = 2 / Math.cos(b) - Math.cos(b);

    /**
     * @param args the command line arguments
     */
    public static void main(String[] args) {
        start();
    }

    /* function to integrate */
    public static double f(double x, double y) {
        double z = 2 * Math.sin(x) + y * Math.tan(x);
        return z;
    }

public static void start() {
    /* Set the order here: */
    // The order needs to be divedable by two (2,4,6...)
    double ordnung = 12;
    double maxk = Math.ceil(ordnung / 2);

    double nk = 0;
    double hk = 0;


    /* Declaration of a field y[] for the function values
       at the supporting points */
    double[] y = new double[(int) Math.pow(2, maxk) + 1];

    /* initial value y(a)= */
    y[0] = 1;

    /* Declaration of a 2-dimensional field T[][] for the interim values
*/
    double[][] T = new double[(int) maxk + 1][(int) maxk + 1];


    /* Part 1: T[k][1] */
    for (int k = 1; k <= maxk; k++) {
        /* nk = Number of bands */
        nk = Math.pow(2, k);
        /* hk = band size */
        hk = (b - a) / nk;
        /* Anlaufrechnung nach Euler-Cauchy */
        y[1] = y[0] + hk * f(a, y[0]);
        /* Calculation of function values
           at the sampling points according to
           the tangent trapezoidal formula */

        for (int i = 2; i <= nk; i++) {
            y[i] = y[i - 2] + 2 * hk * f(a + (i - 1) * hk, y[i - 1]);
        }

        /* Calculation of T[k][1] from the function values
           at the sampling points */
```

```
    /* Part 2: Extrapolation of the interim values */
    for (int o = 2; o <= maxk; o++) {
        for (int k = o; k <= maxk; k++) {
            T[k][o] = T[k][o - 1] +  (T[k][o - 1] - T[k - 1][o - 1])
                   / (Math.pow(2, 2 * o - 2) - 1);
        }
    }

    /* Part 3: printin-out of the Solution into a table */
    System.out.println("Order | k| nk| Tk[x][x] | Exact solution |
                      Rel. err.");


    for (int i = 1; i <= maxk; i++) {
        String myOrdnung  = Double.toString(i * 2);
        String myK        = Double.toString(i);
        String myNk       = Double.toString(Math.pow(2, i));
        String mySolution = Double.toString(lsg);
        String myRelError = Double.toString(Math.abs((T[i][i] - lsg) /
                                                lsg));
        System.out.println(myOrdnung + " | " + myK + " | " + myNk
                     + " | " + T[i][i] + " | " + mySolution + " | "
                     + myRelError);
    }
  }
}

Output:
--------------------------------------------------------------------------------
Order| k  |  nk | Tk[x][x]            | Exact solution    | Rel. err.
  2.0| 1.0|  2.0| 3.1486986551235145  | 3.161329129493711 | 0.0039953050925195435
  4.0| 2.0|  4.0| 3.172940317313528   | 3.161329129493711 | 0.003672881672297243
  6.0| 3.0|  8.0| 3.1616979644949303  | 3.161329129493711 | 1.1667086409262056E-4
  8.0| 4.0| 16.0| 3.161338582359264   | 3.161329129493711 | 2.9901554585989617E-6
 10.0| 5.0| 32.0| 3.161329227808318   | 3.161329129493711 | 3.109913667664177E-8
 12.0| 6.0| 64.0| 3.161329129896201   | 3.161329129493711 | 1.273167154728482E-10
```

其他方法

除了这些多步法,还有使用顺序采样点外推计算的方法,比如 Adams-Bashforth 方法(见文献[47]),本书就不做更多描述了,但是值得关注。

定步长与自适应步长控制

大多数讨论过的方法,都存在自适应步长控制的变种版本。在传统仿真中,可变的积分步长是一种高效的优化技术。然而,由于积分步长 Δx 已由硬件在回路模式下的数据交换间隔确定,因此该技术对于实时系统来说并不适用。

一致的初始条件

在系统仿真中,就所用方法的数值稳定性而言,所有状态变量在仿真开始时初始条件的一致性是必须的。由此,在复杂设备的过程工艺中,存在着在仿真动态特性前先计算系统静态状态值的模拟器,也即求解系统静态状态对应的 DEQ 方程组。对于卫星,发射分离时的系统状态就可以作为仿真开始时一致的初始数据集。通常在这个点上,所有的状态参数如姿态、速度向量、子系统工况等都是已知的。

6.8 积分方法在系统级的应用

针对系统级的建模与仿真的问题，接下来的章节中，将并列讨论两个典型应用：

- 火箭上面级的推进系统。
- 卫星的姿态轨道控制系统。

请参见图 6.7 和图 6.8。系统时间行为的仿真可以转化为从 $t=0$ 时已知的系统状态开始对时间积分的初值问题。

火箭上面级推进系统

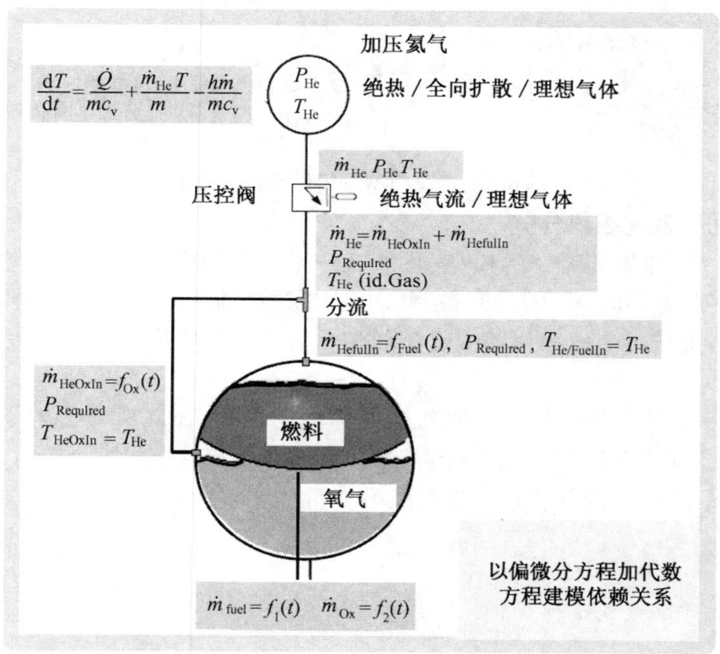

图 6.7 火箭推进系统

卫星姿态控制系统

在模块化模拟器中，目的并不是要重建整个系统的微分方程组，也非对每种系统类型或者 AOCS 或推进系统的变种都使用固定的解决方案。理想的方案是根据真实系统的功能布局，通过一个图形化的编辑器，将从设备模型库中选出的设备模型用鼠标连接、组装形成系统级模型。模拟器应该能够加载配置并运行仿真，然而对于软件实现来说这是极端复杂的。

这种初值问题求解器的实现，需要考虑下面两个基本问题：一是对计算精度的权衡取舍；二是原理上的准确无误。这两个问题会以上文提到的航天器系统作为例子进一步讨论。

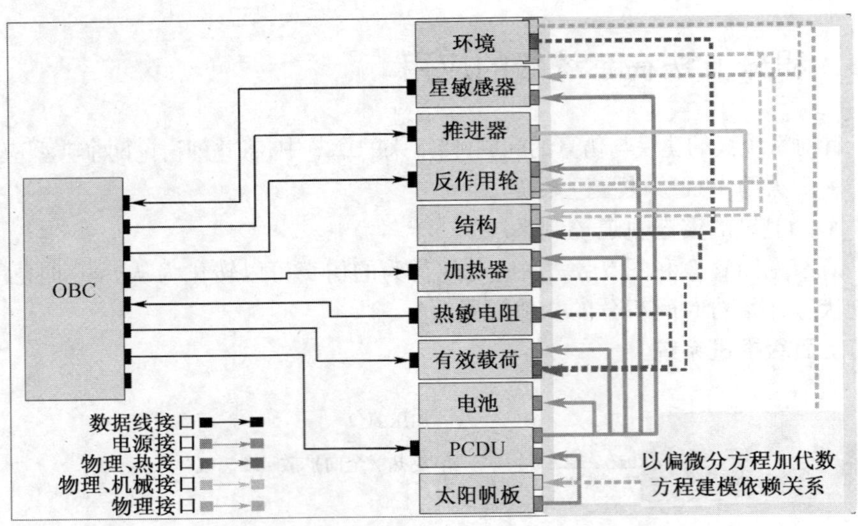

图 6.8　卫星模型—组件及连接关系

例 1：简化的系统级积分

考虑燃料箱增压系统的模型（图 6.7），流向发动机的氧化剂和燃料的质量流，根据火箭需要的 ΔV 随时间被调节。流量控制通过阀门或者涡轮泵（如果装备了的话）进行。流出燃料箱的氧化剂和燃料的质量流代表了外部边界条件：

$$\dot{m}_{\mathrm{Ox}} = f_1(t), \quad \dot{m}_{\mathrm{Fuel}} = f_2(t)$$

氦气从高压气瓶中扩散并流入燃料和氧化剂箱，在此所有热力学效果都应当建模，如温度下降、实际气体行为、氧化剂的冷凝和管道压力下降，以及压力调节器。表示燃料箱内部状态模型的状态变量的导数计算如下：

$$\begin{cases} \dot{y}_a = \dot{m}_{\mathrm{OxCondens}} = f_a(\bar{y}, t) \\ \vdots \\ \dot{y}_l = \dot{m}_{\mathrm{FuelCondens}} = f_l(\bar{y}, t) \\ \dot{y}_m = \dot{m}_{\mathrm{HeOxIn}} = f_m(\bar{y}, T_{\mathrm{HeOxIn}}, t) \\ \dot{y}_n = \dot{m}_{\mathrm{HeFuelIn}} = f_n(\bar{y}, T_{\mathrm{HeFuelIn}}, t) \end{cases} \tag{6.44}$$

仅有燃料箱内部状态变量的导数需要计算并交给一个集成到燃料箱模型中的数值求解器。该求解器，如 Runge-Kutta 型，在氦气流恒定的假设条件下，在 Δt 上对所有测试步进行计算。至此，就计算出了 $t+\Delta t$ 时刻的值，也就是燃料箱新的内部状态。

溯源而上，在整个积分时间步长 Δt 内，气体质量流作为平均值，计算氦气压力，最后在氦高压瓶中的状态变化如下：

$$\begin{cases} \dot{m}_{\mathrm{He}} = \dot{m}_{\mathrm{HeOxInAverage}} + \dot{m}_{\mathrm{HeFuelInaverage}} \\ \dot{T}_{\mathrm{He}} = f_p(\bar{y}_{\mathrm{Bottle}}, \dot{m}_{\mathrm{He}}, t) \end{cases} \tag{6.45}$$

氦气瓶模型计算外流的气体温度和压力，其中要考虑到真实气体效应和压力差。然后，经过管道、过滤器、调节器，为下一个积分时段的燃料箱新的入口状态条件就得到了。

系统级微分方程解法

该方法是：

- 在燃料箱级别使用 Runge-Kutta 方法。
- 在系统级别使用欧拉方法。

优点：

- 微分方程之间没有耦合关系，积分能在组件模型内部直接编码。
- 对于每一种组件类型，可以独立选择最合适的数值方法。
- 不会出现刚性效应（这个问题将在后面的 6.12 节讨论）。

缺点：

- 由于高压气瓶中温度、压力、质量持续减少，欧拉方法仍然收敛。所以对于这种特殊的系统布局不会出现问题。但是这只是一个特例。

对于一个模拟器能够通过单击鼠标组装或者简单靠输入文件即可定义被仿真系统的系统模拟器，因每个组件都隐含了自己的积分器，故而其编程思路非常简便。系统整体上的一致性（尤其关注液压边界条件）就必须通过其他方式取得。符合这一思路的一种开源系统模拟器可以从文献[23]下载。

例 2：简化的系统级积分（系统级的简化积分）

图 6.9 所示的简单姿态控制问题应用了一个与例 1 相似的方法。

在这个系统中，磁力矩器产生磁场并与地球磁场相互作用，在航天器上产生

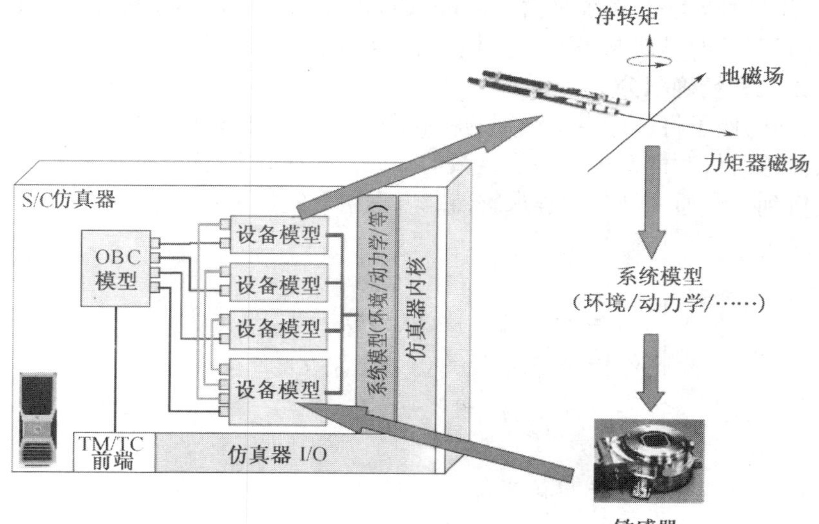

图 6.9　卫星姿态控制环路

力矩,从而引起姿态的变化。计算时假设力矩在积分步长的时间 Δt 内是不变的,由于作为两个磁场相互作用结果的力矩和时刻 t 的地球磁场是可以精确计算的,这显然是简化的。但是在 Runge-Kutta 积分第一个步长之后,航天器的状态(如姿态)已经发生微变,磁力矩器轴的指向相对于地球磁场相应改变,导致作用在航天器上的力矩发生变化。

在这个例子中,基于力矩在整个积分步长的时间内是一个常量的假设,实现到 $t+\Delta t$ 时刻的姿态积分。考虑附加的环境干扰力等影响,内部动力学积分器能够用 Runge-Kutta 4 阶方法计算。

姿态积分后,敏感器测量新的姿态参数,并将测量结果送给 OBC。

DEQ 求解方法系统级实现

- 在姿态积分级(包括所有的摄动,如太阳光压)使用 Runge-Kutta 方法。
- 在系统级使用欧拉方法。

优点:

- 微分方程之间没有耦合,在系统级上计算顺序简单。
- 系统模拟器能够通过"点击"鼠标组装或者能够简单靠输入文件定义被仿系统,每个组件内部自行计算方程系统,编程思路非常简便。

缺点:

- 数值精度低,不适合有高精度要求的测试台。此外,误差会随着时间积累,因此不适合长期运行。
- 步长足够小才能保证数学稳定度,但是步长大小无法预知。
- 最大允许时间步长必须从定义 OBSW 中 AOCS 控制算法的控制器设计者的资料中提取。

采用这种方法的系统是由 Astrium GmbH 为 CryoSat1、Aeolus 和 TerraSAR 等空间项目开发的早期 MDVE 卫星模拟器(参见文献[14])。

例 3:系统级精确积分

下面的例子将讨论系统级别的精确积分。再以图 6.7 中的储箱增压系统为例,然而这次将对模型进行一些轻微的修改。整个增压系统所有组件状态的导数,集成到一个通用微分方程求解器。方程组形式如下:

$$\begin{cases} \dot{y}_a = \dot{m}_{\text{OxCondens}} = f_a(\bar{y},t) \\ \vdots \\ y_l = \dot{m}_{\text{FuelCondens}} = f_l(\bar{y},t) \\ \dot{y}_m = \dot{m}_{\text{HeOxIn}} = f_m(\bar{y},T_{\text{HeOxIn}},t) \\ \dot{y}_n = \dot{m}_{\text{HeFuelIn}} = f_n(\bar{y},T_{\text{HeFuelIn}},t) \\ \cdot \qquad \cdot \qquad \cdot \\ \dot{y}_0 = \dot{m}_{\text{He}} = f_0(\bar{y},t) = \dot{m}_{\text{HeOxlIn}} + \dot{m}_{\text{HeFuelIn}} \\ \dot{y}_p = \dot{T}_{\text{HeBottle}} = f_p(\bar{y}_{\text{Boottle}},\dot{m}_{\text{He}},t) \\ \cdot \qquad \cdot \qquad \cdot \end{cases} \tag{6.46}$$

所有导数当作通用数据结构向求解器注册。求解器计算测试点上的值（经典Runge-Kutta 方法中是 4 个），并为整个系统计算出最终在 $t+\Delta t$ 状态的结果。对照式（6.45），这里必须要指出的是：

- 当计算储箱状态时，在 4 阶 Runge-Kutta 方法的测试点上，氦气质量流不再用平均值代替，而是在系统级别上对每个测试点重新计算。
- 氦气瓶的状态方程也在系统级别上通过同样的 Runge-Kutta 方法求解。

DEQ 求解方法的系统级实现

- 该方法在系统级使用 Runge-Kutta 方法。

优点：

- 该方法在数学上是精确的。
- 其结果具有最优的精度和稳定性。

缺点：

- 事先未考虑微分方程组的刚性问题（参考 6.12），尽管对于简单的系统不会有这个问题。
- 想要通过点击鼠标装配系统或者简单通过输入文件定义系统模拟器，软件开发非常困难，因为：
  - ➢ 每一个设备模型必须向求解器注册它的状态导数。
  - ➢ 由于依赖于用户自定义的系统结构（一个或者两个高压气瓶），求解器必须求解不同数量的甚至不同类型的微分方程。

例 4：系统级精确积分

最后考虑的系统描述了例 2 的精确积分变量，也涉及到图 6.10 和图 6.11。第一个图与图 6.10 和图 6.8 类似，简化了 AOCS 的机械效应。

根据实际航天器状态，设备模型和环境模型间是怎样初次交换变量的（通常称为代数量）。例如，推力器模型、反作用轮模型和空间环境模型向航天器结构模型“报告”力和力矩。

图 6.11 中，首先由反作用轮和结构模型等模型计算状态变量导数，再用求解器注册。积分器实现了一阶积分。图 6.11 描述了基于模型需要的状态变量，向相应的设备返回新的状态变量，如角动量、位置和角速度等，故进入下一个 Runge-Kutta 积分周期，如此循环。

这一方法的实现意味着对图 4.15 所示的设备模型来说它是合适的模型结构，特别是涉及到模型接口，如传递变量到求解器、积分状态变量的回读和交换的代数参数这类的模型接口（图 4.15 连续模型 IF）。

该系统的计算流程如图 6.12 所示。

DEQ 求解方法系统级实现

- 该方法在系统及使用 Runge-Kutta 方法

优点：

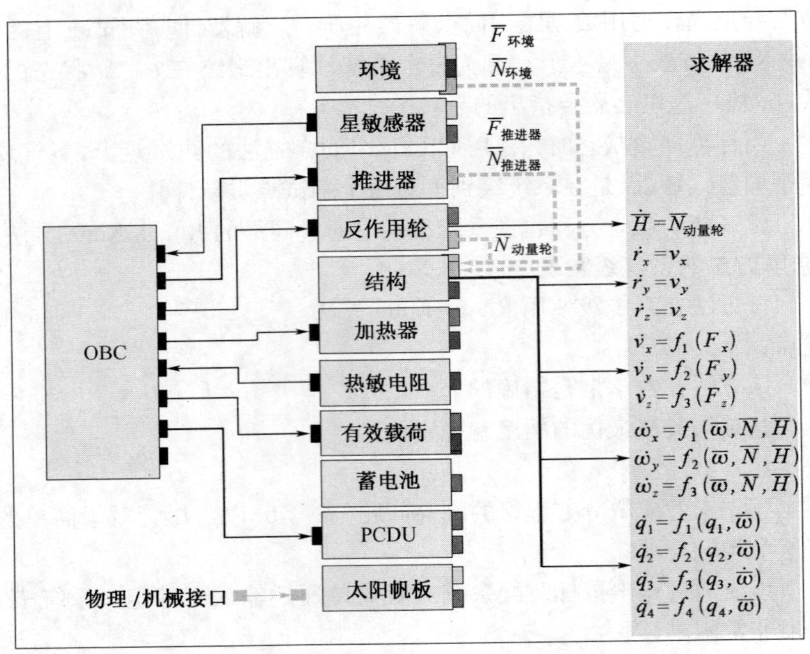

图 6.10　模型间的代数变量交换及向求解器提交各阶导数

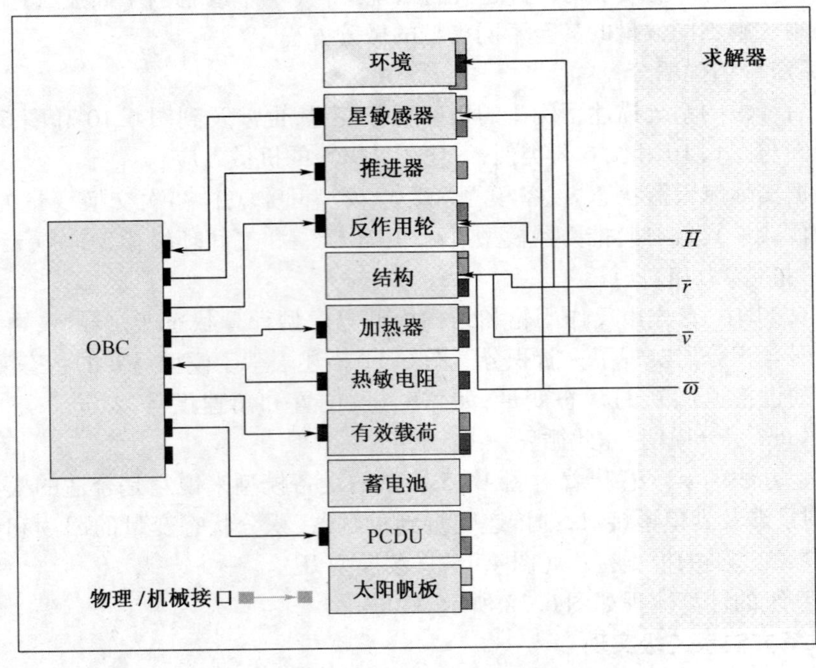

图 6.11　反馈到模型的状态变量

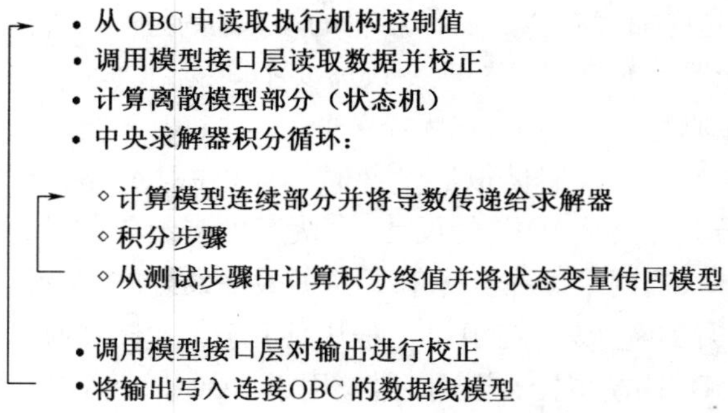

- 从 OBC 中读取执行机构控制值
- 调用模型接口层读取数据并校正
- 计算离散模型部分（状态机）
- 中央求解器积分循环：
  - 计算模型连续部分并将导数传递给求解器
  - 积分步骤
  - 从测试步骤中计算积分终值并将状态变量传回模型
- 调用模型接口层对输出进行校正
- 将输出写入连接OBC 的数据线模型

图 6.12 计算流程

- 该方法在数学上是精确的，能得到最大精确度和稳定度。

缺点：

- 设备和系统模型需要代数量和各阶导数间的交互接口。
- 对于系统模拟器，具有通过鼠标点击装配系统或者简单通过输入文件定义系统特征的系统模拟器，下面的程序概念是至关重要的：
  - 每个设备模型均要在求解器注册各阶导数。
  - 原因在于面对用户自定义系统，求解器必须能够积分不同数量甚至不同类型的微分方程。

此处将详细分析向求解器注册模型导数的问题。如图 6.10 所示，所有执行器和空间环境模型要向结构模型上报机械影响参数，结构模型总结这些参数，并最终将其转换到中心航天器坐标系统中。在一个类似于所有电子设备的电子系统中，它的功耗也要上报。因此，必须存在一个像机械结构或者电气 PCDU 一样的接收模型。该接收模型依赖于系统拓扑，它能够处理大量不同的输入力、力矩或功耗/生产率的值。在程序启动时，力、力矩或功率的“供应方”明确知道对应的“接收方”，并且必须将其注册成输入“供应方”。例如，根据航天器姿态和位置，反作用轮只需注册力矩，而空间环境模型需要注册力和力矩。

模拟器内核的面向服务的体系结构（Service Oriented Architectures，SOA）支持向“接收方”注册参数的功能。在第 8 章将讨论这种高级方法的细节。

类似机制应用于下一步中。首先，所有的设备和系统模型（空间环境模型）向求解器注册自己计算的各阶导数（图 6.10），并注册稍后需要返回用于本地计算的状态变量（图 6.11）。这两个变量集合可以是不同的，如图 6.11 中的星敏感器不计算任何位置向量、转动速率等，但是需要航天器的姿态角和位置向量以计算向 OBC 输出的四元数值。

此处又需要模拟器内核的面向服务的架构。在模拟器初始化阶段，数值求解器应提供相应功能，模型应完成注册。对这一问题的技术方案是应用全动态的模拟器内核架构，如 V4.0 版引入仍处于研究阶段的 *OpenSimkit*。这个系统是高度动态的，如允许加载有3个反作用轮的航天器配置，又允许下一次运行有4个反作用轮的配置。对于设计的改变仅需要不同的仿真输入文件。所有内部模型向求解器的注册是黑盒的，用户无需关心。

另一种方法是在航天器模拟器设计时，对软件UML模型中模型/求解器的互连进行硬编码。可以从UML的设计，直接产生航天器布局的固定编码和模型与求解器的固定联结网络。在实际航天器中最终设计的改变需要更动模拟器的UML设计及编码的再生成。在卫星工程中应用这一概念的体系架构是Astrium制造的新一代MDVE模拟器，该模拟器应用于GOCE LISA-Pathfinder和Galileo-IOV，也在ESA的Bepi-Colombo，Sentinel2和EarthCare工程中实现了最新的AStrium模拟器第三代体系架构[16,17,19]。

6.9 系统建模的边界值问题

6.7节和6.8节叙述了微分方程系统的积分，该积分必须在整个方程组中并行执行，直到通过状态变量或导数能耦合起来。

然而，这一方式只涵盖微分方程组的纯初值问题的积分。AOCS和航天器姿态随时间变化积分的例子说明这类初值问题的解法是满足要求的，但这一技术对存在额外边界条件的系统并不适应。对于初值/边界值结合问题，其数学上的任务是对状态进行时间积分。下面的简单生命保障系统描述了这类系统。

在哥伦布实验舱（国际空间站的一个舱段）的早期设计阶段，基本的关注点是舱室和平衡管道的正确温度控制（图6.13）。系统通过控制气流变化实现温度控制，气流由可控风扇、可控气流分配器控制，还可以控制流经热交换机的空气流。空气清洁，湿度控制和二氧化碳吸收以及氧气供应等通过模块

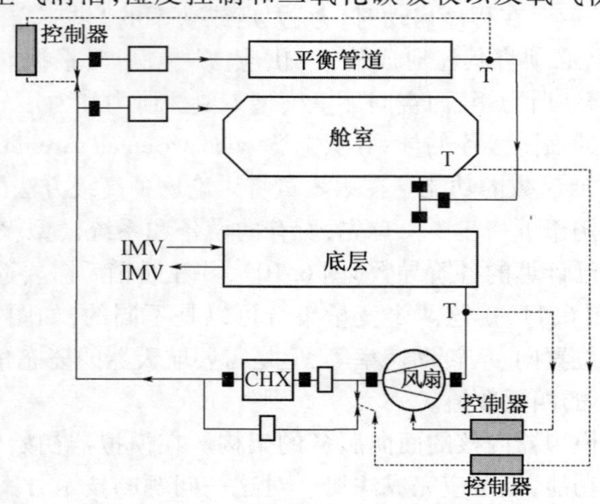

图6.13 哥伦布实验舱生命保障系统早期阶段设计

间换气接口连接到国际空间站(ISS)核心模块实现。

在系统设计中,出现分流(所谓的分支)和汇合,从某已知状态起采用纯前向积分已不能计算出气流的自调节分布状态。因此,这种情况应该由进一步简化的生命保障系统模型来详细解释,图 6.14 中已将所有的阀门、控制器和法兰移除。

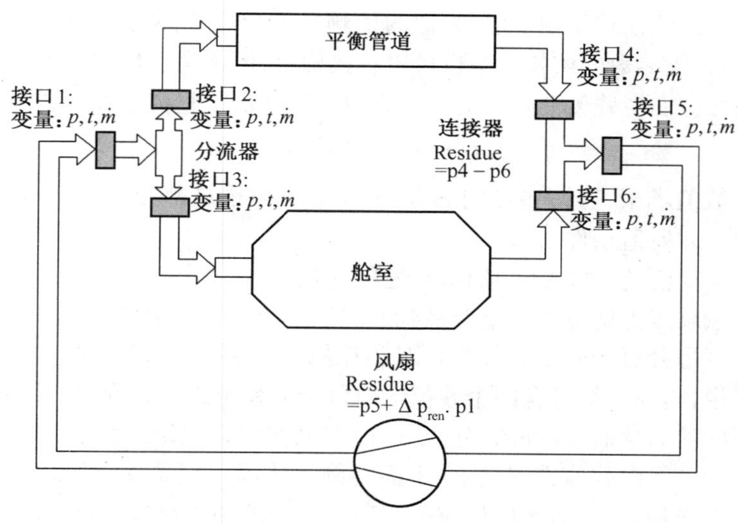

图 6.14　生命保障系统抽象图

系统运行期间,由于宇航员散热,舱室温度随时间变化,这导致了空气密度的变化,气流压力下降。然而在汇合点,来自舱室和平衡管道的流压力相等的边界条件必须要确保。因此,在每个积分时间步长后,都必须重新计算舱室和平衡管道间变化的质量流。

对于平衡管道也有相似的效应,气流阻力增加导致压力下降。在这种情况下,舱室和平衡管道间的质量流也会变化。现实中,这种质量流的变化随时间是渐变的。在仿真情况下,时间的增加是离散的,从而两个积分时间步长间舱室和平衡管道中状态是不同的。假设质量流分布与前一步相同,则每一积分步长后压力相等的边界条件将无限偏离,进而产生所谓压力相等的残值,该残值必须通过计算分流处适应的质量流分布予以消除。

如果整个系统的总流阻力增加,会产生进一步类似的影响。假设泵功率为常量,该情况下压力会增加,风扇处质量流也将变化。同时,风扇处压力增加和整个系统压力下降间的残值必须在新的时间步长积分执行前予以消除,若非如此则质量流速率不能代表实际情况。

舱室和平衡管道间质量流分布的变化和整个系统总质量流的变化这两种情况也可能同时发生(实践中经常是同时发生的)。难点是如何设计这种情况下的模拟器软件。

一方面能够确定残值点，另一方面还能确定重调哪个参数，怎样消除两时间步长积分间的残值，计算出物理有效状态。

设备输出量由输入量直接或间接决定，为了消除残值，模拟器应能确定相关的组件及需要调节的变量。对于简单电子系统组成组件（如电阻器或抗阻），其输出参数值线性依赖于输入值，相似的依赖关系适用于热力系统。对于流体系统，输出与输入参数的依赖关系也可以直接确定，但不是线性的。只有利用数值求根方法才能实现残值消除。对于系统中所有残值的整体消除问题，求解

$$\overline{R} = \overline{\varepsilon} \quad (\text{当 } \overline{\varepsilon} \to 0) \tag{6.47}$$

对于数值求根，有诸多可用的方法，稍后将讨论这部分内容。图 6.14 所示系统满足下列残值条件：

- 在交汇处，端口 4 和端口 6 处压力相等。
- 风扇压力增量等于整个系统返回风扇的压力减少量。

自由度是分流处质量流分布状态和在风扇处引起的质量流。因此，对于残值消除来说，需要求解包含两个残值的由两个方程组成的方程组，且两个自由度可以是不同的。从而，较好的定义了这种情况下的方程组（为简单起见，稍后研究超定的和未定的残值方程组）。下面的例子使用了直观并方便理解的残值变量和自由度变量，如压力和质量流。在稍复杂系统如燃料池或化工厂中，能当作残值源的直观变量非常少。例如，化工蒸馏器中，因液体和气体的摩尔输出流的总量等于 1.0，故任何导数均变成残值。

模拟器可以以这样一种途径消除残值，用户手动识别需进行迭代以消除每一残值的子系统，也称为“网格”。模拟器程序 SIMTAS Object [130] 和 *OpenSimKit* [23] 应用了这一原理，两者均根据软件的输入文件定义网格。

对于上例中的系统，一个网格被定义为从流经舱室和支架的分流处通向汇合处，该网格将迭代汇合处残值压力差值直到其低于选择的下限。然后，第二个网格将改变系统中总的质量流一直到风扇处残值（压力增加与降低的差值）足够小。假设外部网格迭代期间整个系统的质量流显著变化，则将导致用于前述内部网格迭代的分流处质量流假设无效。在这种情况下，内部网格必须重新迭代直到所有残值小于容许限值。

由于用户需要确定怎样设置网格，故用户特别定义网格的技术不是一个很好的方法。对于仿真专家来说，这是可行的，但对于新手来说，显然使得软件的使用变得不必要的复杂。因此，亟待找到一种算法，该算法能够在每一时间步长积分后自动实现残值消除，还能够在系统拓扑的传递中确定相关残值变量和自由度。

针对上面提及的系统（图 6.14），下面简述这一算法。

- 假设算法起点为残值，如图 6.14 汇合处。

- 作为模型程序中的关键参数，得到确定残值的两个参数，即在汇合处的输入部分的两个输入压力值。汇合模型事件在表中注册这些参数，也就是 $p4$ 和 $p6$。

- 由于残值相关参数 $p4$ 和 $p6$ 是汇合发生的输入参数，故算法从汇合处向上继续寻找相关自由度。

- 查询任何部分是否从汇合处输入部分直接向上提供压力变量作为其出口的自由度。

- 舱室或平衡管道均不能提供这个，但他们的输出压力依赖于（非线性）其状态和输入变量。

- 查询汇合处上游的舱室和平衡管道（$p4$ 和 $p6$ 的上游部分）中依赖表，其输出值朝向汇合处并依赖于输入值（独立或线性）。舱室和平衡管道提供如下形式的依赖表：

$$\begin{cases} p_{\text{out}} = f_1(p_{\text{in}}, \dot{m}_{\text{in}}) \\ \dot{m}_{\text{out}} = f_2(\dot{m}_{\text{in}}, T_{\text{in}}) \\ T_{\text{out}} = f_3(\dot{m}_{\text{in}}, T_{\text{in}}) \end{cases} \tag{6.48}$$

- 舱室模型补全上述变量表的信息，能确定 $p4$ 依赖于 $p2$ 和 $\dot{m}2$。

- 平衡管道模型补全上述变量表的信息，能确定 $p6$ 依赖于 $p3$ 和 $\dot{m}3$。

- 为消除汇合处残值而处理 $p4$，需要找出为 $p2$ 和（或）$\dot{m}2$ 提供自由度的组件或找出为 $p3$ 和（或）$\dot{m}3$ 提供自由度的上游组件。

- 连接到舱室和平衡管道的输入端口 $p2$ 和 $p3$ 的组件是分流处。分流处也包含一个类似的输出和输入参数依赖表：

$$\begin{cases} \dot{m}_{\text{out},A} = \text{free} \\ \dot{m}_{\text{out},B} = \text{free} \\ p_{\text{out},A} = p_{\text{in}} \\ p_{\text{out},B} = p_{\text{in}} \\ T_{\text{out},A} = T_{\text{in}} \\ T_{\text{out},B} = T_{\text{in}} \end{cases} \tag{6.49}$$

当然在分流模型的物理实现上，必须要保证 $\dot{m}_{\text{out},A} + \dot{m}_{\text{out},B} = \dot{m}_{\text{in}}$，也就是由于质量守恒，并不是所有质量流都是可选择的。

假若汇合处残值超出限制值，此算法可以自动确定分流处作为允许质量流分流改变的组件。算法对外部残值的处理使用类似的方法,风扇处压力增加,整个系统的压力下降。后者由 $p1 - p5$ 计算,因此直接与风扇 $p1$ 和 $p5$ 的端口变量相关。风扇自身被认为是等温的,其组件依赖表即

$$\begin{cases} T_{\text{out},B} = T_{\text{in}} \\ p_{\text{out}} = f(p_{\text{in}}) \\ \dot{m}_{\text{out}} = \text{free} \end{cases} \tag{6.50}$$

在此处算法可以确定为消除风扇残值,流经风扇的质量流必须发生变化。

根据这一方法,设备建模程序员需要对每个模型按照式(6.8)实现在系统表中注册参数依赖项的功能。由于建模程序员通常具备有关物理依赖的详细知识,因此这不是个问题。随后,模拟器软件能自行查找残值变量,识别为残值消除提供自由度的其他组件,并能自动迭代网格查询。模拟器用户只需要用已完成的设备模型装配其系统,不再需要关心边界值问题、网格等。就实现而言,这一技术非常具有挑战性,但其具有明显优点。

6.10 边界值问题求根方法

如图 6.14 所示的例子,分流和风扇处的残值可以被认为分别是对应风扇和分流处的自由度变量函数(质量流和质量流分布)。对于二者残值,理想化最小值为零,因此需要利用数值方法求根。在考虑数学上的细节问题之前,需提醒以下几点:

- 为使整个系统达到物理有效状态,这样的数值求根过程在模拟器初始化之后已经进行过一次。
- 并且所有的求根算法只在根值附近的某一特定区间收敛。

因此,无论如何,对于所有的系统状态变量,在模拟器初始化时,必须提供严格的符合实际的初值。模拟器初始化后的初次残值迭代为了如下目的:

进行设计系统和想要为验证设计,分析动态特性等而仿真动态载荷工况的系统工程师通常知道系统设备的设计参数,如风扇功率,试验的热消耗等。此外,他还知道某一特定载荷工况下的系统参数的量级,如讨论的系统中,特定风扇电功率下循环总质量流的量级,以及舱室和平衡管道间质量流分配的量级。

由此,通常认定模拟器初始化指定的初始值是足够接近实际系统运行时的真实值,从而使对初始假设参数值微调的求根过程收敛。

由于模拟器初始阶段精确值未知,因此首先需要执行改变相应参数自由度的求根运算。上述系统中,该运算消除了汇合处和风扇处的残值。接下来达到的状态是计算生命保障系统的准稳态系统状态。然后执行一个积分步长,对设

备模型的内部状态量(舱室内气体浓度,壁面温度和气体温度)进行初值问题的积分求解。

在初值问题每一步积分后,再进行残值消除步骤。由于物理有效系统状态的计算只在残值消除步骤进行,因此模拟器结果记录和报告的产生总在其之后。

求根方法本身可以利用相对直观的牛顿法例子进行描述。图 6.15 描述了一维的情况,x_1 为起点,通过曲线切线与 x 轴的交点,经多个中间步骤实现逐步求根。

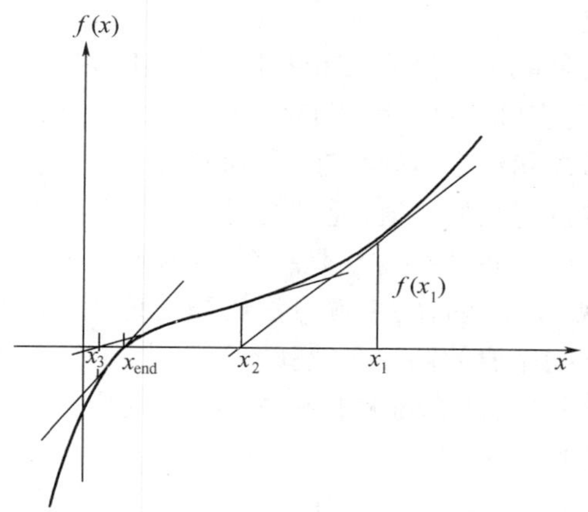

图 6.15 函数根的逐步递近过程

可以得到如下公式,只要迭代运算次数足够,就能达到所需精度,即

$$x_{n+1} = x_n - \frac{f(x_n)}{\mathrm{d}f(x_n)/\mathrm{d}x} \tag{6.51}$$

它适用于一维情况且非常直观。如果要求解与依赖多个自由度变量的多个残值,如图 6.14 中例子,这一方法可以扩展到多维空间,相应的式(6.51)修改为

$$\bar{x}_{n+1} = \bar{x} - \bar{\bar{J}}(\bar{x})^{-1}\bar{f}(\bar{u}) \tag{6.52}$$

式中:雅可比矩阵 $\boldsymbol{J}$ 是函数 f 的偏导数张量,即

$$\bar{\bar{\boldsymbol{J}}} = \frac{\partial \bar{f}}{\partial \bar{x}} = \begin{bmatrix} \frac{\partial f_1}{\partial x_1} & \frac{\partial f_1}{\partial x_2} & \cdots & \frac{\partial f_1}{\partial x_n} \\ \frac{\partial f_2}{\partial x_1} & \frac{\partial f_2}{\partial x_2} & \cdots & \frac{\partial f_2}{\partial x_n} \\ \vdots & \vdots & \ddots & \vdots \\ \frac{\partial f_n}{\partial x_1} & \frac{\partial f_n}{\partial x_2} & \cdots & \frac{\partial f_n}{\partial x_n} \end{bmatrix} \tag{6.53}$$

由于通过计算雅可比矩阵的逆求解式(6.52)数学代价非常高,因此求解下列线性方程组,即

$$\bar{\bar{J}}(\bar{x}_n)\Delta\bar{x}_n = -f(\bar{x}_n) \tag{6.54}$$

自由度变量为

$$\bar{x}_{n+1} = \bar{x}_n + \Delta\bar{x} \tag{6.55}$$

基本上,一维和多维的情况都存在残值与自由度变量间的函数关系不能由代数方程表示的问题。

如果在自由度组件(分离器)和残值(汇合器)组件间只存在可用代数转换函数表示的设备,则可直接计算依赖于自由度变量的残值的导数,构成雅可比矩阵。然而如果在分流器和汇合器间存在行为必须通过性能图近似的组件,则它的残值函数导数需要进行数值插值,通常这是由每一积分步前的系统残值迭代之差得到的。文献[50]中的牛顿方法是一个二维例子。

这里用相对直观、易于理解的牛顿方法解释残值消除问题。求根方法的收敛性和稳定性依赖于初始值的偏差在此就不进一步讨论了,那都是专业数学文献的主题。当今,有很多高性能的求根方法,如共"轭梯度法"(Conjugate Gradient Methods 或 CG-Methods)[52]。

在化工厂或电站建设领域,感兴趣的是系统在最优稳态运行点上的性能,这样的系统的复杂性远高于像燃料电池系统、生命保障系统或推进系统等典型空间系统。在建设工程中,针对这些任务,存在对稳态运行状况建模的专门工具,称为流程图(Flow-Sheeting)工具。如前所述,对时间步长积分后的系统求根相当于对准稳态系统求解。提及的流程图工具可处理已确定的,和还没有讨论的残值确定方程。对于复杂系统一般情况下残值消除的论题,读者可以参考系统流程图技术方面的专题文献,如文献[51]。

6.11 控制工程中的数值计算

6.11.1 数学构建模块及其向 RPN 的转换

应用于控制工程的工具,如 Simulink 或 Modelica,支持通过图形函数模块组装控制回路,并随后参数化这些模块。实践证明,这是个好方法,已广为人知,如图 3.9 所示。

然而,在软件中如何在系统配置后实现仿真运行的立即启动? 要回答这一概念,首先要考虑纯代数函数链。假设函数模块如图 6.16 所示(为简明化,不考虑内部状态)。

该模块的结果 w 由输入参数 u 计算得到,计算公式为

$$w = \sin(a \times u1) - u2 \tag{6.56}$$

假设模块编辑器允许直接输入数学方程式(6.56)到上述模块,或者可从输入文件加载方程,这是构建仿真的简便方法。在 Simulink 框图中,仿真也可基于低级组件实现,如图 6.17 所示的可视化布局。

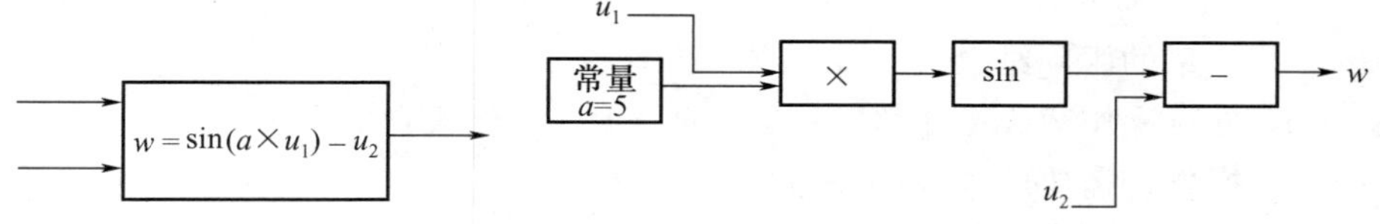

图 6.16 带定义函数的模块元素　　　图 6.17 基本功能块组件

如果希望直接指定方程而不是从低级模块如 + 、 - 、x、/、sin、exp 等开始装配函数链,那么将导致在函数模块中存在如式(6.56)的未编译且不能被计算机执行的方程文本。解决这一问题,要么用真正的程序语言编写并编译方程(实际中应当避免),要么需要用解析器去读函数文本,并生成用逆波兰表示法[①](Reverse Polish Notation,RPN)(也称为后缀表示法)表示的可执行函数堆栈。解析过程需要两个步骤。

第一步,方程被转换到 RPN 堆栈,但仍包含方程的文本块。算法工作流程如下:

1. 获得第一个操作数(此处为正弦函数):　结果: $a \times u_1$
2. 子循环:去掉括号
   2.1. 搜索操作数或操作符:　结果: a　→放入堆栈
   2.2. 搜索操作数或操作符:　结果: “×”
   操作符需要两个操作数　→记住操作符
   2.3. 搜索操作数或操作符:　结果: u_1　→入栈
   2.4. 可使用操作符:　→“×”入栈:

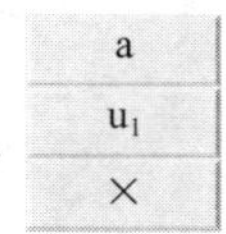

a
u_1
×

   栈里的中间结果:
   子循环结束。
3. 搜索操作数或操作符:　结果: sin
   操作符需要一个操作数
4. 可使用操作符:　→“sin”入栈

① 有关 RPN 方面的知识请参见 http://en.wikipedia.org/wiki/Postfix_notation

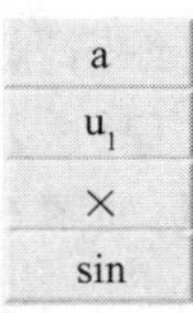

栈里的中间结果：

5. 搜索操作数或操作符：　　　　　　　结果："－"

操作符需要两个或操作数

（一个操作数由堆栈提供）　　　　　　　　　　　→记住操作符

6. 搜索操作数或操作符：　　　　　　　结果：u_2　　→入栈

7. 可使用操作符：　　　　　　　　　　　　　　　→"－"入栈

a
u_1
×
sin
u_2
－

栈里的中间结果：

8. 公式文本解析结束

第一步解析完成后，文本堆栈成为 RPN 格式，可顺序计算（图 6.18）。第二步中，文本堆栈转换到函数堆栈，包含指向组件输入变量的指针，指向 x，－，sin 等计算函数的指针以及对设计参数（a）进行转换的函数。第二步完成后，实现了 RPN 堆栈的内部联系和基础计算。

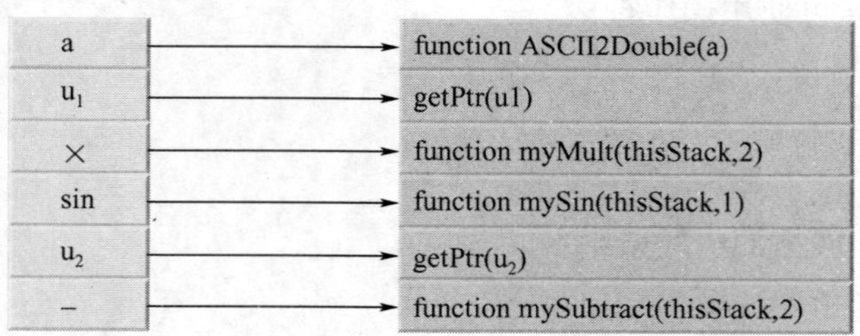

图 6.18　PRN 的文本堆栈和函数堆栈

数值模块的函数堆栈可直接执行，并能够计算出结果。同样重要的是，堆栈仅需要在仿真初始化读取单元模块方程时由解析器产生一次。

在每一步的循环仿真计算过程中，仅需传递输入变量 u_1 和 u_2 的新值，指向内存和计算堆栈函数的指针均保持不变。从而通过对相同函数堆栈重新求值，为下一步计算的 w 也能够直接再计算出来。

通过这种方式,不需要源代码编译即可完成对这类模块的函数求值。堆栈表示法不包括大括号和圆括号,也没有需要遵守的运算符优先级运算法则。除此之外,RPN 堆栈表示法允许深一层的代数功能,这是非常必要的,将在 6.11.3 节论述。另外,这一技术也非常适合于处理类似图 3.11 描述的分层模型。

6.11.2 系统状态方程组的线性化

前面关于系统建模和时间响应计算的解释都基于针对状态空间的系统描述,这些应用于控制工程领域分析系统随时间变化的行为。在系统运行周期内,随时间变化的全部系统参数,可以组合成一个状态向量。该向量在状态空间内沿轨迹曲线随时间移动。对于如火箭或卫星轨道位置随时间的积分问题,这是非常合适的数值方程。

然而,在自动控制工程中,经常感兴趣的并不是对初始状态随时间的确切变化,而是那些作为激发函数的函数,如系统振荡频率、系统阻尼衰减、控制精度和特征频率等。

对于一个由质点和弹簧组成的系统,如对于振荡频率的计算,是否在运动的起点,质点的上下偏移,以及初始沿哪一方向移动都是无关紧要的。对系统关于振荡频率的分析,不是在状态空间而是在频域进行,也就是系统函数的拉普拉斯变换域。拉普拉斯变换定义为

$$F(s) = L\{f(t)\} = \int_0^{\infty} \mathrm{e}^{st} f(t)\,\mathrm{d}t \quad (s = \sigma + iw;\ \sigma > 0;\ t \geqslant 0) \tag{6.57}$$

这里不详细介绍拉普拉斯变换,仅解释拉普拉斯变换后的函数 $F(s)$ 可方便的在频域中分析系统行为,如系统对脉冲或周期激励的响应。$f(t)$ 到 $F(s)$ 变换的前提条件是 $f(t)$ 的线性度。

在对系统仿真的初始值问题积分和边界值问题求解的残值迭代的描述中,目前尚未涉及方程组线性度的约束。对于需要通过拉普拉斯变换变换到频域的控制工程中的计算,现在出现了附加的微分方程线性约束条件。

线性系统由 n 阶线性微分方程描述,参考式(6.11)。如果非线性设备方程不得不转换成线性的,其线性化在工作点附近进行。再以质点—弹簧系统为例,该点即为零点。对于一个具有复杂时间行为的复杂非线性设备,最终要在每一个时间步长内重复进行线性化。式(6.5)中函数 f 和 g 由一个工作点附近的泰勒级数(第一项后终止)近似,其结果如下:

$$\begin{cases} \dot{\bar{y}} = \bar{\bar{\boldsymbol{A}}}\bar{y} + \bar{\bar{\boldsymbol{B}}}\bar{u} \\ \bar{w} = \bar{\bar{C}}\bar{y} + \bar{\bar{D}}\bar{u} \end{cases} \tag{6.58}$$

其中,雅可比矩阵为

$$\overline{\overline{\boldsymbol{A}}} = \frac{\partial \bar{f}(\bar{y},\bar{u})}{\partial \bar{y}} = \begin{bmatrix} \frac{\partial f_1}{\partial y_1} & \frac{\partial f_1}{\partial y_2} & \cdots & \frac{\partial f_1}{\partial y_n} \\ \frac{\partial f_2}{\partial y_1} & \frac{\partial f_2}{\partial y_2} & \cdots & \frac{\partial f_2}{\partial y_n} \\ \vdots & \vdots & \ddots & \vdots \\ \frac{\partial f_n}{\partial y_1} & \frac{\partial f_n}{\partial y_2} & \cdots & \frac{\partial f_n}{\partial y_n} \end{bmatrix} \tag{6.59}$$

$$\overline{\overline{\boldsymbol{B}}} = \frac{\partial \bar{f}(\bar{y},\bar{u})}{\partial \bar{u}} = \begin{bmatrix} \frac{\partial f_1}{\partial u_1} & \frac{\partial f_1}{\partial u_2} & \cdots & \frac{\partial f_1}{\partial u_n} \\ \frac{\partial f_2}{\partial u_1} & \frac{\partial f_2}{\partial u_2} & \cdots & \frac{\partial f_2}{\partial u_n} \\ \vdots & \vdots & \ddots & \vdots \\ \frac{\partial f_n}{\partial u_1} & \frac{\partial f_n}{\partial u_2} & \cdots & \frac{\partial f_n}{\partial u_n} \end{bmatrix} \tag{6.60}$$

设备的数字模型由此转化为一个子系统，是一个如图 6.19 所示的状态空间中的流图[①]。

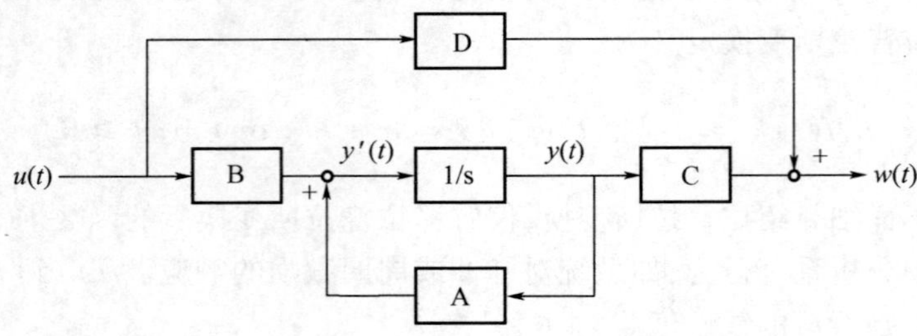

图 6.19　状态空间流图表示的设备数值模型

因此系统非线性函数或特征曲线的线性化可以理解为工作点处切线的近似。该点可以是一个固定工作点，休息点或者通过初始值问题积分得到的准固定工作点。

类似于 6.10 节的残值消除问题步骤，这里在雅可比矩阵计算中也出现该问题。然而对于可将其函数转换到 RPN 堆栈的模块来说，存在简练的求解方法，我们将在下一节中讲述。

6.11.3　微分线性化算法

为了计算雅可比矩阵 $\boldsymbol{A}$ 和 $\boldsymbol{B}$ 以线性化函数 f 和 g，可通过一种算法生成对 $\bar{x}$

① 1/s 表示拉普拉斯变换后频域积分项。

和 $\bar{u}$ 求偏导的函数代码。该算法的工作方式类似于 6.11.1 节中可执行 RPN 函数堆栈的产生过程。为使其工作,它需要一个所有基础数学函数的解析导数表和微分法则。模块中的数学函数,如式(6.56),只要有以 $\mathrm{d}E/\mathrm{d}x$ 的形式表示的基本微分,就能够用这一算法求解,其中 E 是操作数,即一个变量或常量。当 $E=x$ 时,导数等于 1;若 E 是一个常量,导数则为 0。对于这一算法,RPN 堆栈又是合适的输出表示法。

例如,对于式(6.56)的函数,对 u_1 求偏导数的结果是

$$\frac{\partial v}{\partial u_1} = a \times \cos(a \times u_1) - 0 \tag{6.61}$$

可以通过这一算法计算得到。因此,基于原始函数的 RPN 堆栈表示法,算法能够产生偏导数的 RPN 堆栈,由此能够产生用于数值计算的带有指向变量和计算函数的指针堆栈(图 6.20)。

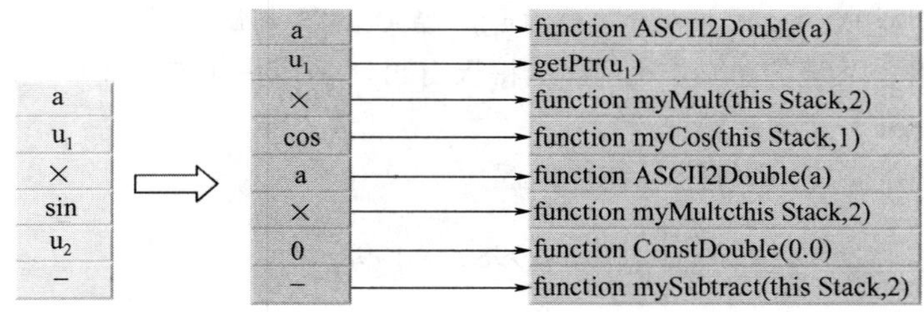

图 6.20　从 RPN 函数堆栈到导数函数堆栈的转换

利用这一方法,在状态空间代表法中,系统建模方程能够直接输入到模拟器,并且数学可微,避免了经典源代码方法中的建模编程。然而,对于大的系统,要对所有组件模块包含的所有函数对所有变量求偏导数,于是推栈的内存需求非常大。另外,为全部基本数学函数准备微分法则的工作也是对开发的一项巨大挑战。

此外,该方法需要模型是能够用算法公式表示的,如式(6.1),不允许有以特征曲线插值方式工作的组件。因此,这项技术主要适用于控制自动控制工程领域针对复杂系统控制器及算法设计的仿真。

6.12　刚性 DEQ 系统的半隐式方法

目前为止,所讨论的显式初值问题解法适用于大部分不太复杂的系统类型。然而,出现的微分方程组迄今都忽视了所谓 DEQ 系统刚性的问题。但是,对于那些仿真需产生大量不同类型方程和系统拓扑中包含大量反馈的系统,刚性问题尤其要考虑。

尽管没有单独有关"刚性"的正式定义,本节意在向工程领域的读者表述其

基础含义,并解释在显式方法中刚性如何限制了初始值问题的求解。如果微分方程组的整体解仅由一个单元驱动,而其他单元的影响可以忽略,则该微分方程就是刚性的。

例:化学反应器链

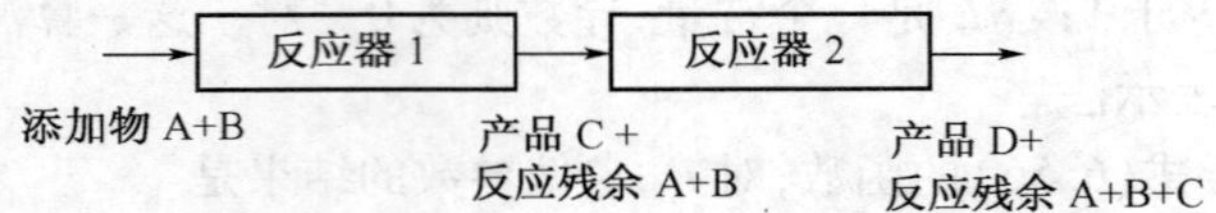

图 6.21　示例系统:化学反应器串

下面的例子提供了一个直观的解释。应用如下论据:

- A + B 的反应是缓慢的,也就是说,在反应器 1 的输出流中,仍有显著的 A 和 B 的残余;
- C 到 D 的反应是瞬时的,由此产品 D 的量主要由反应器 1 决定。如果现在建立整个系统的微分方程组,这将极有可能变成一个刚性 DEQ 系统。

例:纯数值演示

用下面的 DEQ 系统进行纯数值演示:

$$\begin{cases} \dfrac{\mathrm{d}u}{\mathrm{d}t} = 998u + 1998v \\ \dfrac{\mathrm{d}v}{\mathrm{d}t} = -998u - 1999v \end{cases} \tag{6.62}$$

初始条件:

$$\begin{cases} u(0) = 1 \\ v(0) = 0 \end{cases} \tag{6.63}$$

精确解:

$$\begin{cases} u = 2\mathrm{e}^{-t} - \mathrm{e}^{-1000t} \\ v = -\mathrm{e}^{-t} + \mathrm{e}^{-1000t} \end{cases} \tag{6.64}$$

原则上,上述系统中的方程快速收敛于 0。然而,对于接近 $t = 0$ 的值,方程主要受第二项影响。在 $t = 0.005 \sim 0.015$ 到范围内,函数梯度出现极值。另外,方程的第二阶导数的符号此后发生改变。

若要数值积分该系统,考虑稳定度的因素(不是精确度),时间步长必须设为小于 1/1000,否则解将发散,如图 6.22(b)所示,当 $t \to 0$,$v(t)$ 变大。

隐式算法

为回避这一问题,可以应用所谓的隐式算法。该类算法不仅在已知的和历史上的函数采样点,也可以在 $t + \mathrm{d}t$ 范围内的点计算函数微分。下面以隐式欧拉方法为例进行讨论。由于是一个欧拉类型的方法,在 $t + \mathrm{d}t$ 时刻变量 y 的方程如下:

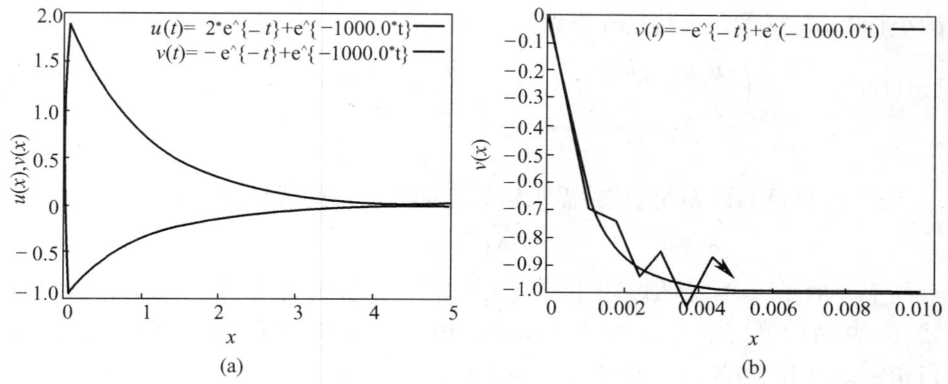

图 6.22　数值初值求解问题中的稳定性问题

$$\begin{cases} \bar{\bar{\boldsymbol{B}}} \dfrac{\mathrm{d}\bar{y}}{\mathrm{d}t} = \bar{f}(\bar{y},\bar{x},t) \\ \bar{y}_{k+1} = \bar{y}_k + \mathrm{d}t\bar{f}(\bar{y}_{k+1},\bar{x},t) \end{cases} \tag{6.65}$$

对于微分方程组的求解,时间坐标应被离散(时间系数 k,时间步长 Δt),即

$$\bar{y}_{k+1} = \bar{y}_k + \Delta t\bar{f}(\bar{y}_{k+1}) \tag{6.66}$$

在将 $\bar{f}(\bar{y}_{k+1})$ 项公式化为仅依赖于采样点 k 的参数的表达式,方程不能使用。因此,根据以前的求解方法(半隐式欧拉方法),展开为相应的二阶泰勒级数:

$$\bar{f}(\bar{y}_{k+1}) \approx \bar{f}(\bar{y}_k) + \left.\frac{\partial\bar{f}}{\partial\bar{y}}\right|_k \mathrm{d}y = \bar{f}(\bar{y}_k) + \left.\frac{\partial\bar{f}}{\partial\bar{y}}\right|_k (\bar{y}_{k+1} - \bar{y}_k) \tag{6.67}$$

将式(6.67)代入式(6.66),使之成为线性方程组,即

$$\bar{y}_{k+1} = \bar{y}_k + \Delta t\left[\bar{\bar{\boldsymbol{B}}} - \Delta t \left.\frac{\partial\bar{f}}{\partial\bar{y}}\right|_k\right]^{-1} \cdot \bar{f}(\bar{y}_k) \quad \text{其中}\ \bar{\bar{\boldsymbol{B}}} = \begin{bmatrix} 1 & & & \\ & \ddots & & \\ & & 1 & \\ & & & \ddots & \\ & & & & 1 \end{bmatrix} \tag{6.68}$$

进而在时间采样点 $k+1$ 处所有项仅与 k 点的参数值有关。如果步长 h 足够小,则能够估算出下面的项,其中需要求逆矩阵

$$\left[\bar{\bar{\boldsymbol{B}}} - \Delta t \left.\frac{\partial\bar{f}}{\partial\bar{y}}\right|_k\right]^{-1}$$

该矩阵结构主要由雅可比矩阵 $\partial\bar{f}/\partial\bar{y}$ 决定。

方程组在每一时间步长的积分需要对矩阵求逆,导致计算量显著增大。为

减小计算量,对等式重新整理得到

$$\underbrace{\left(\frac{\bar{\bar{\boldsymbol{B}}}}{\Delta t}-\frac{\partial \bar{f}}{\partial \bar{y}}\bigg|_{k}\right)}_{\bar{\bar{\boldsymbol{A}}}}\bar{y}_{k+1}=\underbrace{\left(\frac{\bar{\bar{\boldsymbol{B}}}}{\Delta t}-\frac{\partial \bar{f}}{\partial \bar{y}}\bigg|_{k}\right)\bar{y}_{k}+\bar{f}(\bar{y}_{k})}_{\bar{b}} \tag{6.69}$$

进而,计算新的系统状态,需求解具有如下结构的线性方程组:

$$\bar{\bar{\boldsymbol{A}}}\bar{y}=\bar{b} \tag{6.70}$$

重要的是,该这个方程组中仅在采样点 k 处有可直接确定的偏导数$\partial\bar{f}/\partial\bar{y}$。式(6.69)的求解取决于矩阵 $\bar{\bar{\boldsymbol{A}}}$ 的结构。由于矩阵 $\bar{\bar{\boldsymbol{B}}}$ 实质上是对角元素为 1 的对角矩阵,因此矩阵 $\bar{\bar{\boldsymbol{A}}}$ 的结构主要由雅可比矩阵决定:

$$\frac{\partial \bar{f}}{\partial \bar{y}}=\begin{bmatrix}\frac{\partial f_1}{\partial c_1} & \frac{\partial f_1}{\partial c_2} & & & & & \\ \frac{\partial f_2}{\partial c_1} & \frac{\partial f_2}{\partial c_2} & \frac{\partial f_2}{\partial c_3} & & & & \\ & \frac{\partial f_3}{\partial c_2} & \frac{\partial f_3}{\partial c_3} & \ddots & & & \\ & & \ddots & \ddots & \ddots & & \\ & & & \ddots & \ddots & \ddots & \\ & & & & \ddots & \ddots & \ddots \\ & & & & & \ddots & \ddots\end{bmatrix} \tag{6.71}$$

如果仿真系统具有反馈回路,则雅可比矩阵中包含额外的耦合项。在单纯输出到输入反馈的流体系统中(图 6.23),雅可比矩阵在点$(1,L)$处包含一个额外耦合项。进而组件单元 1 依赖于最后一个单元的输出结果,但是反之不正确(假设逆流方向没有传播)。

$$\frac{\partial \bar{f}}{\partial \bar{y}}=\begin{bmatrix}\frac{\partial f_1}{\partial c_1} & \frac{\partial f_1}{\partial c_2} & & & & & \frac{\partial f_2}{\partial c_L} \\ \frac{\partial f_2}{\partial c_1} & \frac{\partial f_2}{\partial c_2} & \frac{\partial f_2}{\partial c_3} & & & & \\ & \frac{\partial f_3}{\partial c_2} & \frac{\partial f_3}{\partial c_3} & \ddots & & & \\ & & \ddots & \ddots & \ddots & & \\ & & & \ddots & \ddots & \ddots & \\ & & & & \ddots & \ddots & \ddots \\ & & & & & \ddots & \ddots\end{bmatrix} \tag{6.72}$$

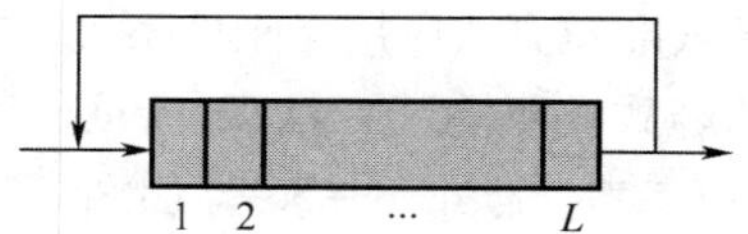

图 6.23　带反馈的流体系统

多参数系统对时间积分

对于多参数系统，函数 f 总是取决于全部参数，如考虑 $L-1,L,L+1$ 的三个单元的混合浓度、温度和压力。雅可比矩阵也相应变得更加复杂，以一个没有反馈的一维离散组件为例，其更精确的形式为块三对角矩阵：

$$\frac{\partial \bar{f}}{\partial \bar{y}}=\begin{bmatrix}
\begin{bmatrix}\frac{\partial f_{c1}}{\partial c_1} & \frac{\partial f_{c1}}{\partial T_1} & \frac{\partial f_{c1}}{\partial p_1}\\ \frac{\partial f_{T1}}{\partial c_1} & \frac{\partial f_{T1}}{\partial T_1} & \frac{\partial f_{T1}}{\partial p_1}\\ \frac{\partial f_{p1}}{\partial c_1} & \frac{\partial f_{p1}}{\partial T_1} & \frac{\partial f_{p1}}{\partial p_1}\end{bmatrix} & \begin{bmatrix}\frac{\partial f_{c1}}{\partial c_2} & \frac{\partial f_{c1}}{\partial T_2} & \frac{\partial f_{c1}}{\partial p_2}\\ \frac{\partial f_{T1}}{\partial c_2} & \frac{\partial f_{T1}}{\partial T_2} & \frac{\partial f_{T1}}{\partial p_2}\\ \frac{\partial f_{p1}}{\partial c_2} & \frac{\partial f_{p1}}{\partial T_2} & \frac{\partial f_{p2}}{\partial p_2}\end{bmatrix} & [\,] & [\,]\\
\begin{bmatrix}\frac{\partial f_{c2}}{\partial c_1} & \frac{\partial f_{c2}}{\partial T_1} & \frac{\partial f_{c2}}{\partial p_1}\\ \frac{\partial f_{T2}}{\partial c_1} & \frac{\partial f_{T2}}{\partial T_1} & \frac{\partial f_{T2}}{\partial p_1}\\ \frac{\partial f_{p2}}{\partial c_1} & \frac{\partial f_{p2}}{\partial T_1} & \frac{\partial f_{p2}}{\partial p_1}\end{bmatrix} & \begin{bmatrix}\frac{\partial f_{c2}}{\partial c_2} & \frac{\partial f_{c2}}{\partial T_2} & \frac{\partial f_{c2}}{\partial p_2}\\ \frac{\partial f_{T2}}{\partial c_2} & \frac{\partial f_{T2}}{\partial T_2} & \frac{\partial f_{T2}}{\partial p_2}\\ \frac{\partial f_{p2}}{\partial c_2} & \frac{\partial f_{p2}}{\partial T_2} & \frac{\partial f_{p2}}{\partial p_2}\end{bmatrix} & [\cdots] & [\,]\\
 & & \ddots & \\
[\,] & [\,] & [\cdots] & \begin{bmatrix}\frac{\partial f_{cL}}{\partial c_L} & \frac{\partial f_{cL}}{\partial T_L} & \frac{\partial f_{cL}}{\partial p_L}\\ \frac{\partial f_{TL}}{\partial c_L} & \frac{\partial f_{TL}}{\partial T_L} & \frac{\partial f_{TL}}{\partial p_L}\\ \frac{\partial f_{pL}}{\partial c_L} & \frac{\partial f_{pL}}{\partial T_L} & \frac{\partial f_{pL}}{\partial p_L}\end{bmatrix}
\end{bmatrix} \tag{6.73}$$

隐式算法总结

较之显式欧拉方法，半隐式方法更为稳定，且对正导数收敛。为达到预期的数值精度，需单独考虑选择合适的微小步长。参数规范化，对刚性 DEQ 方程组的积分及解的稳定度至关重要,其作用是使全部积分参数的取值范围相同。

这里仅讨论了将半隐式欧拉方法应用于刚性系统。类似的,还有 Runge-Kutta 类或 Richardson 外推法的隐式和半隐式方法(Rosenbrok 方法及隐式 Gragg-Bulirsch-Stoer 方法)。读者可以参考文献[53-56]。此外,类似于显式方法,存在隐式预估—校正方法,参见文献[56-58]。与数值方法相关文献和网址列在本书的参考附录的相应章节内。

第 7 章　实时仿真概述

CryoSat ©Astrium

7.1　时间定义

在仿真运行期间,由星载软件产生的遥测数据包和由模拟器产生的仿真遥测数据包均被送往控制台。航天器遥控命令和模拟器指令从控制台分别发送到星载软件和模拟器核心。所有的数据包均被打上时间标记以便系统能够按顺序追踪系统的活动。但是,为了避免歧义,必须对时间信息的类型加以区分。因此,如下列出最重要的几个时间概念。

模拟器会话时间:真实挂钟时间,也被称为“格林尼治平时”或“地方时”,通常以国际标准时间(Universal Time Code,UTC)时间给出,格式为“年:日:时:分:秒:毫秒”。该时间通常用于标记航天器模拟器和控制台遥控/遥测数据包的时间戳。

仿真运行时(Simulation Runtime,SRT):以“微秒”或“秒”为计时单位,模拟器一运行就开始计时,暂停时不计时。为了集成时间相关的状态变量,模拟器的数值求解需要该时间计数器。该时间通常称为“SRT”或“tSim”。

仿真任务时间(Simulated Mission Time,SMT):空间中模拟任务场景的时间,它在大部分情况下是在未来,因为在仿真时,航天器还在建造阶段,尚未发射。SMT 通常表示为简化儒略历时间,这与正确描述天体相对于所仿真航天器的位置有关。此外,这与星载 GPS 导航设备模块接收机有关。SMT 通常是用 UTC 或全球定位系统(Global Positioning System,GPS)时间。

星上时间(On-board Time,OBT):OBT 首先是星上软件中的一个计数器,当硬件或星上仿真计算机启动时便开始计数。通常 OBT 可以通过遥控来设置为一个绝对的值,仿真任务时间 SMT 同样如此,因为星载软件也需要绝对时间信息。所以,很多情况下都是用 UTC 或 GPS 时间。

此处时间系统并没详细的描述,但是读者应该意识到时间系统的基准有不同的天体测量或历史的参考。因此,必须根据任务确定数据要被处理到哪个时间参考系下。

本地时 ≠ GPS 时 ≠ 原子时 (Atomic Time,TAI) ≠ UTC ≠ UT1 ≠ ET/TDT

文献[38]的第 5 章详细定义了前面提到的时间概念的解释。UTC 与 GPS 不同之处在于 UTC 引入了闰秒。

航天器上最终存在多个时钟源。首先,任何 OBC 均安装了多个相互冗余的内部石英钟。而且,高精度的时间基准生成器是以 GPS 或伽利略接收机的形式存在,而 GPS 和伽利略系统卫星本身也具有极其精确的原子时钟并在真星上作为时间参考。功能系统仿真中没必要考虑这些时间精度和时标之间的区别。然而,一个航天器模拟器必须提供星载软件在飞行时同步测试的方法,如从 OBC 内部石英钟到 GPS 接收机信号的同步,反之亦然。

对于系统仿真,另一个问题是如何保证数值系统对时间积分时,该时间同步给 OBC 软件或者 OBC 仿真器。这种时间同步将在下一节进行详述。

7.2 时间同步

在系统仿真中尤其是混合测试平台核心问题是需要考虑星载 OBC 软件和航天器模拟器之间的时间同步,这一问题直接影响到 OBC 和仿真设备之间的信号传输。但是,在处理时间同步之前,首先要拟定 OBC 自身信号数据的输入输出时间序列,这当然是由星载软件控制的。

OBC 的软件使用一个所谓的“轮询顺序表”(Polling Sequence Table,PST)来控制向哪个设备(哪个接口)何时发指令,何时获取该设备的结果数据。该顺序表在某些航天器(如卫星)上在入轨后仍然适用。PST 可以由一个固定的简单序列构成(如伽利略 IOV 卫星的情况)其中所有的 OBC 的 I/O 是通过相同的循环频率被处理。或者,PST 也可以包含多个 OBSW 循环周期,因为并非所有的设备或接口以相同的频率进行处理。PST 的长度就是时间间隔,相当于最低设备控制频率。下面给出一些卫星工程例子:

CryoSat1:

- PST 全长为 4s。
- PST 由 4 个 AOCS 控制循环构成。

- AOCS 控制循环的频率为 1Hz,这意味着在 1s 内所有的敏感器数据由 OBSW 查询并将所有的控制信号提交给执行机构。
- 其他单元的控制,如载荷子系统、能源子系统和热控子系统仅在一个 PST 中发生一次,也就是每 4s 控制一次。OBC 对这些装置的访问分散在每个 PST 上,从而能缓解 OBC 的 CPU 有效载荷和数据总线有效载荷。

GOCE:

- AOCS 控制循环频率 10Hz,这导致了对混合测试平台的模拟器硬件更高的要求,PST 长度是 1s。

Galileo-IOV:

- 所有设备包括电子器件、平台、有效载荷的 PST 循环频率为 5Hz,也就是说 PST 长度为 0.2s。

依据 OBSW 对这些设备访问和控制的周期,系统模拟器必须通过仿真的 OBC/设备接口接受执行器数据并提供结果数据或敏感器数据。如今,在真实航天器上为了简化数据握手同步,OBC 通过专用脉冲通道分发周期时钟选通信号(通常 1s 一个时钟脉冲,因此也被称为 PPS 信号)。

- 对于大部分设备,特别是那些当 OBSW 明确要查询才分发数据的设备,这是唯一的同步信号来保证他们内部的电子时钟与 OBC 同步。
- 也存在一些设备不需要获得优先权,就能够主动发送数据给 OBC,并与 PPS 信号异步,例如某类型的星敏感器。
- 此外,也存在一些设备是被 OBSW 事件驱动的模式所查询,而不是与 PPS 信号结盟,如特定的 GPS 接收机。

图 5.6 和图 5.7 是描述 OBC 核心模块的实例图。图中可见的是处理器模块“PM A”和“PM B”,由其引出的左边部分,图右边的边界分别画出了频率为 1Hz 和 5Hz 选通脉冲。图 7.1 表示了在一个 SVF 测试平台上 OBC 时间信号的生成。

具有 OBC 的并处于“硬件在环”阶段的 STB 中的时间同步可以通过两种方式实现:

(1) 实际 OBC 的 PPS 输出连接器能够耦合到一个合适的模拟器前端将信号转发到模拟器,如根据模拟器内核的周期调度事件触发。模拟器内核必须对这些事件有所反应或中断,并对其相应的传输时间进行同步。

(2) 现代的 OBC 也可以与外部时钟同步,如精确的 GPS 接收机,如果是导航卫星甚至可与极为精确的星载原子钟同步。在该情况下一个具有内部信号产生器的模拟器前端可将其同步信号分发到 OBC 硬件,和系统模拟器,如图 7.2 所示。

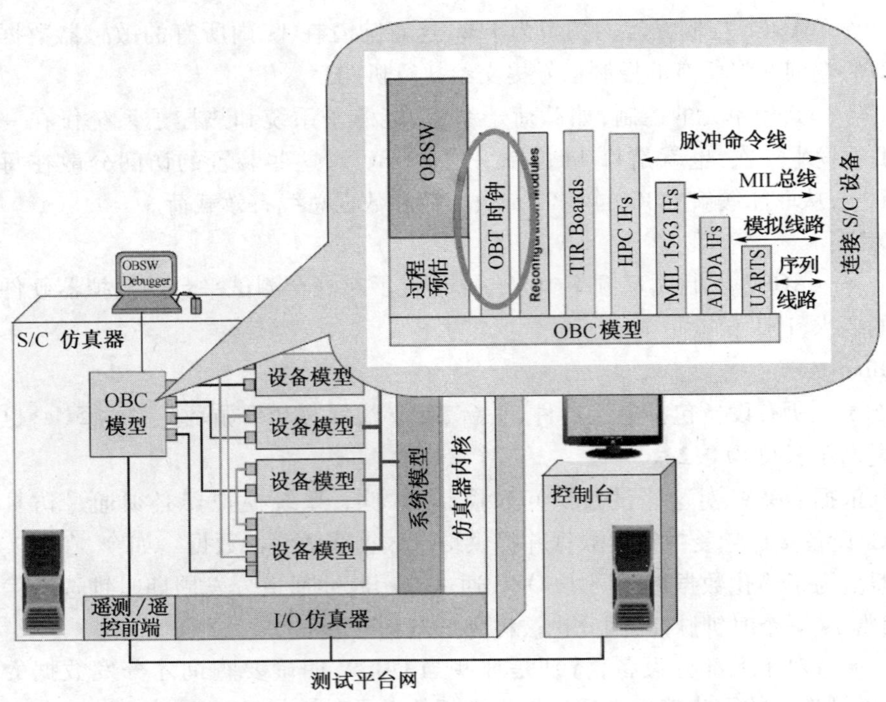

图 7.1　仿真 OBC 中的时间参考与脉冲产生情况

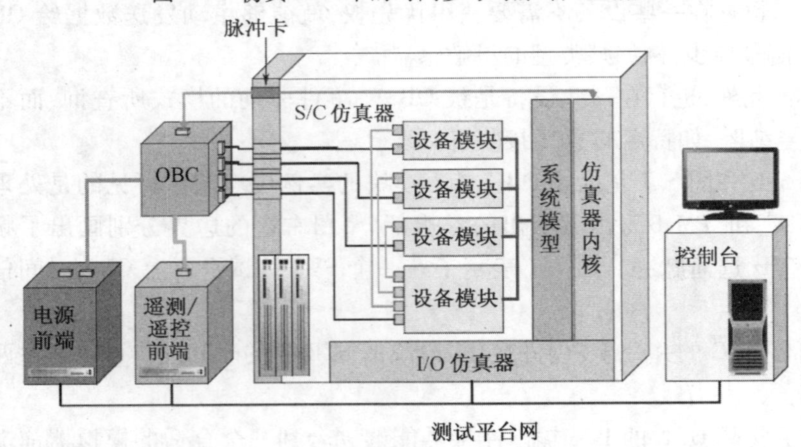

图 7.2　STB 中的时间同步

7.3　模拟器时间建模

为了正确实现星载软件数据处理和仿真的航天器设备之间的相互作用，必须确保 OBSW 可以从仿真设备获得数据，这样得到的实际状态结果是可用的。在单纯的基于像 SVF 之类的仿真中还可对该方法进行简化。在此，策略可以是选择性的调度 OBC 模块和其他航天器模块，确保数据能够在两者之间移交。但是，这个不适合混合测试床，原因是仿真不能与低级数据总线协议同步。此处的功能必须可以描述实际在轨状态，即 OBSW 直接与航天器设备相互作用。

为了保证 OBC 从仿真航天器设备上获取数据，采取如下方法：在被仿的 OBC 的互连线的 OBC 侧必须建立相应的数据缓冲区。这些在模拟线连接的 OBC 的 I/O 部分实现。对于一个混合的测试台来说，这些存储缓冲区是在模拟器前端卡电子器件上实现的，并且由模型从模拟器经由对应的仿真线路填充。OBSW 一旦从卡中获得数据，数据流将通过硬件线路从前端卡传送给 OBC。通过 OBC 模型的 I/O 端口缓冲器或者通过模拟器前端卡缓冲器向被仿的设备写 OBC 命令数据采用同样的处理方法。相关资料请参看图 3.23 和第 4 章中关于模拟器前端卡等内容。

通过这种方法，模拟器内的仿真物理状态的时间可以通过固定时间步长数值求解器的推进来实现。同时，根据 OBSW 中的 PST 设置处理从仿真设备获取数据，以及由 OBC 发送给仿真设备的指令(图 7.3)。

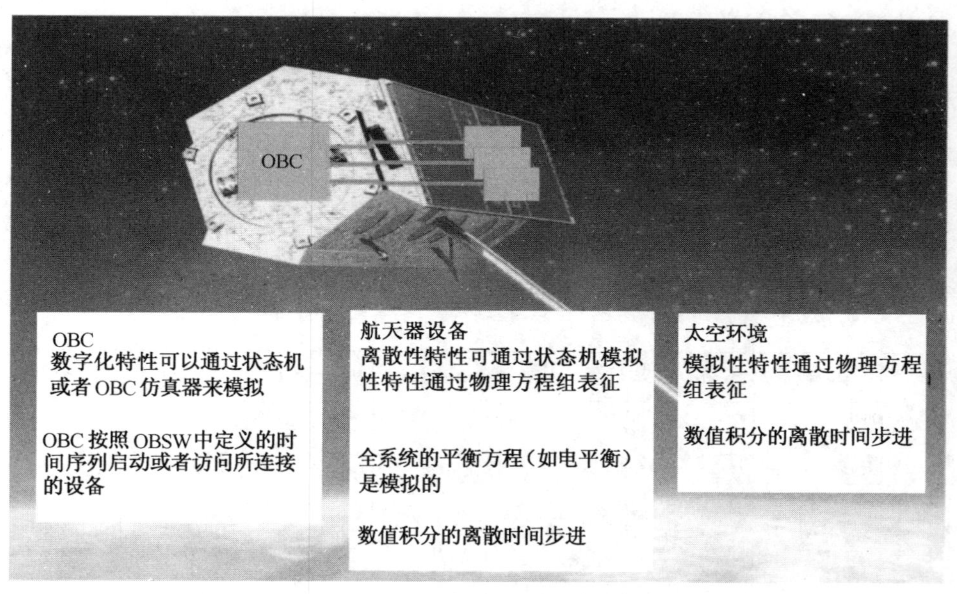

图 7.3　航天器仿真要素其特性

此外，还要进一步关注 OBC 和仿真航天器之间的数据交换处理问题。首先必须避免 OBC 和模拟器同时访问数据传输线的交换存储。这是由于两边均不知道对方的活动，只能通过将所有这种数据缓冲器作为切换缓冲区。其中卡的电路要么访问模拟器的缓存要么访问外部 OBC 的缓存，在两边进行切换。此外，为了确保所有控制的稳定，模拟器必须采用更小的时间步长进行运算而非用 OBSW PST 所确定好的频率。更准确地说，模拟器必须至少以 2 倍于 PST 规定频率的速度进行运算以便确保控制稳定性的 Nyquist-Shannon 判据。无论如何，受数字求解器积分步长的限制，仿真频率将会更高，具体原因参见第 6 章。因此，在此特别强调以下内容：

- OBC 和仿真航天器设备的数据交换。
- 考虑到控制稳定性和数值精度，需要以更高的频率对切换缓冲区中的结果数据进行预计算和供应。

模拟器的数值积分步长频率必须是 OBSW 中 PST 的整数倍。数字控制模拟器内核内部产生的细选通可设置成接收到的 PPS 信号的可配置倍。图 7.4 中 PPS 脉冲信号以“▮”标出。模拟器计算频率为 10Hz，更精细的选通信号标识为“▯”。

图 7.4 PPS 选通(▮)和细化的选通(▯)

在每个细选通周期内计算什么，取决于系统级中的积分方法。在第 6 章中已对其进行了讨论。

系统级简化积分

图 7.5 和下面的章节举例说明了系统级的欧拉方法。在分析该调度表之前，首先必须解释标有 OBC 的插槽仅仅表示模拟器从 OBC 外线交换存储读取数据并使其可被航天器设备模型访问的插槽，并可将结果数据写回到 OBC 输入线的交换存储区。由于数据被中间缓冲，因此 OBC 在此刻是否真正获得/读取了数据是无所谓的。通常模拟器内部频率比 OBC 的 PST 频率高出很多。

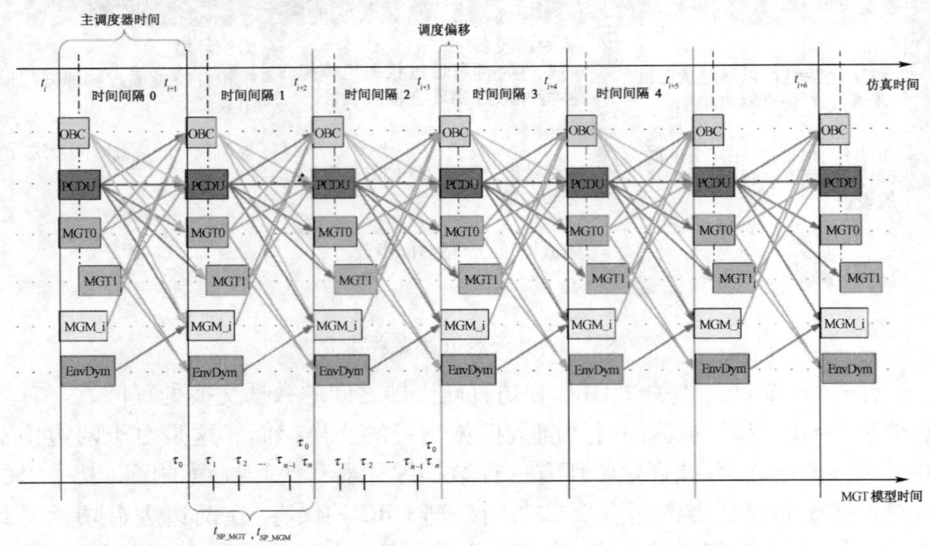

图 7.5 系统仿真的调度表© 德国斯图加特大学空间系统研究所

此外,在图 7.5 中可以看出:在单个时间间隔中,能够根据预定的序列对模型计算进行排序。在此,磁力矩器 1(MGT1)在磁力矩器 0(MGT0)之后计算。在一个时间间隔内,所有模型“看到”的是同一时间值。

被及时读取的磁力矩器的输入数据也是可见的,力矩计算的结果在下个时间间隔得出,将来其中之一被环境/动力学模型(Environment/Dynamics Model,EnvDyn)所考虑。计算改变了航天器的姿态,接着敏感器模型(此处为磁力矩器 MGM)可用的。同时再次推进,直到输出线交换内存中至 OBC 的敏感器测量数据可用。

虽然,为了保证在每个时间间隔中结果对 OBC 可用,该过程需持续地并行运行,但是它们是基于几个“过时”仿真周期的输入。假设 OBC 已经更新了执行器的值,那么期间的结果不再非常精确。该方法对应于第 6.8 章例 2 的系统级欧拉方法。

系统级精确积分

为了在系统级进行高精度的积分,模拟器必须提供以下功能。

- 在每个精选通间隔从 OBC 读取执行器数据。
- 然后如图 6.10 和图 6.11 描述得那样执行整个运算周期,图 6.12 进行了总结。
- 在时间间隔结束时向 OBC 提供输出结果。

尽管特定的系统模型会消耗大量的 CPU 资源,但是其精度需求相对不高,并可在每第 n 个仿真周期内选择地进行计算。其同样适用于模拟器数据的文件记录以及向控制台提供模拟器遥测。

交错式时间调度的例子:

- 热力学模型(在时间间隔 1,3,5 计算)。
- 写入磁盘(在时间间隔 2,4,6 实现)。

当模拟器收到来自控制台的开始计算指令时,在收到外部时钟参考(PPS)的主选通信号之前它将不会开始真实的计算。当仿真停止时,模拟器将继续工作直到主周期结束。这保证在模拟器挂起取消后的重新计算能与 OBSW 中 PST 同步。

当仿真运行于多核计算平台时,模拟器内核的多个调度器才能并行运行,但是都要同步于同一个主选通信号。

7.4 实时并行处理

特别是在混合测试平台中,模拟器的实时响应行为是一个关键问题。必须确保在任何情况 OBC 访问 I/O 数据时,I/O 数据可用。因此,无论是当并行数据记录到磁盘或用户命令建立时,均不会发生 OBC 无法取得所需数据的情况。

因此,在混合测试平台的设计阶段,必须对所需的数字 CPU 性能和模拟器前端的 I/O 性能进行分析。对于普通对地观测卫星这种复杂度的航天器来说,目前其实时仿真能够在一个单 CPU 内核模拟器上执行。

假设航天器具有极端的需求(如具有高级指向需求的卫星或空间探测器、具有对接功能的货运飞船),这将会造成很短 AOCS 的控制周期。因此,若模拟器内核体系结构支持该技术,可需要使用多核模拟器以满足所有实时约束。

关于数值计算的并行化,必须首先说明这样的功能仿真在应用时不能用相同技术并行化,如结构力学的有限元问题或基于集总参数节点模型的热分析。后一种类型的仿真可以被分配到大规模的并行超级计算机上,这是因为对于每个元素而言,必须求解相同的方程组,剩余的则在每个计算步骤之后被消除。但是,在功能系统仿真中,每个模型类反映了不同设备的物理特性,不同类型的方程和方程组也是如此。

因此,必须将计算分给多个线程,这些线程将分配给不同的模拟器 CPU 核实现并行化,简而言之,可以假设每个线程由一个模型实例生成,并且每个 CPU 核计算一个或多个模型线程。根据线程的复杂度将线程分配给 CPU,以便即使在最差的条件下,OBC 数据访问时所有结果可用。

系统级简化积分

对系统级欧拉方法而言(见 6.8 节的例 2),为简单起见,可以假设根据图 7.5 模拟器从 OBC 的数据获取和写回到交换内存由第 1 个模拟器线程处理。所需的电源控制和分配单元(Power Control and Distribution Unit,PCDU)的计算模型由第 2 个线程处理。磁力计由第 3 个线程处理,空间环境和动力学模型由第 4 个线程处理,磁力矩器由第 5 个线程处理,如图 7.6 所示。

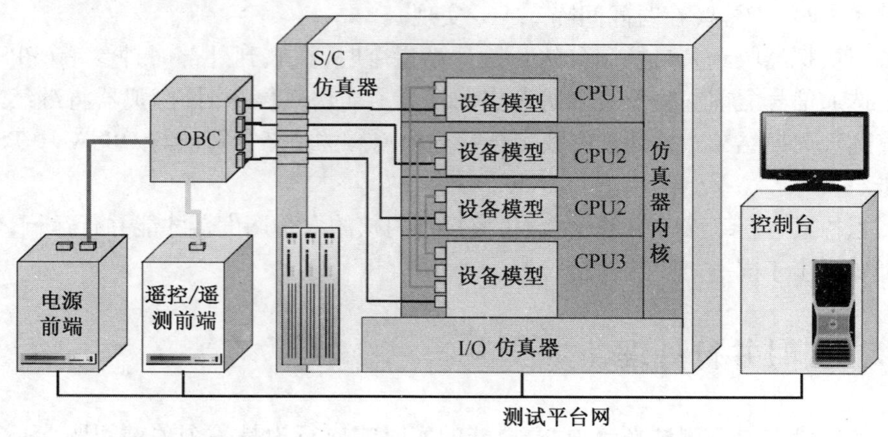

图 7.6　分配至各 CPU 核的整个设备模型计算

系统级精确积分

当把精确的集中 DEQ 求解技术应用于系统级时，情况将再次变得更加复杂。

计算状态变量的导数$\dot{y}$可以由每个模型事件独立执行，见方程式(6.5)和图6.10。因此，这些步骤可以分配给多个线程及 CPU 核。

然而，对于测试步骤状态变量的结果计算，如对于整个 DEQ 系统，Runge-Kutta 方法计算 $K_1 \sim K_4$（见式(6.42)），以及最终的状态向量 $\bar{\boldsymbol{y}}_{n+1}$，则只能在一个 CPU 节点上由一个集中算法来执行。

组合的初始值/边界值问题会让仿真并行化更加复杂。如图 6.10 中说明的，系统中为了多样化边界条件而进行残余消除会使并行化极其复杂。对于该问题不存在通用方法。有关该问题的详情情况，读者可以参考相应的专业文献，如文献[51]。

第 8 章　面向对象的模拟器结构及系统模型

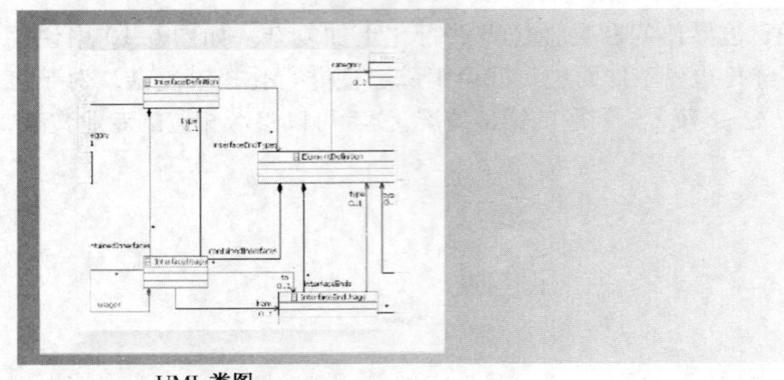

UML 类图

8.1　模拟器软件设计的目标

下面介绍航天器系统模拟器中最常用的软件工程技术。仿真测试平台的复杂性、实时性需求、对数学建模的高要求，使得航天器系统软件工程的实现变得愈加富有挑战性。它很复杂，只通过简单编程难以实现。需要一种技术来实现航天器模拟器，其支持如下建模：

- 模拟器内核（可重用）。
- 模拟航天器设备模型（对每个项目是部分新研的）。
- 模拟线路连接类型（对每个项目是部分新研的），如 OBC 与其他航天器设备之间的各种数据总线（图 8.1）。

根据模拟器需求和航天器真实拓扑结构可得出，应用面向对象的软件技术进行仿真较为可行。

面向对象编程语言能为每类功能元件，如星敏感器实现一个软件类。在这里所有的数据变量都被确定，只要有初始值，即使个别值缺失也没关系，而且所有计算函数（方法）被定义，包括分别到模拟器内核或求解器的其他类的输入/输出函数。软件初始化时，每个类所需实例的数量都要确定，针对上述例子即确定被仿的星敏感器数量。通过该技术，系统的真实结构可通过源代码简单重构，代码维护也被大大简化。系统模块间的连接（方式）也可据此进行分类和实例

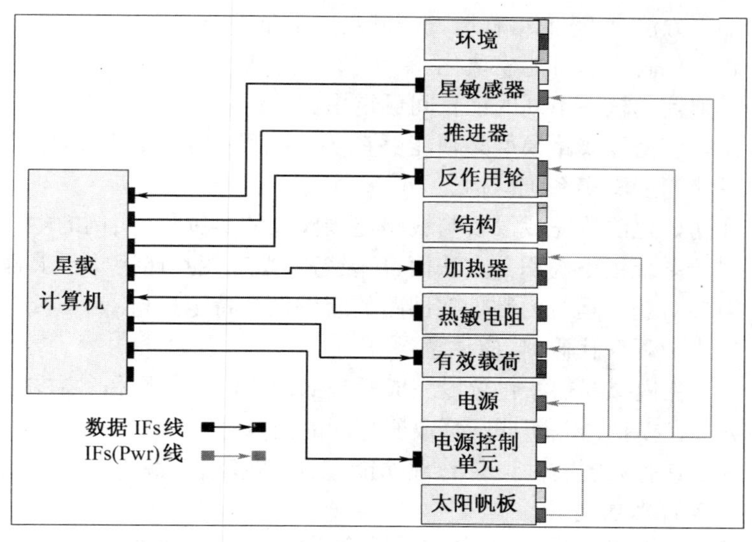

图 8.1　卫星模型及其互连图

化（内存中的模型实例的创建和参数默认值的设定）。例如，MIL-STD-1553B 数据总线可能是一类，模拟线路可能是另一类。模拟器开始运行时，为系统中的每个实际模拟连接和每个数据总线连接创建线类实例。设备组件模型以此方式连接，反映真实系统的拓扑。

此外，可使用面向对象建模将软件类组织成层次式结构。子类可从超类继承参数和函数属性。这意味着对于超类的定义，某些函数只需要被编码一次。这种针对所有模型子类的泛型函数的实例可以是时间步循环或迭代步序列中设备模型的计算控制，各设备子类通过面向对象的方法自动继承这些函数。

此外，如果交叉耦合是真实系统设计的一部分，那么在模型和线路被实例化时必须考虑它们，以便正确地反映真实系统的拓扑。图 8.2 为线连接的双交叉耦合，OBC 的每个 I/O 实例可通过它们的数据总线访问主、备星敏感器。

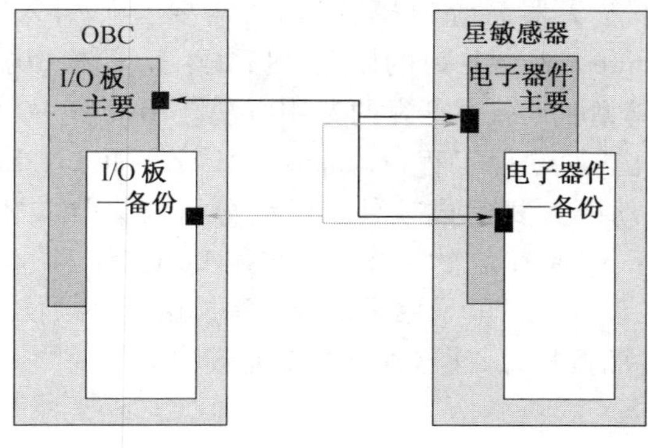

图 8.2　交叉网络图

根据编程方法,所选的编程语言需满足以下条件:

- 软件代码应尽可能模块化。
- 模拟器内核在不同的项目间可重用。
- 设备模型和线路模型必须能够在多个项目中重复使用,对系统拓扑的建模应尽可能逼近真实系统结构。
- 在初始化阶段完成设备与线路连接模型的实例化(实例的生成)。
- 对于系统级精确积分方法而言,设备模型应相互连接并与求解器相连。
- 需要对随后运行为硬件在回路的组件设计特定接口。
- 在生成程序代码时,应注意:
    - ➢ 在模拟器初始化阶段完成所有部件的内存分配和参数初始化。
    - ➢ 在模拟器关闭期间释放所分配的内存。
    - ➢ 具有数据文件记录管理功能,及将模拟器遥测提交给控制台和外部模型激励等管理功能。
- 前端卡驱动程序、多功能支持等会需要多任务/多线程功能。
- 纯仿真测试平台(SVF 类型)为保存整个仿真运行状态—状态集提供了可能性,它以文件的方式存在,随后可以重新载入。

在实现和编程技术中,考虑如下需求:

- 最好使用标准化设计语言进行面向对象的软件设计,这与编程语言不同。有关设计语言将在后面的章节中介绍。
- 建议源代码采用一种与硬件及操作系统无关的编程语言。
- 必须通过加载以某种通用的文件格式定义的配置文件来执行系统初始化。
- 还建议在初始化文件和状态集中使用标准化、通用的文件格式,在启动时通过模拟器加载。

8.2 模型驱动架构

谈及面向对象航天器系统建模的话题,需要首先引入“模型驱动架构”(Model Driven Architecture,MDA)的概念,然后详细介绍模拟器具体实现技术。

MDA 定义了模型驱动软件开发的专用方法。20 世纪 90 年代,人们热衷于使用专用的计算机辅助软件工程(Computer Aided Software Engineering,CASE)工具,以近乎全自动的方式生成软件。系统分析与设计技术(System Analysis and Design Technique,SADT)①的工具以及采用 Booch 和 Jacobson 设计方法的第一代面向对象软件设计工具就采用了这种方法。由于必须使用专用的软件设计工具而且需要软件商授权,因此这种方法未能成功推广。

---

① SADT 也称为 IDEF0,是 20 世纪 80 年代初期一种用于美国空军 ICM 系列开发的设计语言。

MDA 方法稍有不同,在该方法中,源代码由软件设计符号生成,如该符号会描述设备模型类及它们的相关性和交互性。不过只有一部分源代码可自动生成,生成的源代码还需由所有非自动生成函数来完成,并针对目标操作系统/硬件平台进行编译。应注意以下几点:

- 通过 MDA 方法生成代码时,当直接对算法进行编程比用形式化设计符号实现或自动生成代码容易时,应该手动实现函数代码。例如数字求解器设备模型或算法中物理设备行为的算法实现就属于此类情况。
- 此外,在 MDA 中,需要严格区分软件设计层、代码层、运行平台。

MDA 将建模和代码实现分成多层模型,从抽象级到特定级。为确保精确,需要以下几层:

- 计算无关模型(Computation Independent Model,CIM),用于软件功能的文本描述。例如,描述航天器设备模型功能性的需求规格文档。
- 平台无关模型(Platform Independent Model,PIM)层,在该层上通过标准化的函数、拓扑符号以及软件设计工具定义软件体系结构。采用该方法不仅与平台无关,而且与特定的实现语言无关。
- 平台专用模型(Platform Specific Model,PSM),针对专用目标平台提供一种代码模型,如 C++ 。通常通过专用代码生成器实现从 PIM 到 PSM 的转化。如果生成的代码功能还不够全,那么开发者必须,手动填写相应部分。
- 在最底层,通过连接开放系统相关库,将可执行内容以编译后代码形式存放。

从上层到下层的转换过程中,上层越抽象,则转换到下层细节越多。这个过程不断重复,直到得到可执行的二进制码。从上层到下层转换时,代码或模型生成器必须由有经验的专家来实现。从 PSM 到可执行代码的步骤中,这些工具就是“编译器”和“连接器”。

MDA 是由对象管理组织(Object Management Group,OMG)开发的实现策略,OMG 是一个从事面向对象工具和语言开发的企业联盟。OMG 制定开放的规格说明提升软件系统的交互性和便携性。OMG 还制定了 UML 标准,UML 是当今广泛使用的软件描述语言,也是 MDA PIM 层的标准。8.4 节将对 UML 进行详细描述。

下面的例子(图 8.3)介绍了从模拟器软件设计到可执行代码逐步细化的过程。航天器设备模型代码与在 Astrium GmbH 卫星上运用的模拟器开发理念相似:

- 在 CIM 层,需求管理工具以文本形式定义模拟器与设备模型用户及软件需求。
- 在 PIM 层上的模拟器软件设计是基于 UML 的。
- 到 PSM 层可以由 UML 直接自动生成 ANSI C++ 代码。

➢ 可通过相关数字功能人工生成 C++ 代码。

➢ 可包括由 Simulink 模型自动生成的代码。在此情况下，可使用 MathWorks 的 Real-Time Workshop 将 Simulink 转换成 C/C++。

➢ 或可包括由 Stateflow 状态机自动生成的代码。同样可使用 MathWorks 的 Real-Time Workshop 进行 Stateflow 的转换。

- 对最底层代码与运行层来说，所用的综合开发环境独立于操作系统。运行平台是可变的。例如：

➢ 非实时测试平台的操作平台既可采用 Windows 也可采用 Linux，如图 8.3 所示。

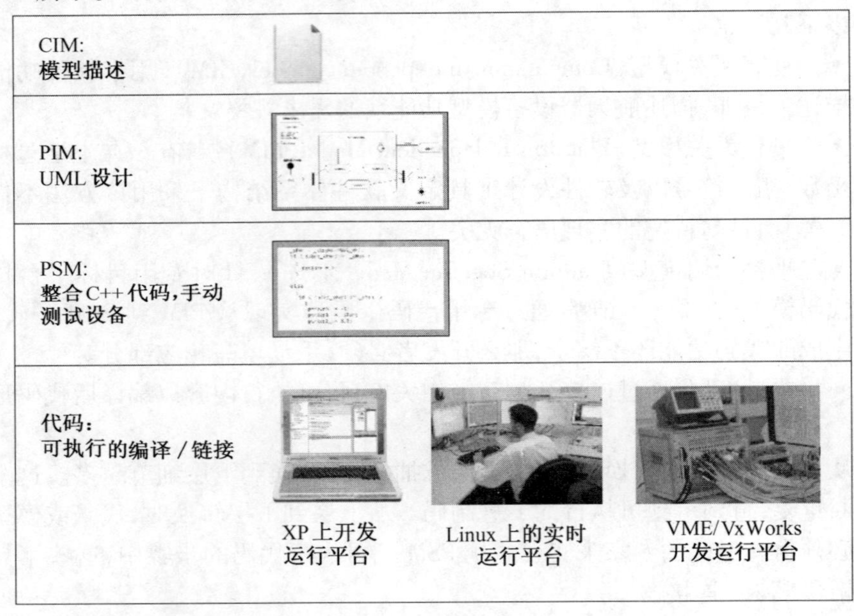

图 8.3　MDA 应用于模拟器开发的实例

➢ STB/EFM 测试台可使用 RT-Linux 或 VxWorks。

- 使用基于标准 XML 格式的文件进行仿真配置、初始化及特征数据的配置（相关内容参看 8.5 节）。

同样的方法可应用于模拟器内核模块的设计和编码中。

有关 MDA 的更多资料请参见本书的参考文献附录。

8.3　实现技术——编程语言

如前所述，C++、C#、Java 等面向对象编程语言是系统模拟器的最佳选择。但根据 MDA 规则，模拟器必须是与平台无关的。此外，对混合测试平台来说，需将程序语言编译到实时操作平台，以建立其与硬件间的联系。因此，在大多数情况下，选择 C++ 为不同的大型航天器仿真系统搭建平台，如 MDVE、SimTG 等（见文献[16,17,19]）。

现如今，设计者们越来越多的使用 Java 作为实现语言，它完全独立于操作系统。*OpenSimKit*[23] 就是基于 Java 的仿真应用，它被应用于教学示例中。Java 在操作系统与编译后的代码间建立了虚拟机，实现于某种操作系统上的 Java 程序也可直接运行于其他操作系统而不需再次编译。此外，Java 比 C++ 拥有更高的抽象层，编程者只需考虑对象，不需再考虑指针是指向对象还是函数，从而避免了内存溢出。而且，它也不需分别处理对象参数的引用。

不过对混合测试平台的实时应用来说，虚拟机具有明显的缺陷。它在运行时会生成对象实例（通过拷贝类实例间的数据包或为 Core EGSE 生成模拟器 TM 包），后面不再需要引用这些对象，也被称为内存的垃圾收集器，有时需要启动该垃圾收集过程删除所占内存。因为过多地占用内存和计算能力，所以在实时系统上，它会干扰程序的实时性能。

为此，各商业厂商和开源团队开发出了具有实时能力的 Java，它可以满足复杂的性能需求，甚至部分可用于军事领域。对于商业系统的应用请参阅文献[69,70]，对于开源应用请参阅文献[71]。这些 Java 实时程序的基本原理是为 Java 配备一个垃圾收集器，能预测产生垃圾对 CPU 有效载荷的影响，并能精确控制垃圾收集处理过程的启动和挂起。通过这种方式，垃圾收集器永远不会影响更高优先级的进程。这种 Java 实时系统的平均计算能力大约比标准 Java 的平均计算能力低 10%～20%，但满足实时性需求。对于使用标准 x86 或 PowerPC 处理器的商业系统而言，收集垃圾导致的影响低于 100μs。因此，这种系统满足当今的嵌入式应用。

若想对 C++ 和 Java 功能性、语法及实时变量进行进一步深入了解，请参阅书后附录所提供的书目。

8.4 实现技术——统一建模语言

统一建模语言（UML）是一种强大的软件图形化设计工具，它用图形符号表征结构和功能，是具有规范化、可视化、明确化及文件化等特点的面向对象软件系统。

UML 采用图形方式将系统设计可视化，但它并不适用于设计开发过程、细节设计、软件验证和测试中的规则。然而，图像符号只是建模语言的一个特征。UML 定义了一组基本术语和关系用来表征模型。UML 图仅仅给出模型接口的视图，未在图中“绘制”不固定的软件设计。UML 标准还定义了一种可在不同供应商的 UML 工具之间传送模型和图表的数据格式，并且可选地将设计形式化到可以从图形定义自动生成代码的水平。

当前的 UML V2 定义了 6 种不同类型的结构图(图 8.4 ~ 图 8.9):

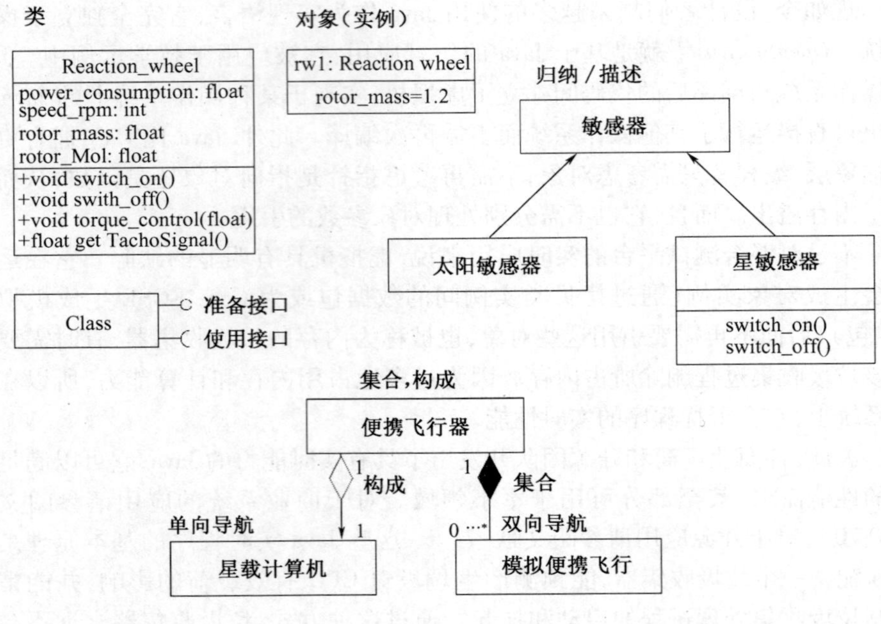

图 8.4 UML 类图

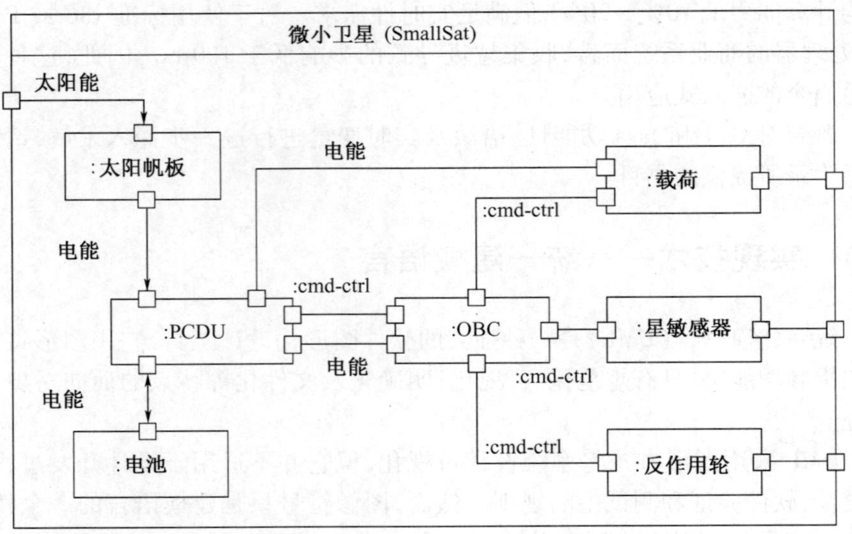

图 8.5 UML 组合结构图

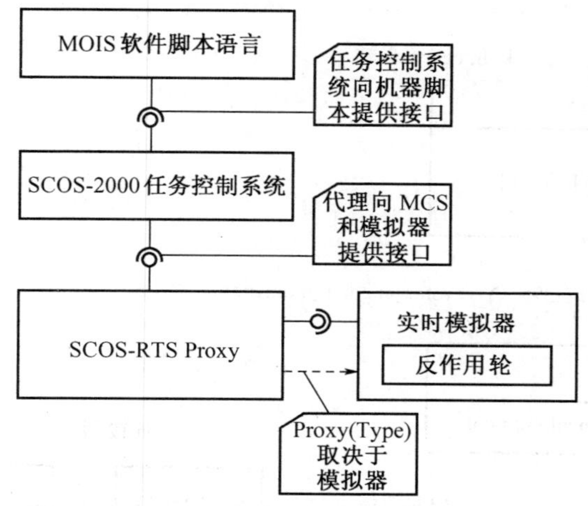

图 8.6　UML 组件图

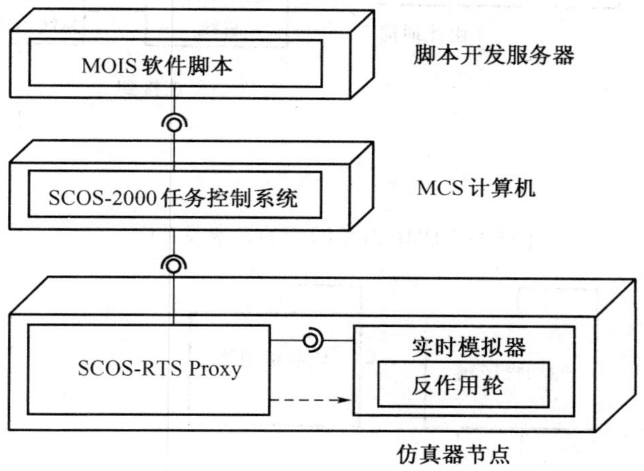

图 8.7　UML 配置图

- 类图。
- 组合结构图。
- 组件图。
- 配置图。
- 对象图。
- 包图。

而且除了这些,UML2.0 包含了 7 种行为图(图 8.10 ~ 图 8.15):

- 活动图。
- 用例图。
- 状态机图。

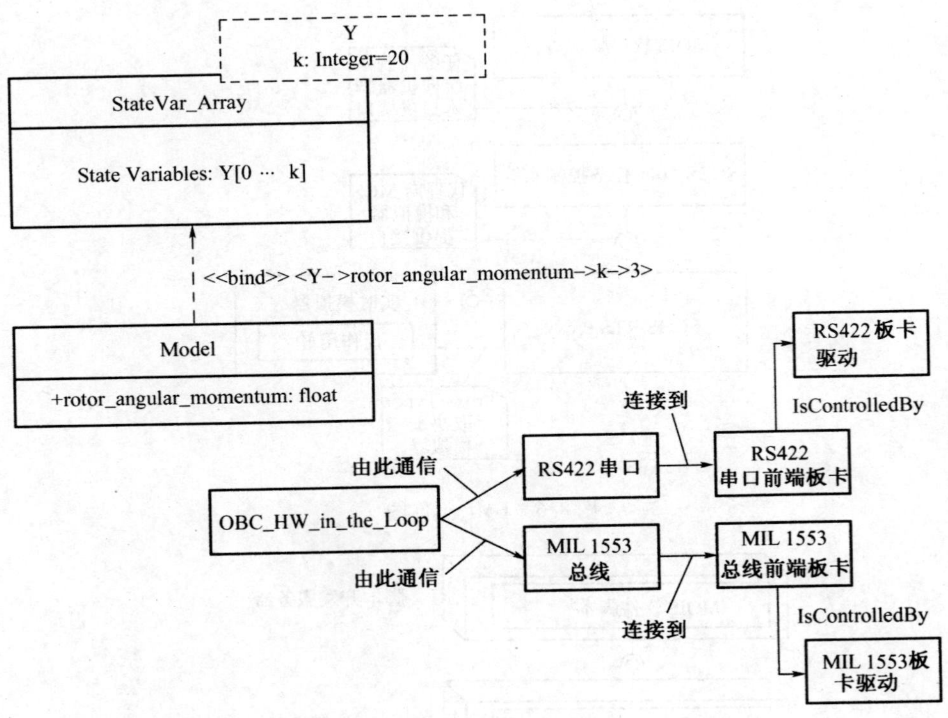

图 8.8 UML 对象图中的元素及关系

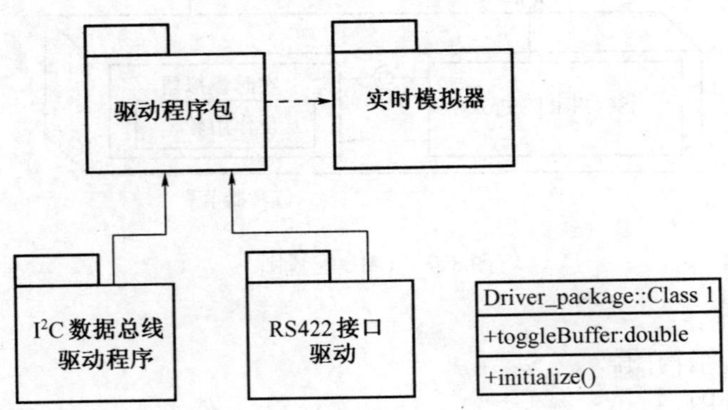

图 8.9 UML 包图

- 交互图,包含:
  - 顺序图。
  - 通信图。
  - 交互概览图。
  - 时序图。

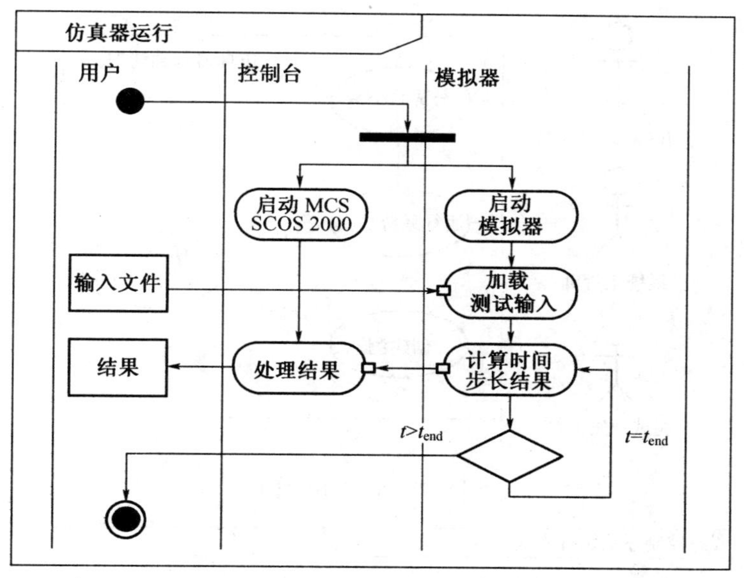

图 8.10 UML 活动图

UML CASE 工具提供了自动生成源代码的功能，在 PSM 级上针对不同的目标语言（C++，Jave，C#，…）由 UML PIM 符号生成代码。但由于某些图表过于抽象模糊，所以不是所有图表都能生成代码。下面对 UML 中最重要的图表类型进行介绍，并以“斯图加特小卫星程序”为例进行说明。

类图：类图阐明软件中的类、类的聚合与继承属性（图 8.4）。

组合结构图：组合结构图是 UML 中的一种静态结构图，描述了一个类的内部结构以及该结构可能实现的协作（图 8.5）。

组件图：组件图描述了在诸如卡驱动程序数据库和用户接口的模块级上主要软件系统组件之间的相关性（图 8.6）。

配置图：配置图描述了将系统的基础设施模块部署到不同的计算机上（图 8.7）。

对象图：对象图描述了系统的静态用例、角色和模板架构①（图 8.8）。

包图：包图描述了基于软件应用标准的结构化的系统组件之间的依赖关系（图 8.9）。

活动图：活动图是第一种类型的行为图，描述了软件的处理流程以及系统的行为和其控制结构（图 8.10）。

用例图：用例图描述了系统应用程序中操作者与软件之间的交互（图 8.11）。

① 模板描述了类结构和功能，允许普通类型（单浮点、双浮点等）的操作，不针对每种数据类型进行记录。

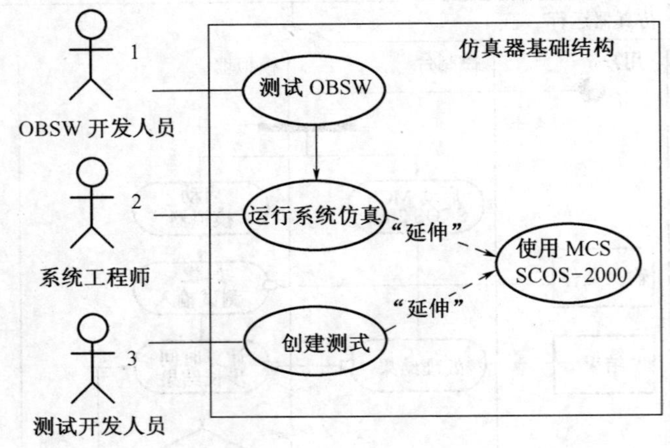

图 8.11　UML 用例图

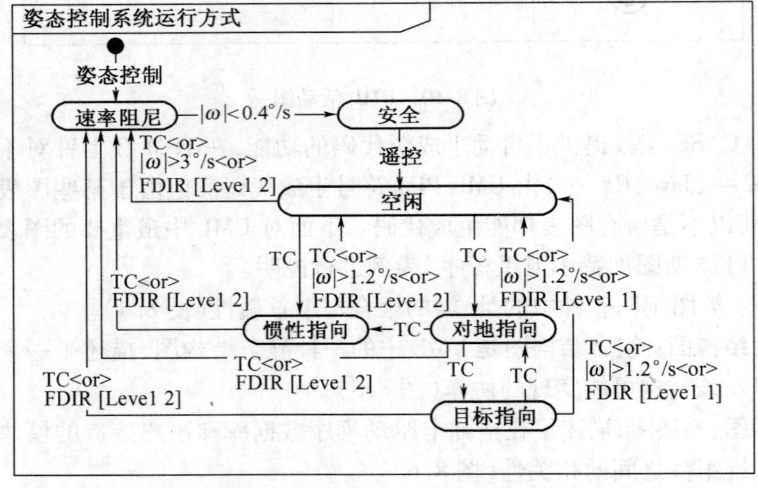

图 8.12　UML 状态机图

状态机图：状态机图描述了系统组件的状态（如模拟航天器或其设备）和状态机中各状态之间的转换关系（在外部或内部激励下组件的时间离散反应）（图 8.12）。

图 8.12 的例子描述了一个用于虚拟卫星星载软件设计的运行模式状态机建模。

序列图：序列图是第一种类型的交互图，描述了系统组件在时间链中的交互（图 8.13）。

通信图：通信图描述了系统功能之间的基本连接，通常用于软件开发的早期概念阶段（图 8.14）。

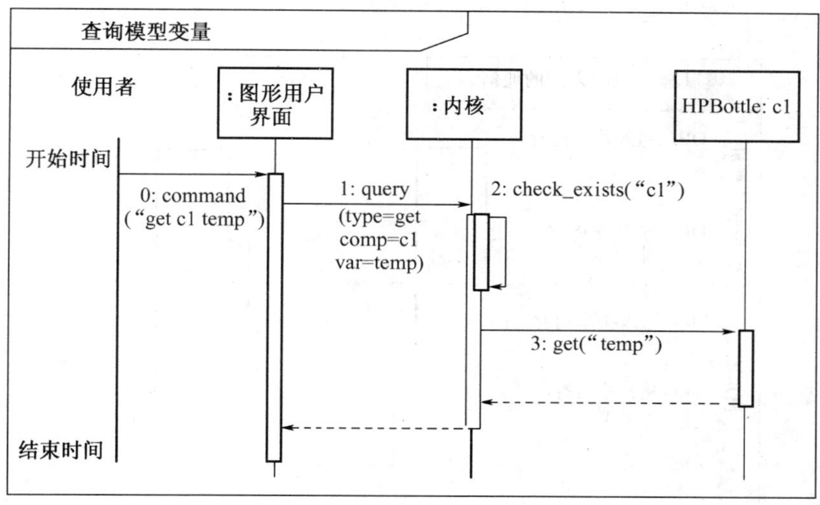

图 8.13　UML 序列图

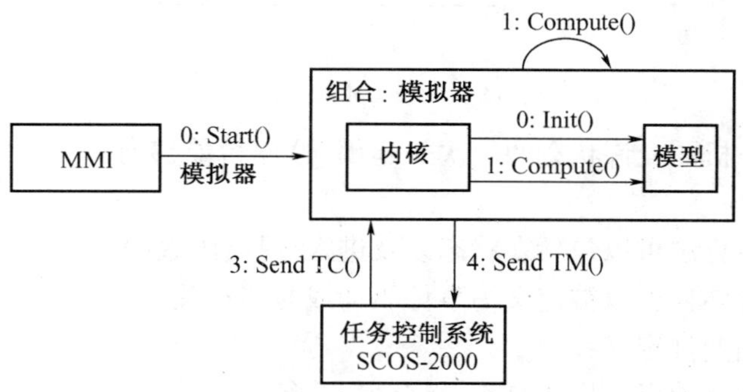

图 8.14　UML 通信图

时序图：时序图描述了系统在时间域中的行为，特别是描述系统行为的动态特性。相比其他 UML 图，它们可以更精确地定量规范时序行为。因此，它们非常适合于实时系统的详细设计（图 8.15）。

下面将详细介绍 UML V2 有关状态机建模的一些特定选择。这是特定的关联，因为在航天器模拟器中，大部分设备模型（特别是那些具有多种操作模式的智能星载设备）包括时间离散部分。此功能的非模拟部分是由一个状态机优选表示——请参阅图 4.15 中设备模型进行分析：

- UML 将状态机作为一种 Harel 类型的面向对象变体。
- 这些被用来模拟相应单元的事件驱动行为。
- UML 2.0 状态机图不再局限于表征单个软件类。
- 状态机图涵盖了类的整个生命周期，这包括相应的软件对象的构造和析构。

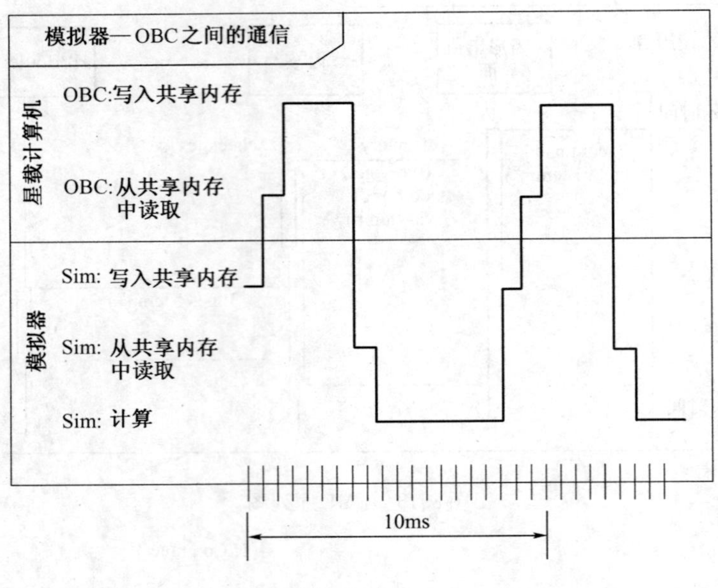

图 8.15　UML 时序图

- 状态机图允许状态的层次式建模，这使得能够对具有复杂行为的系统进行建模。
- 数值算法可以包括在状态以及进入/退出函数中。
- 状态转换可以被定义为事件驱动或时间相关。

状态机图允许定义：

- 检查当前操作模式是否允许命令执行。
- 检查当前操作模式是否被允许转换到特定模式。
- 如果状态机正在进行转换，那么阻塞传入命令。
- 模型特定参数（表征参数）。
- 所有可能的模式转换的转换持续时间。

在下文的描述中，将更详细地讨论从 UML 符号生成代码的主题，因为这是 UML 的主要优势之一。

8.4.1　基于 UML 的代码生成

从 UML 产生代码的可能性（如果需要不同的编程语言）取决于应用 UML 工具的能力。只要没有使用纯粹的绘图工具，代码通常至少可以从以下图表类型生成：

- 描述静态系统结构的所有图（类图等）。
- 状态机图。

●　序列图（可能以 UML 的 V2.0 标准版开始）。

为了能够在特定的图中支持不同的 UML 图细节，代码生成器最终需要进行调整。UML 的一个重要特征是对用户需求的适应性。UML 本身允许的符号为适应用户的目的而进行调整，即所谓"分析"。UML 分析最直观和更广泛的手段是"构造型"类模板的应用程序——（图 8.16）。"构造型"的类模板名称代码生成程序除了识别在类图中定义的变量和函数，还必须生成某些附加函数或类的参数定义。通过"构造型"的功能扩展，避免了复杂的继承层次。

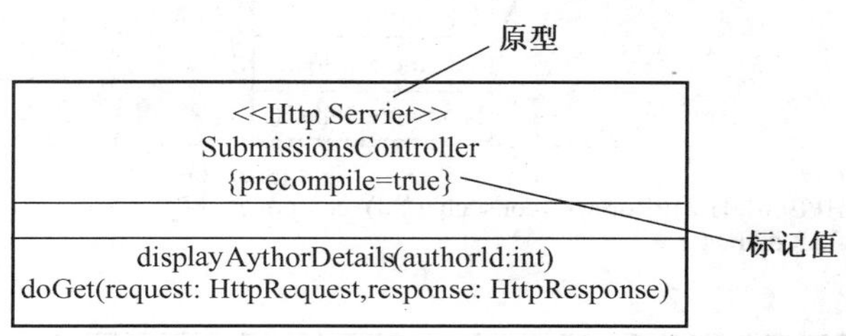

图 8.16　UML"构造型"类定义

UML 分析的另一种手段是使用"约束"，它们的定义指定对象约束语言（Object Constraint Language，OCL）描述（图 8.17）。OCL 最初是由 IBM 开发的。

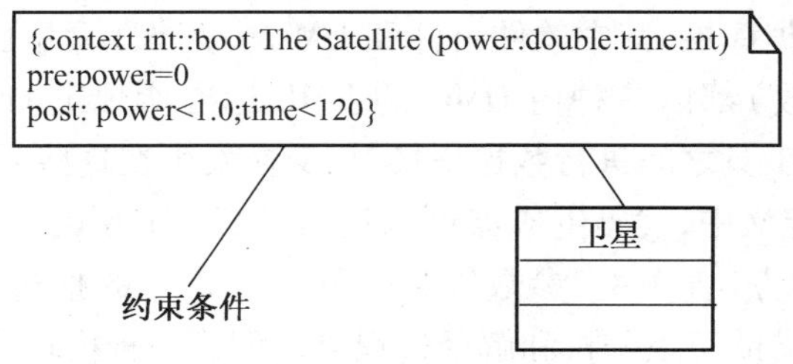

图 8.17　UML"约束"类图

原则上也允许为特殊目的进行完整的符号更改。然而，本图的解析和代码生成器的转换定义必须由用户指定，因为这些更改影响"元模型"，它是图形符号背后的"解释公约"。

如何实现灵活性和适应性？首先应像图 8.18 那样考虑 UML 建模的 4 个层级。最低级别的 M0 表示所生成的输出，这些输出可能用于模拟器的 C++ 代码或数据库的表结构基础等，已经被引用的信息呈现的 UML 图类型基本上可以在 M1 级中找到，其描述了基于 UML 的软件结构和行为建模。图 8.18 的类和实例按照图 1.12 的推进系统以 M1 级描绘出来[23]。

UML 的工具，特别是它的代码生成器需要"知道"方法、类、实例和属性是什么。这些"元信息"的定义是在元模型层次 M2 中。潜在的构造型定义及其功能

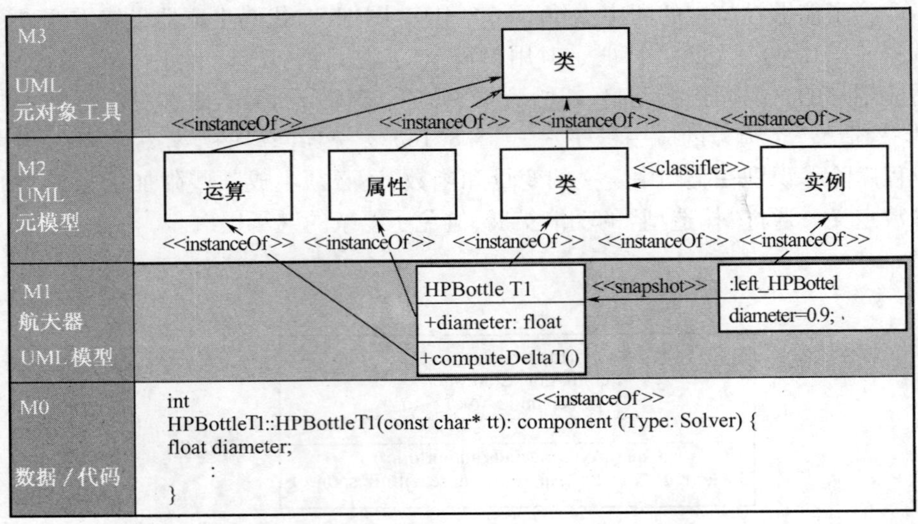

图 8.18　遵循 OMG 标准的 UML 工具建模级

也在这里定义。通过这个元模型 UML 图的语义可以由用户来添加、更改定义。最后是最顶层的 M3 级——“元对象工具(Meta Object Facility,MOF)”。这是内部的 UML 工具数据库层,其中软件组件和 UML 一起设计,并且元模型定义(包括潜在用户的修改)都以一种由 OMG 的 UML 标准所规定的标准方法存储起来。在两个 UML 工具之间进行数据交换时,交换发生在这些元对象设备之间。

从这些结构定义中,代码生成器可以连续解析 M1 层元素并通过元模型信息解释其子部分(方法、实例、参数等)——图 1.12[23] 的推进系统。程序代码(如 C++ 或 Java)借助于该分析和解释过程可以创建一种模块化的脚本。

图 8.19 介绍了应用另一个简单的代码生成过程。代码生成器运用其控制

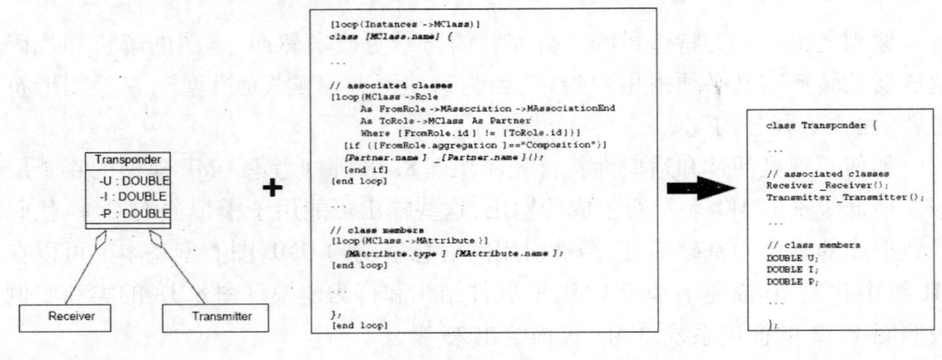

图 8.19　由 UML 图生成代码的例子

脚本解析简化的航天器应答机模型。解析和代码生成是通过识别 UML 图元素语法和他们的语义、标识类、变量、组件等实现,并且最后根据目标语言生成——这里是 C++ 。在此过程中 OCL 最后指出的约束都将被纳入到目标代码中。这个例子显示了从 TDL 脚本语言中摘录的控制脚本,与 UML 工具使用的"OpenAmeos"(见文献[78])相似。若想对 UML 语言做进一步了解,请参阅本书参考附录中所列相关文献。

8.4.2 基于 UML 的模拟器内核设计

图 8.20 表明如果 UML 图涵盖了整个模拟器内核(仅描绘了完整的类层次结构),没有涵盖任何功能,那么它将会达到怎样的复杂度。因此,在正常软件设计中不会对整个内核产生单个类图,但是会设计出一个顶层图和众多的子框图。复杂的可视化图 8.20 提供了一个真实的航天器模拟器内核的概况,是 Astrium 公司 MDVE 航天器模拟器的一个内核实现。然而该图完整的模拟器内核 UML 建模设计还没有完成。除了这些类图、序列图和程序图,如果还需要配置图,必须将其添加到完整内核设计描述中。

这个例子中的内核库总的来说包括:

- 用于中心功能的组件:
  - 数字初值问题的 DEQ 求解器。
  - 空间环境模型,包括大气、磁层和影响天体计算。
  - 航天器结构动力学模型(刚体模型)。

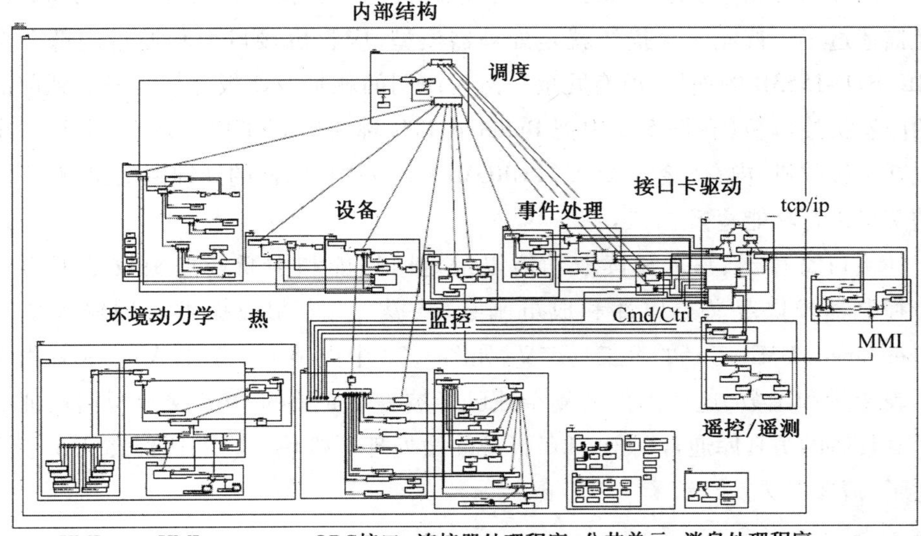

图 8.20 UML 航天器模拟器内核类图

- ➢ 可配置的热网络模型。
- ➢ 设备模型类和互连类的超类。

- 功能有：
  - ➢ 系统初始化(包括配置文件的导入)。
  - ➢ 仿真模型的调度。
  - ➢ 模拟器命令的解释。
  - ➢ 仿真结果数据流的生成。
  - ➢ 在混合测试台设置上处理来自前端卡驱动器的事件。
- 接口有：
  - ➢ 基于 TCP 的模拟器命令。
  - ➢ 至图形用户接口(MMI)的数据传输。
  - ➢ 读取模拟器配置文件 XML。
  - ➢ 前端卡驱动程序的数据输入输出。
  - ➢ 在混合测试平台中,分别与 OBC 模型及硬件在回路 OBC 间的数据交互。

8.4.3 基于 UML 的航天器设备模型设计

基于 UML 设计的航天器模拟器将在下面的章节中描述,从一个 OBC 模型到一个比较复杂的模型结构进行阐述。

内部结构和电子组件如用 I/O 处理器等的单板处理机在图 5.6 ~ 图 5.8 已经描述过了。首先一个描述就是处理器模型、应答机接口卡和通过内部总线 MIL-STD-1553B 的连接(所有冗余),然后说明的就是 I/O 板连接。考虑到前面的应答机接口板(在图 5.6 中把 Buffered TTR 称为"BUTTR"),图 8.21 是一个包括了接收机、内存、接口 ASIC[①](CROME[②])、I/O 控制器的详细模型,其对不同的接口进行功能建模。

接口寄存器、写入和读取功能以及定时性能和中断处理函数必须为每个控制器模块定义类属性和成员函数(方法)。为用户提供了用输入填写 OpenAmeos UML 工具的表工具定义,如图 8.22 中提供了一个单 ASIC 芯片类定义表变量和函数,这个用例的复杂性已经被一个简单的 OBC 接口板模块证实了。具体的仿真库通常用于 OBC 自身的微处理器模块。它们已经在 5.5 节论述了,请参考文献[27]。

---

① ASIC 表示专用集成电路。

② CROME 和 COCOS 是 RUAG 航空航天瑞典 AB 设计的复杂 ASIC 控制器芯片的商标名称。

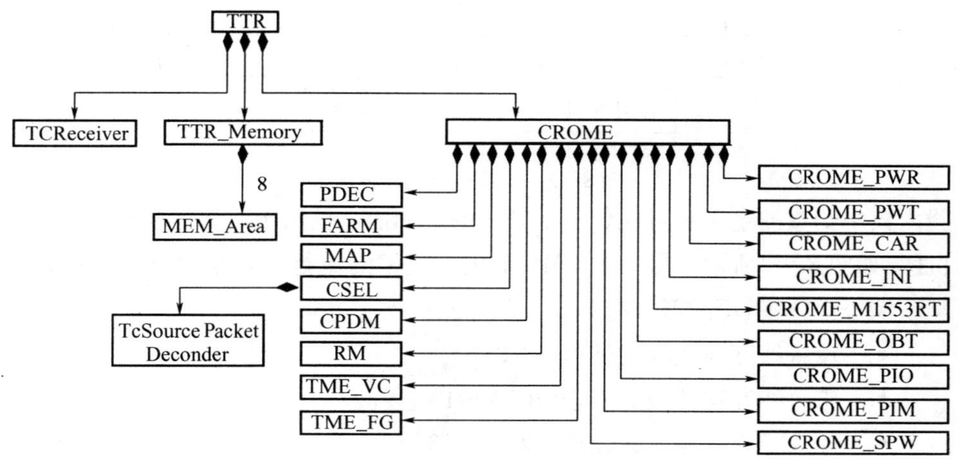

图 8.21　OBC 应答机单板机接口模块类图

												FARM on 6/3/2004
	1	2	3	4	5	6	7	8	9	10	11	12
1	FARM			Analysis Items				C++ Items				
2	Attribute	Type	Default Value	Visibility	Class Attr?	Derived ?		Const?	Visibility	Volatile?		
3	lock	bool	true	private								
4	Operation	Arguments	Return Type	Visibility	Class Op?	Abstract ?	Throws	Const?	Visibility	Virtual?	Inline?	Ctor Init List
5	initProtCircuit	def_arg:int=0	void	public								
6	resetProtCircuit	def_arg:int=0	void	public								
7	resetCircuit	def_arg:int=0	void	public								
8	initCircuit	def_arg:int=0	void	public								
9	receiveTcSegment	tcSegment:unsigned char *, tcBytes:unsigned int, mapid:unsigned int	void	public								
10	decodeAdrRd	addr:unsigned int, data:int *, ws:int *	int	public								
11	decodeAdrWr	addr:unsigned int, data:int *, ws:int *, numBytes:int	int	public								
12	decodeIOPtr	addr:unsigned int, numBytes:int	char *	public								
13	cmdListRegisters	registerList:string&	void	public								
14	setLock	toStatus:bool	void	public								

图 8.22　类参数和功能定义的例子

除设备类自身的建模外，在航天器模拟器中，必须具有通知每个模型实例其哪个接口端与哪个线互连实例相连的功能（图 8.23）。通常通过映射表将这些线束类实例映射到设备模型实例，其自身的映射类必须在模拟器内核中进行定义。这种映射机制将线实例连接到设备模型实例，必须在模拟器初始化时启动。

除了用于模拟器定义和线连接的 UML 用例图，其他图对于设备模型和模拟

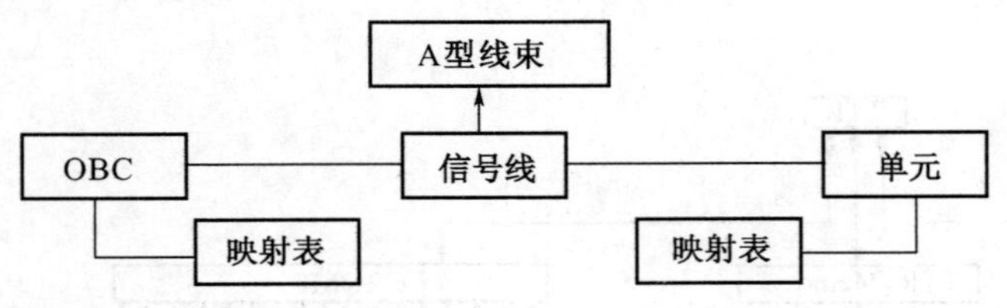

图 8.23　线连接结构图模块

器内核中函数的定义和可视化也是必要的。如通常被用于航天器模拟器的状态机图,如图 8.12 所示。另一个 UML 中用于建模的流行工具是序列图。在该图类型例子中,被引用的部分有:

- 设置线互连数据的处理(SET)。
- 来自线互连的数据报告(REPORT)。
- 建立一个线互连的处理(CONNECT)。
- 断开一个线互连的处理(DISCONNECT)。

图 8.24 描述了一段简化的 C++ 代码,该代码是采用 UML 工具代码生成器由序列图生成的。

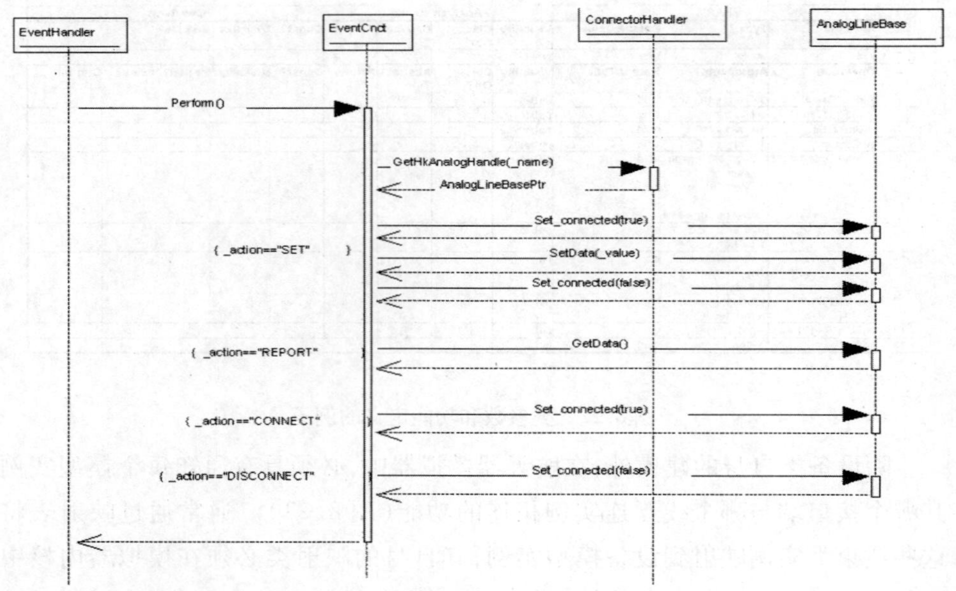

图 8.24　在线互联参数日志的设置和报告

从上面的序列类图生成的 C++ 代码文件:

```
#include ...

EventCnt::EventCnt (){
...
};

EventCnt::~EventCnt (){
...
};


int EventCnt::perform () {
  AnalogLineBasePtr =
  ConnectorHandler->GetHkAnalogLineHandler("LineName");

  if (_action=="SET") then {
. ..
  return 0;
  }
```

```
  else if(_action=="REPORT") then {
    LineValue = AnalogLineBasePtr->GetData();
    return 0;
  }

  else if(_action=="CONNECT") then {
    AnalogLineBasePtr->Set_connected(true);
    return 0;
  }

  else if(_action=="DISCONNECT") then {
    AnalogLineBasePtr->Set_connected(false);
    return 0;
  }

  else return("ERROR_unknown_cmd");
};
```

8.5 实现技术——可扩展标记语言

根据可扩展标记语言 XML 的观念，只要采用标准化的符号，数据可被存储于文件或从文件中加载。几乎在所有软件工程领域，XML 已成为现代文件格式的标准。在系统仿真领域，XML 格式已成为典型的存储、加载模拟器配置和初始化数据的格式。下面将通过实例介绍 XML 在这方面的应用。

XML 语法结构基于 W3C 标准，通过使用 ASCII 码来存储数据。这些文件是易读的纯文本文件，可以简便地在不同的操作系统和设备间进行移植。XML 的适用性很强，仅需通过一定的语法规则，就能根据不同的应用需求创建和转换它的数据结构(如 XML 到 HTML 间的相互转换)。

要使软件(如模拟器)可读写 XML 文件,必须使用“解析器”。它常常通过连接一个特殊的 XML 解析器库到软件(这里是到模拟器)来实现。解析器使模拟器可读取 XML 文件,检查它的一致性和完整性,以识别文件内容,并根据读取的数据完成特定动作。比如从 XML 文件中将某些值分配给不同设备模型或生成设备模型类。解析器还能将软件数据导出为可兼容的 XML 格式,比如模拟器注册文件。XML 解析器库常见的开源应用实例为 Xerces(对于 Java)、Xerces-C++(对于 C++),二者均适用于许多不同的操作系统。

事实上,通过解析器来完成从 XML 文件中输入信息需要两种不同的文件。一种是以.xml 为后缀的真 xml 文件,它包含可读的数据内容。另一种是 DTD 文件,后缀为.dtd,它包含.xml 文件的结构信息,如图 8.25 所示。DTD 文件描述了不同关联元素相关的类模块。

osk. dtd

```
<! ELEMENT OpenSimKitConfigFile (System,
CompDefs,BranchDefs,MeshDefs,NetList,
LogOutput?) >
<! ELEMENT System SysDesc,
SimulationCtrl) >
<! ELEMENT SysDesc (Model,Case,Note) >
<! ELEMENT Model (#PCDATA) >
<! ELEMENT Case (#PCDATA) >
<! ELEMENT Note (#PCDATA) >
<! ELEMENT SimulationCtrl (RelAccuracy,
AbsAccuracy) >
<! ELEMENT RelAccuracy (#PCDATA) >
<! ELEMENT AbsAccuracy (#PCDATA) >
<! --Definition of Component Types -->
……
```

Simulation Input File 仿真输入文件

```
<? xml version ="1.0" standalone ="no"? >
<! DOCTYPE OpenSimKitConfigFile SYSTEM
"osk. dtd" >
……
<OpenSimKitConfigFile >
<System >
<SysDesc >
<Model > Rocket propulsion system </Model >
<Case > nominal operation </Case >
<Note > 04.12.04 </Note >
</SysDesc >
<SimulationCtrl >
<RelAccuracy > 0.05 </RelAccuracy >
<AbsAccuracy > 0.0 </AbsAccuracy >
</SimulationCtrl >
</System >
<! -- Defining the Components in the System --
>
……
</OpenSimKitConfigFile >
```

图 8.25 某仿真的格式化数据 例:*OpenSimKit* [23]

当解析器导入 XML 文件时首先检查:

- 定义该文件的 XML 语言版本(图 8.25)。

  ? xml version ="1.0"

- 是否是独立的文件。

  standalone = "no"

并确定是否通过 DTD 或图表检查语法。

- 若要检查,解析器分析出 . XML 文件的类型(此处指"*OpenSimKit*Config-File")及解析过程中须该用 DTD 还是图表(此处指"osk. dtd")。

  <! DOCTYPE *OpenSimKit*ConfigFile SYSTEM "osk. dtd" >

根据 DTD/XSD 文件提供的信息,解析器能一个标签一个标签地读取 XML 文件并判断输入内容格式是否正确,内容是否完整。读取顺序由 DTD 或图表文件内容决定。按图 8. 25 的例子,解析器如此工作:

- 首先,根据 DTD 的起始行:

  ! ELEMENT *OpenSimKit*ConfigFile (System,CompDefs,
  BranchDefs,MeshDefs,NetList,LogOutput?) >

识别出所打开的 DTD 文件和上面提到的 *OpenSimKit*ConfigFile 相匹配,是正确的文件。

- 接着,判断出该 XML 文件必须包含如下子元素:

  System,CompDefs,BranchDefs,MeshDefs,NetList

选择性包含子片段

  LogOutput

- 从下一条目:

  <! ELEMENT System SysDesc,SimulationCtrl) >

  分析出"System"子元素再次包含 SysDesc,SimulationCtrl。

- SysDesc 最终包含 Model、Case、Note 元素。
- 条目

  <! ELEMENT Model (#PCDATA) >
  <! ELEMENT Case (#PCDATA) >
  <! ELEMENT Note (#PCDATA) >

定义的 Model,Case 和 Note 作为已解析的字符数据,这就意味着此处这些相对应的值都会存放在. XML 文件中。

经此方法,一步步完成读取或解析的过程。一旦解析器在 DTD 或图表中识别出与 XML 文件不兼容,如一个遗漏的标签,或者一个不匹配的结构,则会生成对应的错误报告。

根据解析后输入文件规定的标签,解析器用 C++ 或 Java 构建内部结构化数据树。并利用相关程序语言生成接口函数,它们能查询树状结构元素内的数据。因此,模拟器内核便能在连接的解析器所生成的数据结构中获取查询它所需要的数据,并可调用,提交到航天器的模拟器模型设备。下面将举例介绍如何使用 XML 加载文件和配置系统模拟器及相应的设备模型。

图 8. 26 简单例举了设备模型实例的动态创建,以及这些实例的初始化特征数据。示例中 . DTD 文件规定明确了此系统的组件构成有:HPBottleT1,PipeT1,JunctionT1,FilterT1,PRegT1,SplitT1 以及 TankT1。

DTD 文件没有提供任何设备组件需要的实例，而这些实例是仿真系统的一部分。这些信息都存储在 XML 文件中。如图 8.26 所示，初始化 HPBottle 组件的 c0 所需要的信息很容易就被识别出。然而，系统这种组件远远不止一个，如图 1.12 的系统起始行将会这么开始。

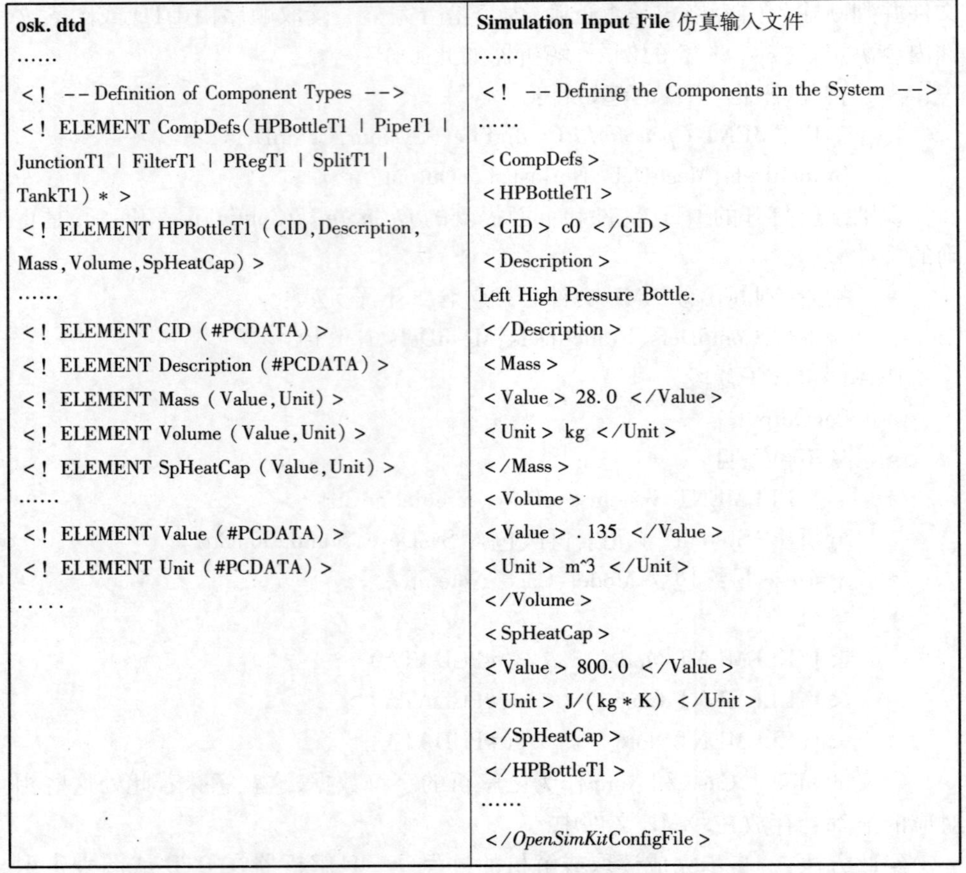

osk. dtd

```
……
<! -- Definition of Component Types -->
<! ELEMENT CompDefs( HPBottleT1 | PipeT1 |
JunctionT1 | FilterT1 | PRegT1 | SplitT1 |
TankT1 ) * >
<! ELEMENT HPBottleT1 ( CID,Description,
Mass,Volume,SpHeatCap) >
……
<! ELEMENT CID (#PCDATA) >
<! ELEMENT Description (#PCDATA) >
<! ELEMENT Mass ( Value,Unit) >
<! ELEMENT Volume ( Value,Unit) >
<! ELEMENT SpHeatCap ( Value,Unit) >
……
<! ELEMENT Value (#PCDATA) >
<! ELEMENT Unit (#PCDATA) >
……
```

Simulation Input File 仿真输入文件

```
……
<! -- Defining the Components in the System -->
……
<CompDefs>
<HPBottleT1>
<CID> c0 </CID>
<Description>
Left High Pressure Bottle.
</Description>
<Mass>
<Value> 28.0 </Value>
<Unit> kg </Unit>
</Mass>
<Volume>
<Value> .135 </Value>
<Unit> m^3 </Unit>
</Volume>
<SpHeatCap>
<Value> 800.0 </Value>
<Unit> J/(kg * K) </Unit>
</SpHeatCap>
</HPBottleT1>
……
</OpenSimKitConfigFile>
```

图 8.26　从系统结构中获取信息 例：*OpenSimKit*

具有相同模型类型的多个实例的系统拓扑如图 8.27 所示。

下例描述了通过 XML 构建的卫星 PCDU 模型是如何动态形成的。这不仅涵盖了 XML 文件的结构和输入，还有和 XML 文件相对应的 C++ 对象的动态生成。卫星 PCDU 由一个数字控制单元、一个电源总线调节单元和一个带有各种不同“熔丝”的配电组件组成。一组上述安全装置也被称为折返限流器（Foldback Current Limiter，FCL）。在系统仿真 C 阶段中，连接至 PCDU 的 FCL、电缆、用电模块之间的映射不是一成不变的。事实上，这种结构通常多次被改变，直到航天器的最终测试阶段。

```
Simulation Input File 仿真输入文件
……
<!  --Defining the Components in the System  -->
……
<CompDefs>
<HPBottleT1>
<CID> c0 </CID>
<Description>
Left High Pressure Bottle.
</Description>
<Mass>
.
.
</HPBottleT1>
<HPBottleT1>
<CID> c1 </CID>
<Description>
Right High Pressure Bottle.
</Description>
<Mass>
.
.
</HPBottleT1>
.
.
</CompDefs>
.
.
</OpenSimKitConfigFile>
```

图 8.27　具有相同模型类型的多个实例的系统拓扑

因此,PCDU FCL 与用电模块之间的连接不应在 PCDU 模块代码中被固定,而应保持一定的可适应性以方便连接。映射信息最好是从 XML 文件加载。下面举个用 C++ 来创建含有 FCL 加载信息及线性结构的 PCDU 模块代码的例子来说明以下内容:

- "SAX2"类型 XML 解析器实例的创建。
- 导入 XML 语法规则(DTD)的命令。
- 读取电源设备的 XML 文件的指令。

```
/**
Parsing of the DTD import of the PwrSupply XML data and generation of the
PwrSwitch elements.
*/
SAX2XMLReader * PwrSupplyConfig_XML_IF = XMLReaderFactory::createXM-
LReader();
// Load grammar and cache it
PwrSupplyConfig_XML_IF->loadGrammar(dtdFile,
Grammar::DTDGrammarType,
```

```
true);
// enable grammar reuse
PwrSupplyConfig_XML_IF ->
setFeature(XMLUni::fgXercesUseCachedGrammarInParse,
true);
// Parse xml files
PwrSupplyConfig_XML_IF -> parse(PrwUnitXmlFile);
……
```

接下来将分析电源控制单元的 XML 文件部分,它包括了 FCL 安全设备模块的构成及信息,以及它们的名称、连接线等,如图 8.28 所示。

```
<? xml version = "1.0" standalone = "no"? >
<! DOCTYPE PwrSupplyConfigFile SYSTEM "PwrSup-
plyConfig.dtd">
<PwrSupplyConfigFile>
……
<PwrSupplyConfigData>
<PwrSupply>
<PwrSwitchModule>
<moduleName>LCL_1A</moduleName>
<PwrSwitch>
<PwrSwitchName>FCL1_1A</PwrSwitchName>
<PwrSwitchType>FCL</PwrSwitchType>
<PwrSwitchDescr>OBC (CTU1)</PwrSwitchDescr>
<Map2SimHarness>
<SimHarnessLine>
<simIfId>1615</simIfId>
<simIfDescr>OBC (CTU1) Power Supply</simIfDe-
scr>
<simIfName>pwr_ctu1_pcdu_00_FCL_1A_01</
simIfName>
<simIfHarnessType>power</simIfHarnessType>
</SimHarnessLine>
</Map2SimHarness>
……
<PwrSwitchInfoCurrent>
<PwrSwitchInfo>
<signalCode>FCL1_1A_CUR_HK</signalCode>
<descr>FCL1_1A Current HK TM</descr>
<size>12</size>
<wordSeqNo>6</wordSeqNo>
<offsetBit>0</offsetBit>
</PwrSwitchInfo>
</PwrSwitchInfoCurrent>
……
<PwrSwitchInfoState>
<PwrSwitchInfo>
<signalCode>FCL1_1A_STAT</signalCode>
<descr>FCL1_1A Status</descr>
<size>1</size>
<wordSeqNo>63</wordSeqNo>
<offsetBit>0</offsetBit>
```

```
</PwrSwitchInfo>
</PwrSwitchInfoState>
</PwrSwitch>
……
</PwrSwitchModule>
</PwrSupply>
</PwrSupplyConfigData>
</PwrSupplyConfigFile>
```

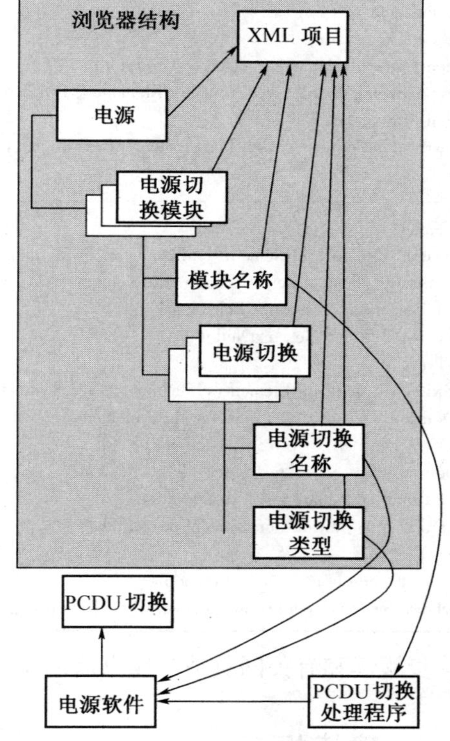

图 8.28　XML 文件结构及创建好的 PCDU 类

最后假设使用 C++ 代码,其应遵循:

- 基于 XML 文件部分的定义创建 PwrSwitch FCL 安全模块实例。
- 描述了 FCL 开关的一些特征:引入了阈值等级、OBC 命令和连接线。

此外,XML 文件还可应用于仿真状态的串行化。这种功能允许在任意需要的节点及时终止系统仿真,将其状态存储到文件中,稍后使用该文件来恢复计算,或为常规初始状态提供不同的测试变量。现代的面向对象编程语言如C++,尤其是 Java,使得易于使用库以不同的文件格式进行序列化。序列化需要保存模拟器内核的状态、状态集文件中每个设备模型的状态及每个连接线模型。一般都使用 XML 文件来保存模拟器的基础状态设定。

```
....
PwrSupplyConfig_XML_IF -> InitPowerSupply( PCDUSwitchHandler& psh_ //
,ConnectorHandler& ch_ //
) {
for (i =0; i < nPwrSwitchModules; i + + ) {
pwrSwitchModule = pwrSupply -> GetChildElement("PwrSwitchModule",i);
pwrSwitchModuleName =
pwrSwitchModule ->
GetChildElement("moduleName") -> Get_textNode();
nPwrSwitchs = pwrSwitchModule -> CountChildElements("PwrSwitch");
for (j =0; j < nPwrSwitchs; j + + ) {
pwrSwitch = pwrSwitchModule -> GetChildElement("PwrSwitch",j);
// PwrSwitch
// ----------------------------------------
// PwrSwitchName
aChild = pwrSwitch -> GetChildElement( childName = "PwrSwitchName");
if (! aChild) throw (string ("non existing child element "
 + childName + "'for switch " + pwrSwitchName));
pwrSwitchName = aChild -> Get_textNode();
// PwrSwitchType
aChild = pwrSwitch -> GetChildElement( childName = "PwrSwitchType");
if (! aChild) throw (string ("non existing child element "
 + childName + "'for switch " + pwrSwitchName));
pwrSwitchType = aChild -> Get_textNode();
// PCDUSwitchHandler registration / instantiation
pwrSw = PCDUSwitch::VirtualConstructor( pwrSwitchType,
pwrSwitchName);
// power switch instance is mapped onto module
psh_. RegisterPowerSwitch2Module( pwrSw, pwrSwitchModuleName);
```

有关 XML 的进一步阅读和有关网页请参照书后的参考文献附录。

8.6 实现技术——建模框架

如今,复杂的软件工具,如系统仿真的应用,不仅要使用像 UML 这样的现代设计语言、C++、Java 这样强大高效的编程语言,而且还要使用所谓的“建模框架”。它具备通用软件环境,简化了应用程序的开发,如在航天器模拟器中,这些建模框架包含:

- 图形用户界面。
- 智能代码编辑器。
- 强大的构建工具(如 Apache Ant)。
- 编译器、连接器和调试器。

各种其他的模块可作为“插件”加载,如针对对于模拟器而言,之前引用过的 XML 解析器或串行器模块注册文件输出界面、外部命令界面，调试器和模拟器的连接，作为模拟器用户界面设计的建模框架图形使用，都可通过插件系统来管理。这种方法把使用框架描述为集成开发环境(Integrated Development Environment,IDE)。

最常见的建模框架有“NetBeans IDE”和“Eclipse”。“NetBeans IDE”来自 Sun Microsystems 公司。“Eclipse”则由 IBM 开发，现今由 Eclipse Foundation 所持有。它们均应用于公用领域并都可基于多种目标语言，如 Java 和 C++ 开发软件。在此只介绍 Eclipse，其使用最为广泛。

集成开发环境的 Eclipse 如图 8.29 所示。

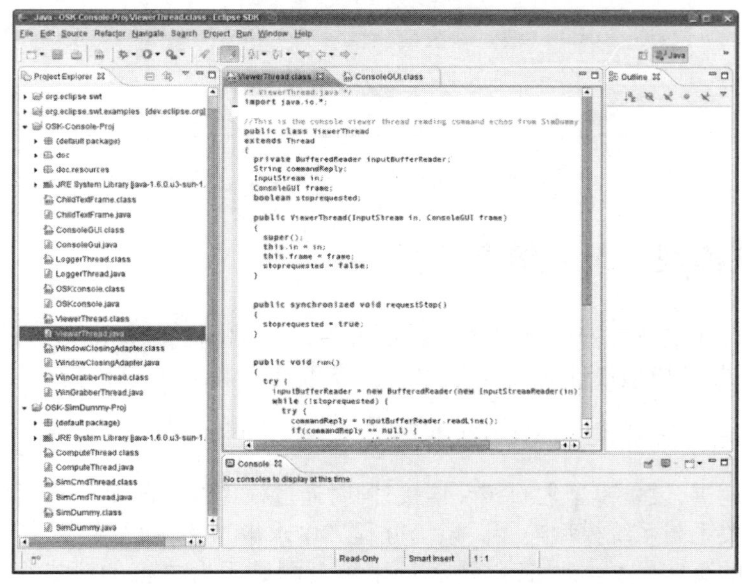

图 8.29　集成开发环境的 Eclipse

Eclipse 还为建模框架提供了一个 UML 设计的基础设施插件，这使得这个平台成为一个理想的平台(图 8.30)。

这种建模框架还支持基于使用框架自身——胖客户端平台(Rich Client Platform, RCP)来开发模拟器的设计方法。这就意味着，Eclipse 最初通过使用 UML 来设计模拟器的代码，然后生成 C++ 或 Java 代码。在 RCP 方法中，Eclipse 框架及其自带的所有函数，例如 XML 语法分析程序，作为模拟器的框架，即模拟器内核的主要程序。这种方法把模拟器开发者从编写 XML 文件的读取记录、整合到软件内核之中的工作中解放出来。开发者可使用 Eclipse 自带函数无需重新编码，并免费获得大量的开源插件。

如果读者想对该开发平台和 RCP——Eclipse 建模框架(Eclipse Modeling Framework,EMF)有更进一步了解，请参阅书后的相关文献。

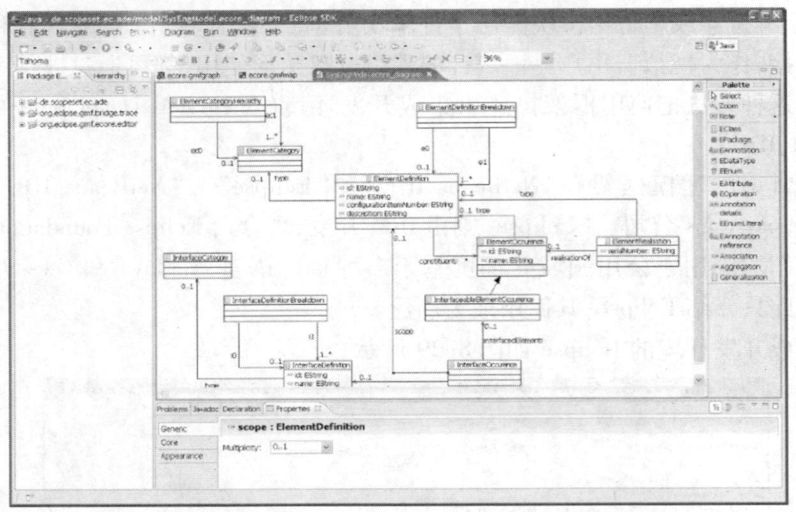

图 8.30 Eclipse UML 中的 UML 视图

8.7 从模型规范到仿真运行

本章叙述了航天器仿真设备模型的开发。实例涵盖的范围从软件模型设计,到跨越软件模型设计的模型规范,再到模拟器的集成,直至仿真运行。

8.7.1 通过设备文档定义模块

概括地讲,设备模型之间相互连接,同时通过模拟线束与 OBC 模型连接,也通过数学关系与系统模型连接。系统方程集中求解,将要执行的模型代码函数由模型化的真实航天器设备以及运行于仿真测试平台之上的测试场景驱动,例如:

- 性能分析脚本。
- 星载软件测试脚本。
- 性能验证脚本。
- 测试程序调试脚本。
- 硬件/软件兼容性测试脚本。
- “硬件在回路”测试脚本。

根据以上环节,模型需求设计要考虑如下因素:

- 描述真实硬件的功能或物理特性。
- 设备与 OBC 之间的数据交互协议方式,如可将特殊的数据包用空包或计数器代替。
- 根据真实设备的物理特性、数据传输协议,确定模型所需的实现精度。

模型中的真实设备物理性质的表达与真实设备可以有很大不同。下面将以星敏感器输出计算—姿态四元数—星敏感器数据协议详细例举阐述该问题。

在模拟器中,通过结构模型运动方程的积分计算出卫星的姿态和位置。这与真实状况不同,真实的星敏感器可以直接从结果可用的结构动力学模型接收姿态和位置,只需要结合卫星姿态和与星敏感器关联的队列相对于卫星的仿真结构计算轨道参考框架中的指向方向。通过计算到 OBC 相应的协议数据包,使计算出的视图方向直接可用。加上一些额外仿真效果如噪声、温度相关效应等,就生成了这些数据包。

在模拟器中,根本无法按照从星座的视图输入到相机光学头、到星图解码的建模、再到实际星敏感器中物理通路的通信接口这样的步骤模拟姿态确定。取而代之的是,设备模型只在功能性上表现真实硬件,只是"挑选"动力学模块中直接可用的航天器姿态、累计误差、协议编码。

一般在模型及接口中隐性地详细描述技术功能的范围,其范围由航天器设备供应商提供的文档来定义。文中的基本文档是设备的接口控制文档(Interface Control Document, ICD)和设备的设计文档(Design Document, DD)。

设备模型的设计及编码输入文档如图 8.31 所示。

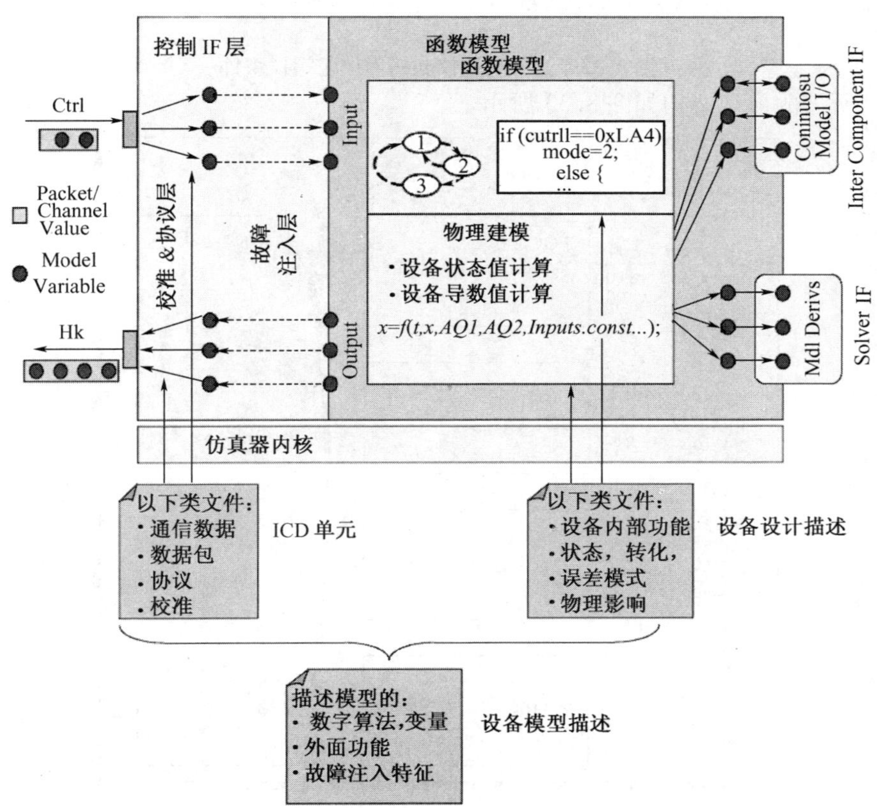

图 8.31 设备模型的设计及编码输入文档

从设备 ICD 可获知将来面向 OBC 和其他设备模型的设计模型接口(连接到模拟硬件连线的端口)。从设备设计文档可获知什么将会反映成模型自身的软件算法,最终根据模拟器的用户需求简化功能。

8.7.2 应用实例——光纤陀螺仪

下面的例子将在一个模拟器中逐步展示从产品定义到集成模型的方法。例中的设备服务于一个光纤陀螺仪(Fiberoptic Gyroscope,FOG)。这种 FOG 敏感器在现代航天器上使用,用于确定航天器围绕不同轴线的旋转速度以及旋转角度。图 8.32 所示的是一个 FOG 单元和装载组件的四面体,其需要实现 3 ~4 个冗余,以备在轨运行时部分陀螺仪失效时使用。

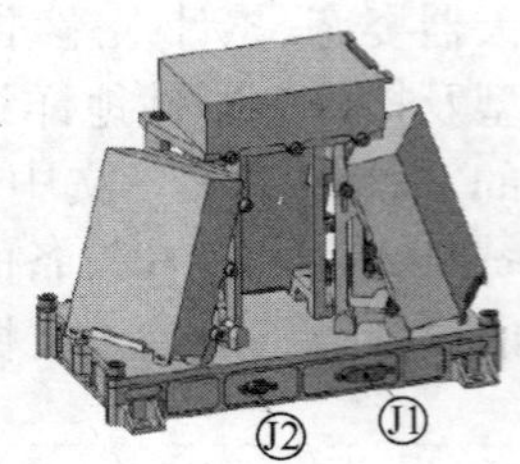

图 8.32 光纤陀螺仪和四面体陀螺仪组件

所需的模型架构如图 8.33 所示。

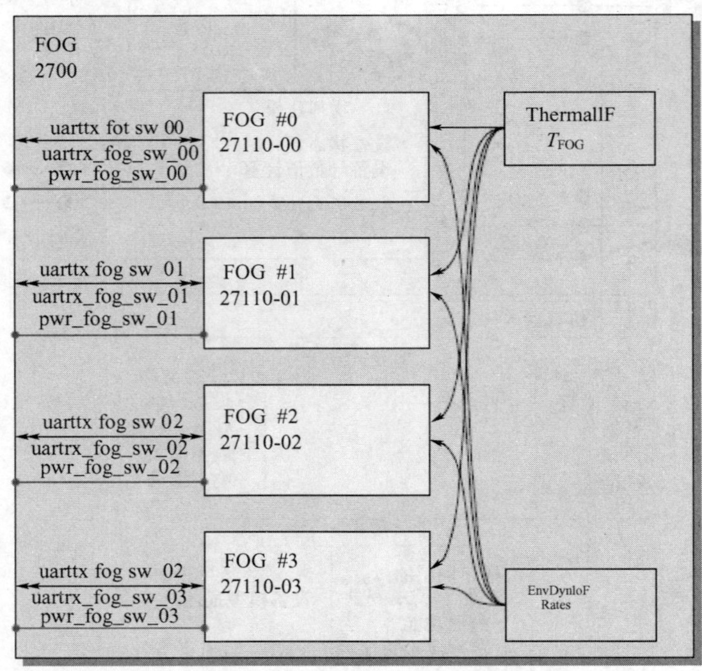

图 8.33 所需的模型架构(© 德国斯图加特大学)

下面的光纤陀螺仪《接口控制文件》(ICD)是一个用于模型开发者输入的产品说明。图8.34所示的是目录表的摘录。

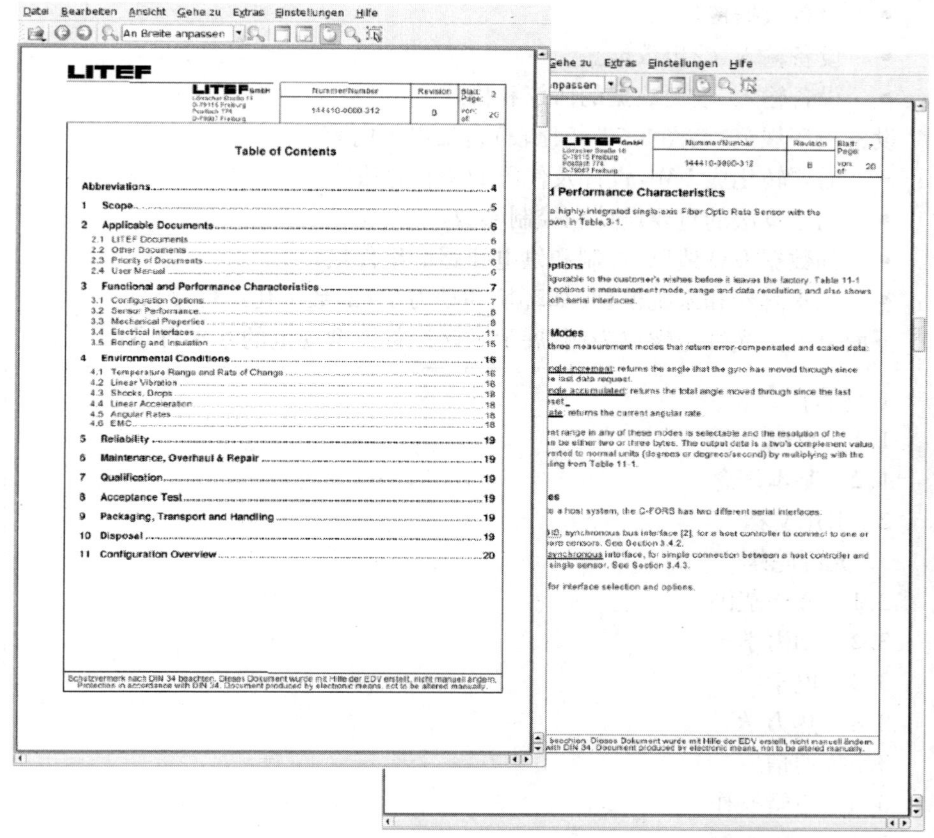
LITEF

LITEF GmbH	Nummer/Number	Revision	Blatt: Page: 2
Lörracher Straße 18, D-79115 Freiburg, Postfach 774, D-79007 Freiburg	144410-0000-312	B	von: of: 20

Table of Contents

Abbreviations 4
1 Scope 5
2 Applicable Documents 6
2.1 LITEF Documents 6
2.2 Other Documents 6
2.3 Priority of Documents 6
2.4 User Manual 6
3 Functional and Performance Characteristics 7
3.1 Configuration Options 7
3.2 Sensor Performance 8
3.3 Mechanical Properties 8
3.4 Electrical Interfaces 11
3.5 Bonding and Insulation 15
4 Environmental Conditions 16
4.1 Temperature Range and Rate of Change 16
4.2 Linear Vibration 16
4.3 Shocks, Drops 18
4.4 Linear Acceleration 18
4.5 Angular Rates 18
4.6 EMC 18
5 Reliability 19
6 Maintenance, Overhaul & Repair 19
7 Qualification 19
8 Acceptance Test 19
9 Packaging, Transport and Handling 19
10 Disposal 19
11 Configuration Overview 20

Schutzvermerk nach DIN 34 beachten. Dieses Dokument wurde mit Hilfe der EDV erstellt, nicht manuell ändern.
Protection in accordance with DIN 34. Document produced by electronic means, not to be altered manually.

图8.34　光纤陀螺仪接口控制文件
(© Northrop Grumman LITEF GmbH, Freiburg)

8.7.3　设备模型规范的撰写

由设备供应商提供的飞行器硬件文件,可创建模型的描述定义。相应的模型规范必须精确定义出真实设备硬件有哪些功能和效应,在卫星模拟器中必须用什么算法来实现其建模。这些简化的效应必须在模型规范文档中明确标记为"简化"。该"简化"确定了该模型适合什么样的应用案例,以及该模型的局限性。为了写模型规范,开发者必须分析:

- 航天器组件(设备)的执行方式。
- 模拟设备物理特性的数学算法。
- 外部仿真的需求(故障注入等)。

- 设备电子接口。
- 设备的物理连接结构、连接类型及数量。
- 设备数据接口。
- 设备输入、输出数据。
- 设备输入、输出数据的协议和格式。

设备模型规范(与图 8.31 相比较)包括以下内容:

- 需要转化成 UML 设计及代码的所有算法。
- 用于算法的重要设计和控制参数。
- 到数据 I/O 线路、控制和供电线路的组件接口。
- 到求解器和系统模型(如环境和动力学)的数字化组件接口。

下面以上文光纤陀螺仪为例,展示了该设备模型规范的基本目录:

1. 引言
1.1　范围
1.2　基本概念
2. 引用文档
3. 光纤陀螺
3.1　文档范围
3.2　动力学
3.3　电学
3.4　热力学
3.5　通信
3.6　逻辑操作
3.7　失效控制
3.8　调度
3.9　模型接口层
4. 变量列表
4.1　术语
4.2　特殊变量

定义完模型规范后,需要执行如下步骤(图 8.35):

- 采用 UML 进行模型设计。
- 生成框架源代码(此处采用 C++ 语言)。
- 实现带有手工编写算法的框架代码。
- 编译并执行。
- 测试设备模型(单元测试)。
- 集成进仿真环境并测试(集成测试)。

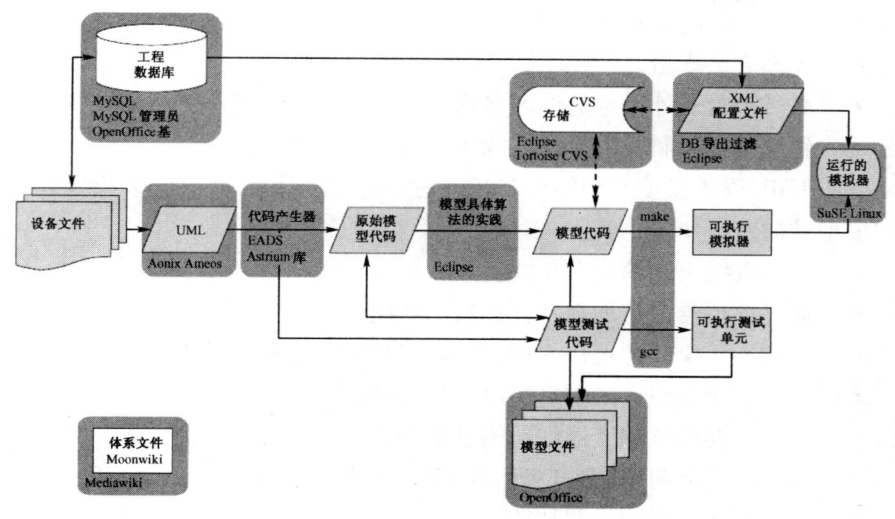

图 8.35 模型开发步骤© 德国斯图加特大学空间系统研究所

- 进行全仿真系统测试。

8.7.4 将模型规范转换为 UML 格式

首先，设备模块设计者必须详细说明相关软件类的成员变量和函数。对于在初始化阶段加载设备实例的模拟器，不指定仪器的固定数量。对于航天器系统中的设备对象数量在 UML 设计阶段固定的模拟器，这类信息需要在 UML 设计中保存。在本例中，组件的实例图如图 8.36 所示，其定义如下：

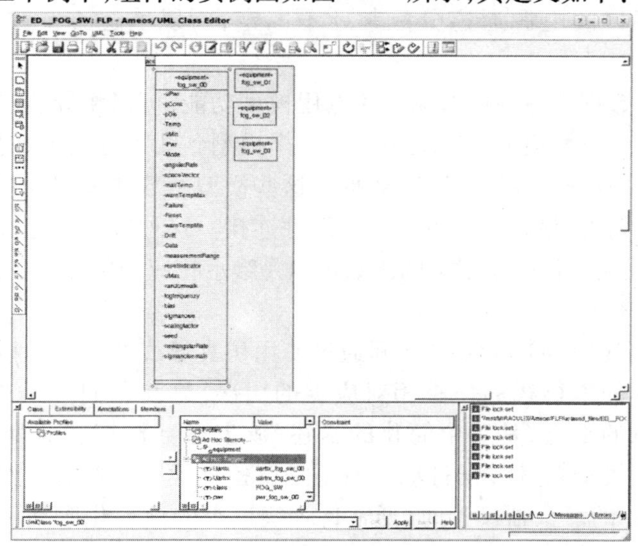

图 8.36 四面体陀螺仪的类/实例图© 德国斯图加特大学空间系统研究所

- 设备结构的类和子类。
- 内部成员变量。
- 成员变量对外可见的访问名称。
- 到模型实例和相应模拟连线实例的连接端口。

完成 UML 设备模型基础结构和相关对象定义设计后，最终需要指定以下附加的模型功能：

- 与仿真线束间的读/写功能。
- 通过模拟器内核加载特征参数的功能。
- 从 Core EGSE 通过仿真内核访问组件内部参数的功能。
- 由选中参数组成的仿真遥测包生成功能。
- 用模拟器内核调度器注册模型的功能。
- 访问模拟器内核变量（如时间 t）的功能。
- 对数值求解器的访问功能。

但通常来说，并不会为每个模型重新设计系统级函数，而是通过指定的类模板类型实现，包括设备模型类和其各个子类。由该模板信息驱动的代码生成器将执行该功能的代码片断插入到由 UML 图表信息生成的代码框架中。

设备模型和仿真线束间的连接是为了与航天器仿真系统交换数据，这种连接可通过 UML 图表中的固定连接定义轻易达成。这样就有了一个固定的航天器模板，该模板在 UML 阶段会被编辑，该项目中一旦信号映射出现变化，就要重新连接。正如前文提到的，在航天器设计的 C 阶段初期（第一个完整的模拟器已经实现），OBC 输入端口的热敏电阻通道分配或者 PCDU 输出端口的电源通道分配都还不固定，所以上述方案并非是一个优选的解决方法。

通过允许数据读写到模型端口的专用模型功能，可以将导线连接机构实现于模型中。一个可替换的方案就是建立一个模型到线束导线的连接机制，通过专门的模型函数向模型端口读/写数据。这些模型函数在模拟器初始化时连接到一个专用映射类，该映射类再与设备组件连接。这种方法比上文提到的方法（图 8.23）更灵活。访问映射类的函数可以是继承相应的父类，也可以是在代码生成时临时扩充。

图 8.37 描述 FOG 和 OBC 之间通过使用仿真导线的连接。该图也展示了预先设定函数的串行线的仿真相对应类的层次，以及它们与 FOG、OBC 的连接。值得注意的是，这是一个简化的描述（映射函数没有在此处显示），而且建立导线类的模型及其数据打包一般不是设备模型开发者的工作。当设计一个类似于 FOG 的航天器模型时，通常这种线束类的标准化库是可供模型开发者使用的。

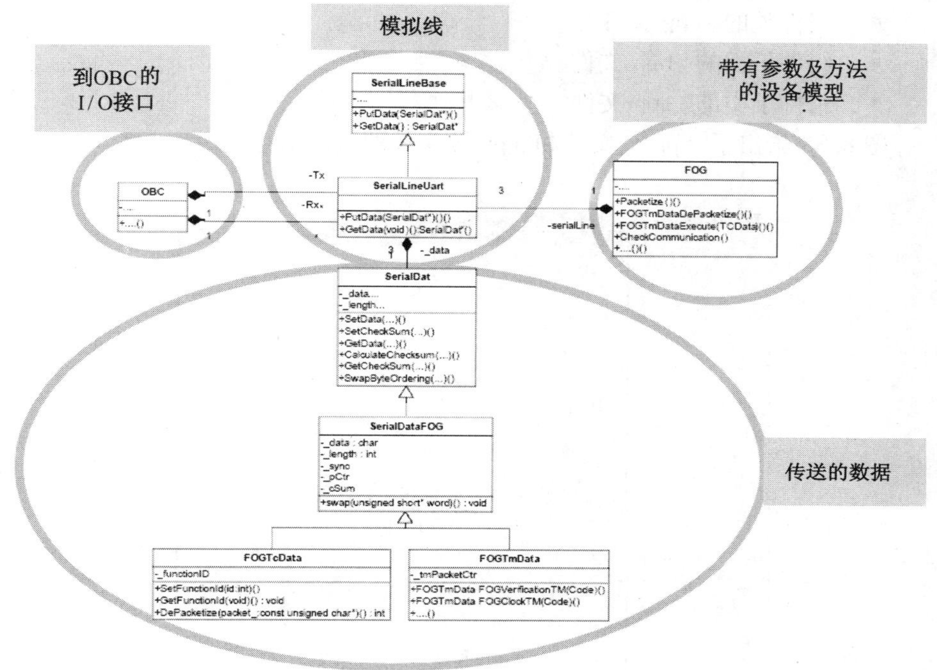

图 8.37　模型化的 FOG 设备、OBC 和数据传输结构

8.7.5　代码生成及测试

下面就可以用已经设计好的 UML 图表来描述类、实例、组件间的连接及有限状态机功能图(图 8.19)。接着,根据这些 UML 图按照代码生成脚本产生设备模型类的软件代码,考虑到模拟器环境特性,该脚本一般有使用范围限制,如当前模板的解释。生成的软件代码包括以下代码函数:

- 设备类型主要的类和可能关联的子类的定义。
- 类变量。
- 外部变量访问的变量名。
- 空类的成员函数(方法),将用手动插入代码建模设备的物理行为。
- 连接端口。
- 用于连接类型建模的类处理程序。
- 到系统模块、模拟器内核和调度程序的类接口。
- 组件实例的定义(模型化的航天器中每个实例对应一个类)。
- 实例名称。

因而,从 UML 生成代码后,代码由以下文件组成(假定使用 C++ 语言):

- 组件类的.hpp 文件。
- 组件类的.cpp 文件。
- 组件子类的.hpp 文件。
- 组件子类的.cpp 文件。

图 8.38 给出了.hpp 头文件和.cpp 源文件的摘录信息。

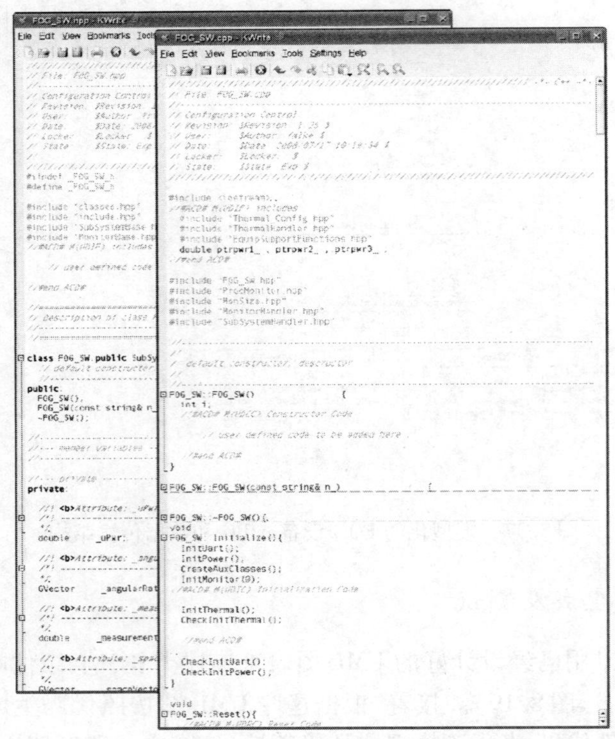

图 8.38　模型代码的头文件(.hpp)和源文件(.cpp)摘录信息
© 德国斯图加特大学空间系统研究所

在这个阶段,代码并不包括模拟物理组件行为和性能的算法,仅是空成员函数框架。这些生成的 UML 框架必须由模型开发者通过填写模拟设备物理行为的源代码片段来手动执行(图 8.39),特别是图 8.39 中的底部右侧子窗口显示的函数代码:FOG_SW::ComputeFunctionalModel( )。

代码生成器不仅可以生成 UML 设计的组件 C++ 源代码,还可以生成可兼容的源代码,该源代码作为一个测试类,模拟单元测试模型,测试安装生成文件。下面的 Eclipse 软件截图描述了一个光纤陀螺仪测试类,图 8.40 中右侧列出的每个模型算法都具有可调测试功能。

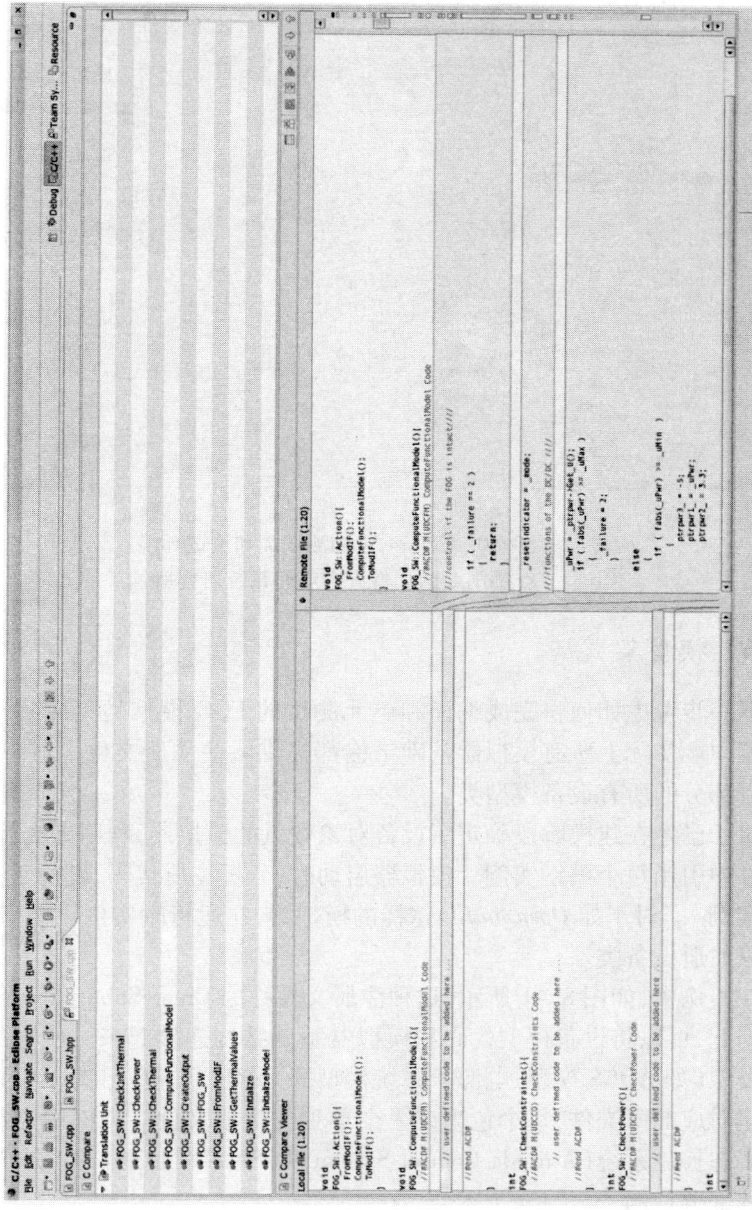

图 8.39　生成的含有算法代码的模型函数示例©德国斯图加特大学空间系统研究所

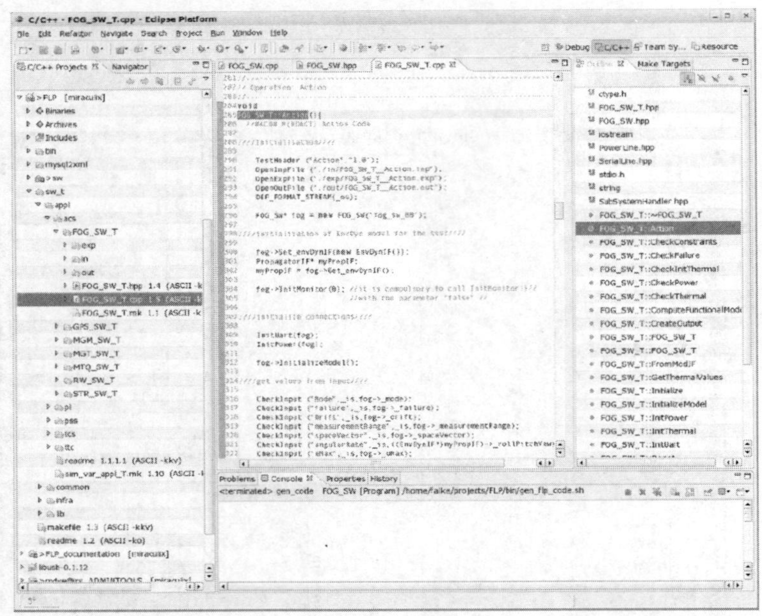

图 8.40 Eclipse 中的测试类和测试环境
© 德国斯图加特大学空间系统研究所

8.7.6 模型集成

下一步考虑如何将完成编译和单元测试的 FOG 模型类集成到整个航天器模拟器中。实际上所有模拟器基础结构都提供一些注册文件,其注册了模拟器可执行部分的所有设备模型类。

对于已经在建模阶段确定了设备对象数量的模拟器,利用可执行代码,在注册文件中引用每个模型实例。模拟器启动时,分析注册代码,以便于在内存中生成类实例①。对于如 *OpenSimKit* 这样的模拟器,在运行时实例化模型,在注册文件中只注册设备类。

在本例中,如图 8.41 所示,这种注册文件称为 CreateSubSystem. cpp。

据此,可以将设备模型代码和模拟器基础结构连接起来。所有的设备模型根据类型(如 AOCS 模型、电源子系统模型等)分组为"包"。为了编译设备模型和创建对应的库文件,每个包生成一个单独的生成文件。本例中光纤陀螺仪包含了姿态控制系统(Attitude Control System, ACS)库。如图 8.42 是 ACS 库生成文件的部分截图。

① 在类似的寄存器中也会对所有类型的模拟线束进行定义。

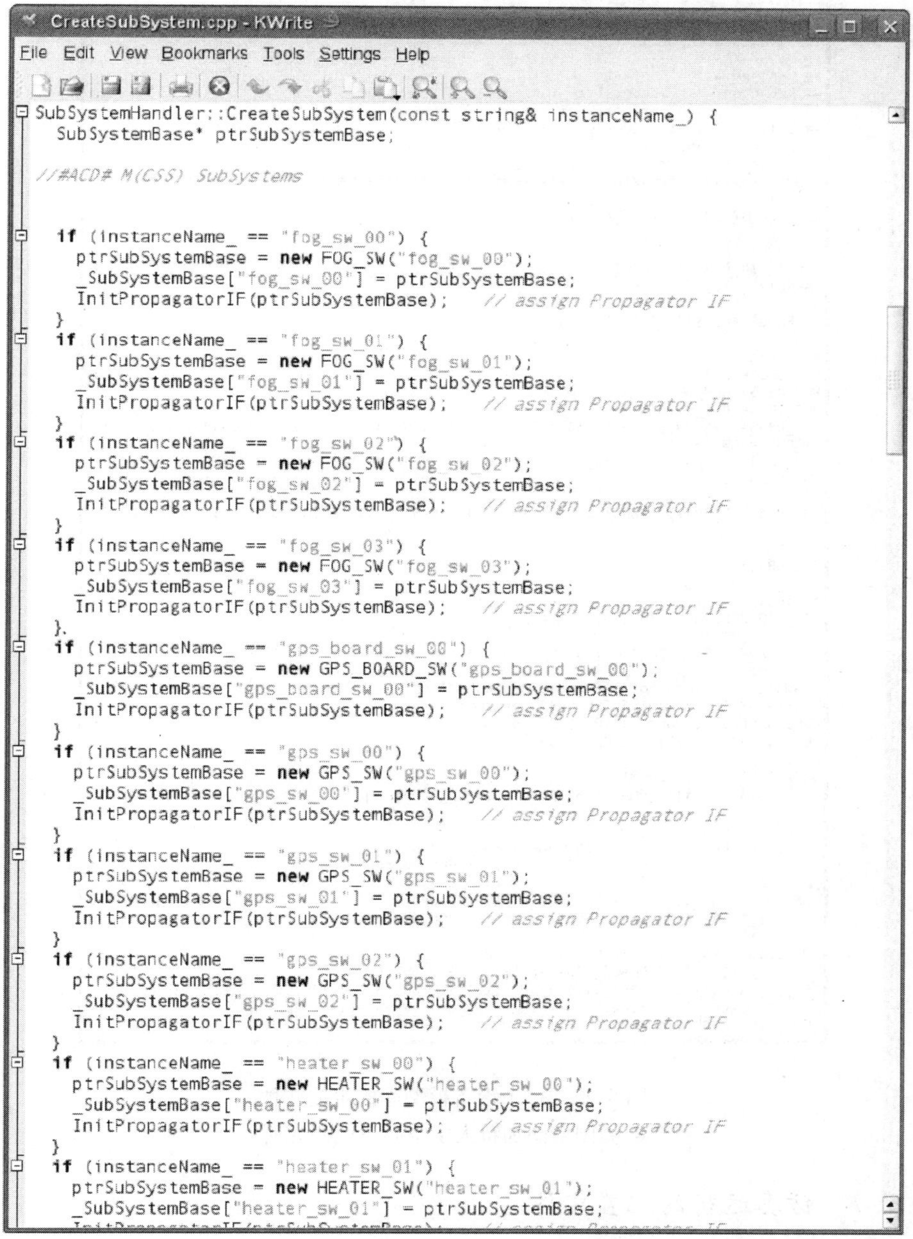

File Edit View Bookmarks Tools Settings Help

```
SubSystemHandler::CreateSubSystem(const string& instanceName_) {
  SubSystemBase* ptrSubSystemBase;

//#ACD# M(CSS) SubSystems


  if (instanceName_ == "fog_sw_00") {
    ptrSubSystemBase = new FOG_SW("fog_sw_00");
    _SubSystemBase["fog_sw_00"] = ptrSubSystemBase;
    InitPropagatorIF(ptrSubSystemBase);    // assign Propagator IF
  }
  if (instanceName_ == "fog_sw_01") {
    ptrSubSystemBase = new FOG_SW("fog_sw_01");
    _SubSystemBase["fog_sw_01"] = ptrSubSystemBase;
    InitPropagatorIF(ptrSubSystemBase);    // assign Propagator IF
  }
  if (instanceName_ == "fog_sw_02") {
    ptrSubSystemBase = new FOG_SW("fog_sw_02");
    _SubSystemBase["fog_sw_02"] = ptrSubSystemBase;
    InitPropagatorIF(ptrSubSystemBase);    // assign Propagator IF
  }
  if (instanceName_ == "fog_sw_03") {
    ptrSubSystemBase = new FOG_SW("fog_sw_03");
    _SubSystemBase["fog_sw_03"] = ptrSubSystemBase;
    InitPropagatorIF(ptrSubSystemBase);    // assign Propagator IF
  }
  if (instanceName_ == "gps_board_sw_00") {
    ptrSubSystemBase = new GPS_BOARD_SW("gps_board_sw_00");
    _SubSystemBase["gps_board_sw_00"] = ptrSubSystemBase;
    InitPropagatorIF(ptrSubSystemBase);    // assign Propagator IF
  }
  if (instanceName_ == "gps_sw_00") {
    ptrSubSystemBase = new GPS_SW("gps_sw_00");
    _SubSystemBase["gps_sw_00"] = ptrSubSystemBase;
    InitPropagatorIF(ptrSubSystemBase);    // assign Propagator IF
  }
  if (instanceName_ == "gps_sw_01") {
    ptrSubSystemBase = new GPS_SW("gps_sw_01");
    _SubSystemBase["gps_sw_01"] = ptrSubSystemBase;
    InitPropagatorIF(ptrSubSystemBase);    // assign Propagator IF
  }
  if (instanceName_ == "gps_sw_02") {
    ptrSubSystemBase = new GPS_SW("gps_sw_02");
    _SubSystemBase["gps_sw_02"] = ptrSubSystemBase;
    InitPropagatorIF(ptrSubSystemBase);    // assign Propagator IF
  }
  if (instanceName_ == "heater_sw_00") {
    ptrSubSystemBase = new HEATER_SW("heater_sw_00");
    _SubSystemBase["heater_sw_00"] = ptrSubSystemBase;
    InitPropagatorIF(ptrSubSystemBase);    // assign Propagator IF
  }
  if (instanceName_ == "heater_sw_01") {
    ptrSubSystemBase = new HEATER_SW("heater_sw_01");
    _SubSystemBase["heater_sw_01"] = ptrSubSystemBase;
```

图 8.41　所有设备模型对象的注册文件

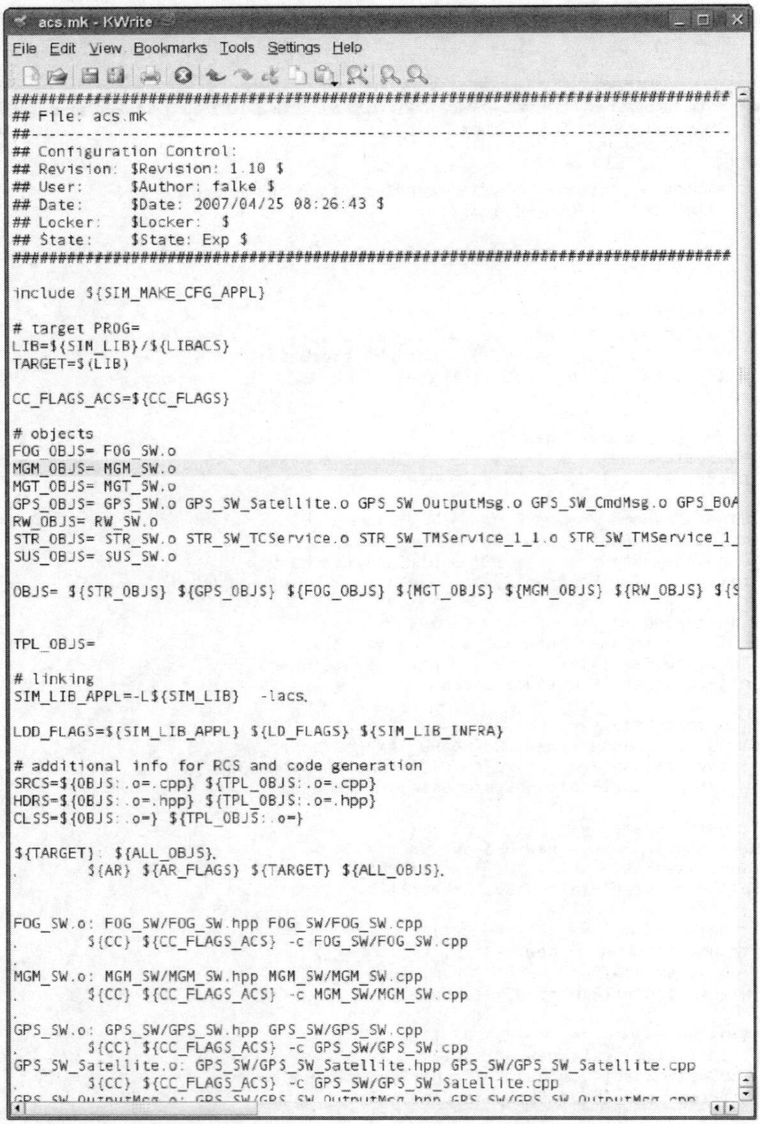

```
acs.mk - KWrite
File Edit View Bookmarks Tools Settings Help
##########################################################################
## File: acs.mk
##------------------------------------------------------------------------
## Configuration Control:
## Revision: $Revision: 1.10 $
## User:     $Author: falke $
## Date:     $Date: 2007/04/25 08:26:43 $
## Locker:   $Locker:  $
## State:    $State: Exp $
##########################################################################

include ${SIM_MAKE_CFG_APPL}

# target PROG=
LIB=${SIM_LIB}/${LIBACS}
TARGET=$(LIB)

CC_FLAGS_ACS=${CC_FLAGS}

# objects
FOG_OBJS= FOG_SW.o
MGM_OBJS= MGM_SW.o
MGT_OBJS= MGT_SW.o
GPS_OBJS= GPS_SW.o GPS_SW_Satellite.o GPS_SW_OutputMsg.o GPS_SW_CmdMsg.o GPS_BOA
RW_OBJS= RW_SW.o
STR_OBJS= STR_SW.o STR_SW_TCService.o STR_SW_TMService_1_1.o STR_SW_TMService_1_
SUS_OBJS= SUS_SW.o

OBJS= ${STR_OBJS} ${GPS_OBJS} ${FOG_OBJS} ${MGT_OBJS} ${MGM_OBJS} ${RW_OBJS} ${S


TPL_OBJS=

# linking
SIM_LIB_APPL=-L${SIM_LIB}  -lacs.

LDD_FLAGS=${SIM_LIB_APPL} ${LD_FLAGS} ${SIM_LIB_INFRA}

# additional info for RCS and code generation
SRCS=${OBJS:.o=.cpp} ${TPL_OBJS:.o=.cpp}
HDRS=${OBJS:.o=.hpp} ${TPL_OBJS:.o=.hpp}
CLSS=${OBJS:.o=} ${TPL_OBJS:.o=}

${TARGET}: ${ALL_OBJS}.
.        ${AR} ${AR_FLAGS} ${TARGET} ${ALL_OBJS}.


FOG_SW.o: FOG_SW/FOG_SW.hpp FOG_SW/FOG_SW.cpp
.        ${CC} ${CC_FLAGS_ACS} -c FOG_SW/FOG_SW.cpp
.
MGM_SW.o: MGM_SW/MGM_SW.hpp MGM_SW/MGM_SW.cpp
.        ${CC} ${CC_FLAGS_ACS} -c MGM_SW/MGM_SW.cpp
.
GPS_SW.o: GPS_SW/GPS_SW.hpp GPS_SW/GPS_SW.cpp
.        ${CC} ${CC_FLAGS_ACS} -c GPS_SW/GPS_SW.cpp
GPS_SW_Satellite.o: GPS_SW/GPS_SW_Satellite.hpp GPS_SW/GPS_SW_Satellite.cpp
.        ${CC} ${CC_FLAGS_ACS} -c GPS_SW/GPS_SW_Satellite.cpp
GPS_SW_OutputMsg.o: GPS_SW/GPS_SW_OutputMsg.hpp GPS_SW/GPS_SW_OutputMsg.cpp
```

图 8.42　一个设备模型库的生成文件

© 德国斯图加特大学空间系统研究所

8.7.7　仿真运行的配置文件

上面章节的步骤完成后，就生成了完整的仿真代码。然而，在能够开始仿真前，航天器模拟器还必须对大量详细的参数值进行详细配置，这些参数值一般以 XML 格式文件的形式给出。

为了正确地初始化所有模型实例的特征参数(如功耗),需要在文件中包括所有参数信息。对于基于航天器整体的系统引擎基础结构数据库来说,产生兼容的数据记录,利用该数据记录刻画模拟器、OBSW 和控制平台是非常必要的。整个基础框架中模拟器集成的问题将在第 10 章进行进一步讨论。此例中有关模型的模拟器配置是通过 4 个文件来实现的,这 4 个文件分别为:ModelDefaultFile. xml、ModelCharacFile. xml、SimHarnessFile. xml、SchedulingTableFile. xml。下面将会对其一一介绍。

ModelDefaultFile. xml

ModelDefaultFile. xml 是初始化文件(图 8.43),作用是:

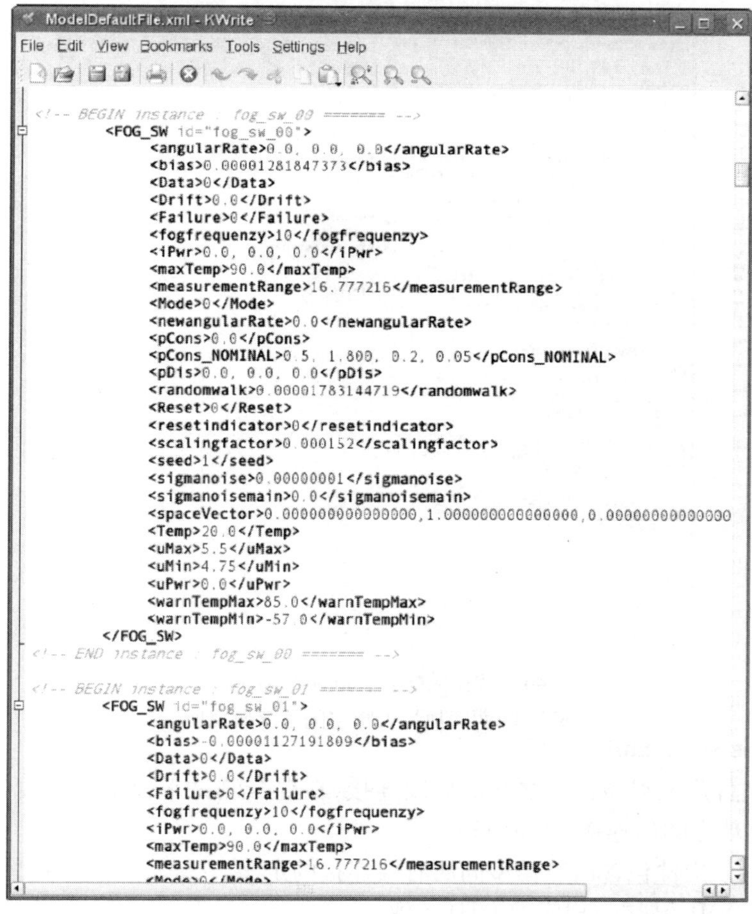


```
<!-- BEGIN instance : fog_sw_00 ======= -->
        <FOG_SW id="fog_sw_00">
            <angularRate>0.0, 0.0, 0.0</angularRate>
            <bias>0.00001281847373</bias>
            <Data>0</Data>
            <Drift>0.0</Drift>
            <Failure>0</Failure>
            <fogfrequenzy>10</fogfrequenzy>
            <iPwr>0.0, 0.0, 0.0</iPwr>
            <maxTemp>90.0</maxTemp>
            <measurementRange>16.777216</measurementRange>
            <Mode>0</Mode>
            <newangularRate>0.0</newangularRate>
            <pCons>0.0</pCons>
            <pCons_NOMINAL>0.5, 1.800, 0.2, 0.05</pCons_NOMINAL>
            <pDis>0.0, 0.0, 0.0</pDis>
            <randomwalk>0.00001783144719</randomwalk>
            <Reset>0</Reset>
            <resetindicator>0</resetindicator>
            <scalingfactor>0.000152</scalingfactor>
            <seed>1</seed>
            <sigmanoise>0.00000001</sigmanoise>
            <sigmanoisemain>0.0</sigmanoisemain>
            <spaceVector>0.00000000000000,1.00000000000000,0.00000000000000
            <Temp>20.0</Temp>
            <uMax>5.5</uMax>
            <uMin>4.75</uMin>
            <uPwr>0.0</uPwr>
            <warnTempMax>85.0</warnTempMax>
            <warnTempMin>-57.0</warnTempMin>
        </FOG_SW>
<!-- END instance : fog_sw_00 ======= -->

<!-- BEGIN instance : fog_sw_01 ======= -->
        <FOG_SW id="fog_sw_01">
            <angularRate>0.0, 0.0, 0.0</angularRate>
            <bias>-0.00001127191809</bias>
            <Data>0</Data>
            <Drift>0.0</Drift>
            <Failure>0</Failure>
            <fogfrequenzy>10</fogfrequenzy>
            <iPwr>0.0, 0.0, 0.0</iPwr>
            <maxTemp>90.0</maxTemp>
            <measurementRange>16.777216</measurementRange>
            <Mode>0</Mode>
```

图 8.43 数据集配置:ModelDefaultFile. xml

© 德国斯图加特大学空间系统研究所

- 在仿真的系统中,为所有模型实例中所有参数设置默认值。
- XML 结构必须与相应的 DTD 一致。

该文件在模拟器启动时导入。当模拟器检测出不一致时，将报告相应的错误信息。

ModelCharacFile. xml

该文件是用于当前仿真运行的初始化文件：

- 只包括那些不同于默认值的实际仿真运行的模型实例参数值（如电池性能下降的测试）。
- XML 结构必须与相应的 DTD 一致。

该文件在模拟器初始化时继 ModelDefaultFile. xml 之后导入（图 8.44）。当检测到错误内容时，模拟器报告错误信息。

```
<?xml version="1.0" standalone="no"?>
<!DOCTYPE ModelCharacFile SYSTEM "ModelCharac.dtd">

<ModelCharacFile>
    <header>
        <filename>ModelCharacFile.xml</filename>
        <filetype>ModelCharac</filetype>
        <cfgctrl>
            <cfg_date>$Date$</cfg_date>
            <cfg_author>$Author$</cfg_author>
            <cfg_locker>$Locker$</cfg_locker>
            <cfg_revision>$Revision$</cfg_revision>
        </cfgctrl>
        <project>FLP</project>
        <abstract>Flying Laptop</abstract>
        <comment></comment>
    </header>

    <ModelCharacData>

        <FOG_SW id="fog_sw_02">
            <Temp> 87.0 </Temp>
        </FOG_SW>

        <FOG_SW id="fog_sw_03">
                <Temp> 100.0 </Temp>
        </FOG_SW>

    </ModelCharacData>
</ModelCharacFile>
```

图 8.44 数据域配置：ModelCharacFile. xml

© 德国斯图加特大学空间系统研究所

SimHarnessFile. xml

该文件定义设备模型之间的导线连接，在混合测试平台中包括设备模型和 I/O 卡驱动之间的连接（图 8.45）。

- 该文件包含所有模型间所有线连接的定义。
- XML 结构与相应的 DTD 一致。
- SimHarnessFile. xml 与仿真运行没有关系，但是对测试平台的设置是不同的。当由于硬件设备代替了仿真模型而发生设置变化时，则该文件中，仿真模型和前端板卡之间相应的导线连接关系必须做出相应调整。

该文件在模拟器启动时导入。当检测到错误连接时，模拟器报告错误信息。

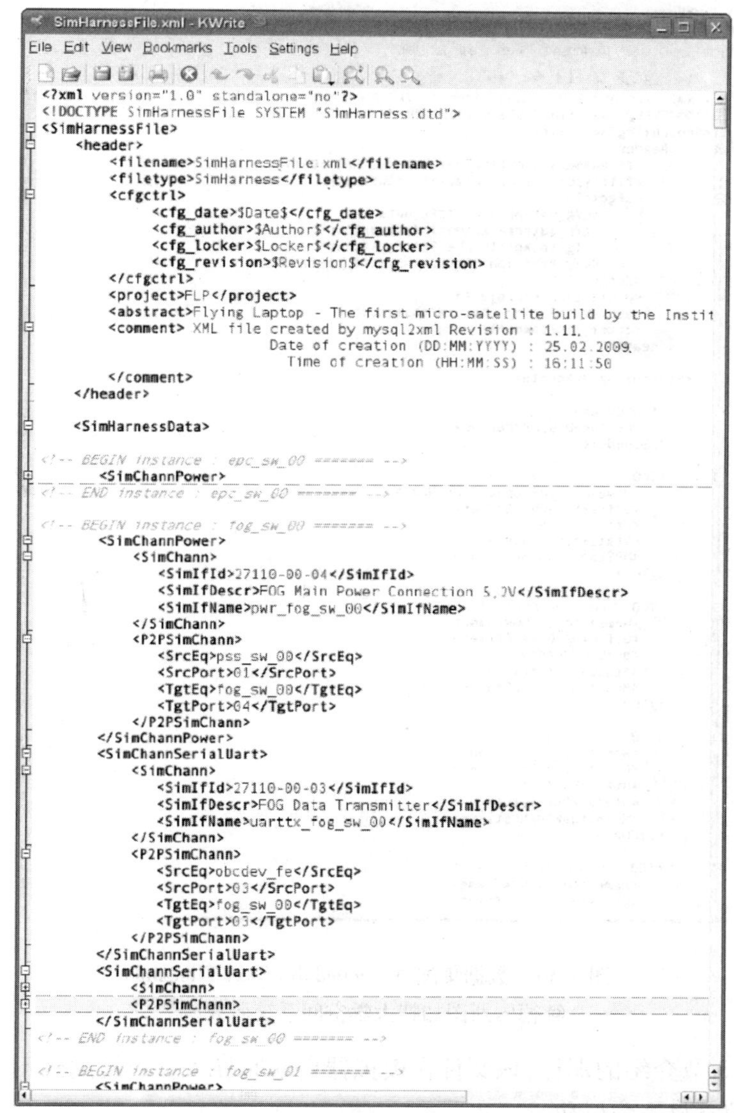

图 8.45　数据域配置：SimHarnessFile. xml
© 德国斯图加特大学空间系统研究所

在这种情况下模拟器将不能启动。

SchedulingTableFile. xml

该文件针对设备模型和系统,实现模拟器调度的详细配置设置(图 8.46)。该文件包括：

- 周期时间。
- 所有模型计算的相对时间间隔。

```xml
<?xml version="1.0" standalone="no"?>
<!DOCTYPE SchedulingTableFile SYSTEM "SchedulingTable.dtd">
<SchedulingTableFile>
    <header>
        <filename>SchedulingTableFile.xml</filename>
        <filetype>SchedulingTable</filetype>
        <cfgctrl>
            <cfg_date>$Date$</cfg_date>
            <cfg_author>$Author$</cfg_author>
            <cfg_locker>$Locker$</cfg_locker>
            <cfg_revision>$Revision$</cfg_revision>
        </cfgctrl>
        <project>FLP</project>
        <abstract>Flying Laptop</abstract>
        <comment></comment>
    </header>

  <SchedulingTableData>

     <Scheduler>
        <Period>0.010</Period>
     </Scheduler>

     <TCO type="cfm">
        <Name>EnvDynPropagator</Name>
        <Offset>0.000</Offset>
        <dt>0.010</dt>
        <Status>0</Status>
        <MPStatus>0</MPStatus>
     </TCO>

     <TCO type="equipment">
        <Name>fog_sw_00</Name>
        <Offset>0.020</Offset>
        <dt>0.050</dt>
        <Status>0</Status>
        <MPStatus>0</MPStatus>
     </TCO>

     <TCO type="equipment">
        <Name>fog_sw_01</Name>
        <Offset>0.020</Offset>
        <dt>0.050</dt>
        <Status>0</Status>
        <MPStatus>0</MPStatus>
     </TCO>

     <TCO type="equipment">
        <Name>fog_sw_02</Name>
        <Offset>0.020</Offset>
```

图 8.46　数据集配置：SchedulingTableFile. xml

如 7.3 节介绍的那样，该文件在模拟器启动时导入。当检测到不一致的内容时，模拟器将不会启动。

8.7.8　仿真运行

完成上述的完整配置后，模拟器可以启动了。图 8.47 显示了一个正在运行的示例，该示例演示了模拟器启动，以及与 FOG 模型的简单交互。图中左上角的窗口是模拟器命令窗口。窗口以日志的形式显示所有接收到的命令、输入到模型的命令和提交的输出（部分是十六进制数据包）。

对于初学者来说，更多简明阅读的日志显示在右上角日志窗口中。它是“模拟器—信息—处理程序—任务”窗口，输出一些文本命令（该命令通过模拟

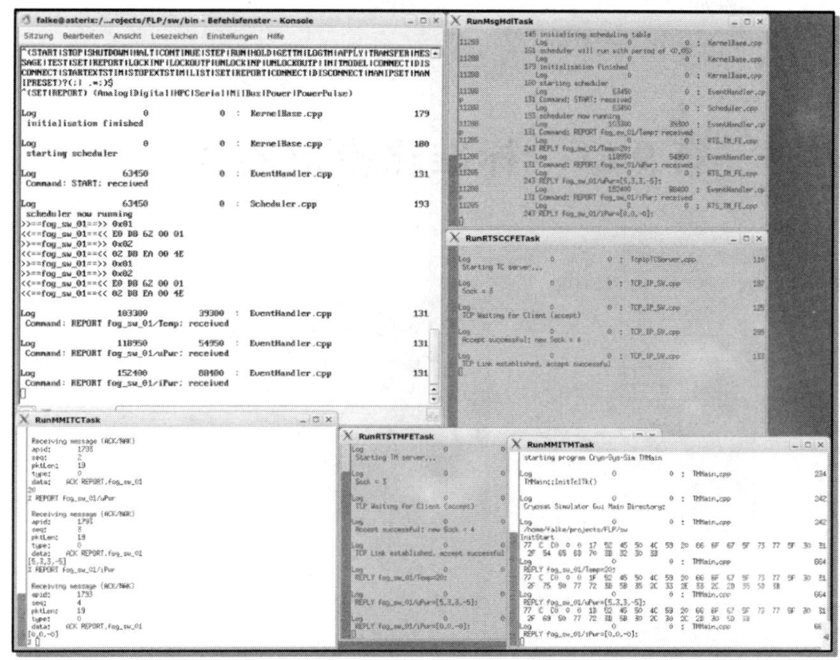

图 8.47　运行中的模拟器不同线程的日志窗口
© 德国斯图加特大学空间系统研究所

器从控制平台接收得到)的信息。也显示被模拟器响应的结果值(如 FOG 旋转速度向量)。然而,循环的模拟器遥测不包括在这里。其他窗口统计输出在模拟器和控制平台之间协议连接的日志中。

第9章　标准化模拟器开发

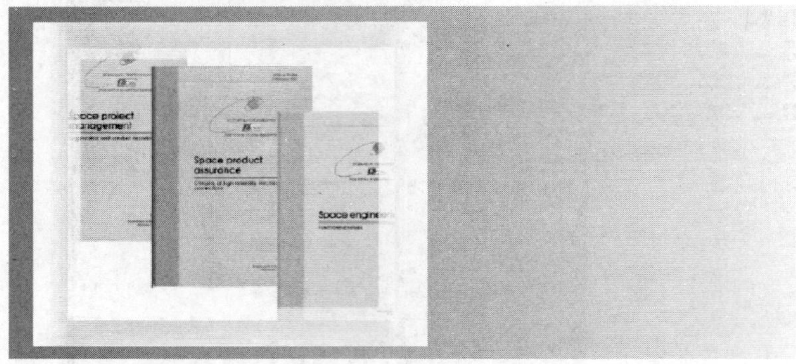

9.1　软件工程标准概述

星载软件利用基于测试平台以及其他组件进行验证——首先在SVF上进行预验证，然后在STB平台上进行软/硬件的兼容性测试，最后在EFM中配置文件。由于对航天器客户而言，星载软件是航天器中最关键的要素之一，因此关于软件质量和模拟器测试平台的验证状态问题就随之产生了。

一套符合航天器客户要求的软件标准是测试平台开发的基本要求，这样的软件标准规定了空间项目中多样化的软件开发指南，在这里解释相应的模拟器以及测试平台中所用的软件元素。这些软件标准通常对开发方法、开发阶段、评审过程、每个阶段交付的文档（如开发计划需求、体系结构和设计文档、测试计划、测试报告及其所有内容结构）进行规定。下面介绍几个软件标准：

ECSS 标准

对于欧洲的航天工程而言，通常存在一套完整的航天器开发标准，也就是所谓的ECSS标准。这些标准是由欧洲空间标准化合作组织（European Cooperation for Space Standardization，ECSS）撰写并出版。该委员会成员包括欧洲航天局ESA、不同的国家机构和工业合作伙伴。与模拟器和测试平台相关的软件开发标准有：

- ECSS－E－ST－40　　软件工程。
- ECSS－Q－ST－80　　软件产品保证。

请参阅图9.1。ECSS标准是一个交叉引用多种文件的标准族系,其内容描述非常详尽和精确,但由于读者必须遵循从一个文档到另一个文档的交叉引用,导致阅读起来很不方便。

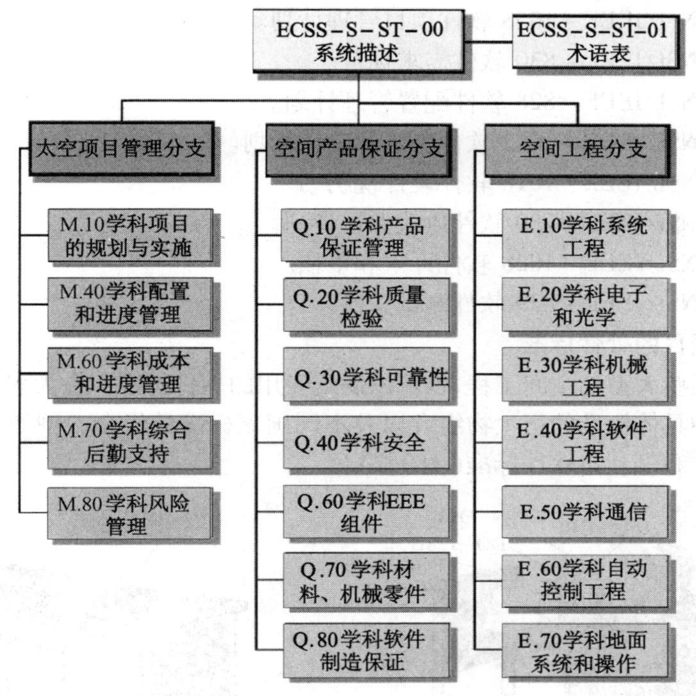

图9.1 ECSS标准家族结构图© ECSS

航空软件标准(航空航天) - DO178B

DO178B定义了航空软件指南。它是由航空无线电技术委员会(Radio Technical Commission for Aeronautics,RTCA)制定,并被美国联邦航空航天组织(Radio Technical Commission for Aeronautics,FAA)指定为航空软件标准(参见AC20-115B)。事实上它同时也是一个世界范围内广泛应用的航空软件开发标准。

- DO178B主要处理软件开发本身。开发过程中随之制定了多样化的质量和测试文件。所以DO178B在一定程度上与ECSS-E-ST-40和ECSS-Q-ST-80软件标准是相对应的。
- DO178B标准同样适用于航天系统,如:
  - "准飞机"(如航天飞机)或商业宇宙航天器。
  - 类似GPS和伽利略的航空支持系统(尤其是其有效载荷软件和地面段软件)。

通用软件标准-ANSI/IEEE标准

在空间业务中,通用软件标准仅适用于那些不会因自身故障干扰航天器的

保障类工具。例如,这样的设备可以是某种地面保障和处理设备等。软件开发的 IEEE 标准有:

- ANSI/IEEE－729 软件工程技术的术语表。
- ANSI/IEEE－1058 软件项目管理计划。
- ANSI/IEEE－830 软件需求规范。
- ANSI/IEEE－828 软件配置管理计划。
- ANSI/IEEE－1012 软件验证和确认计划。
- ANSI/IEEE－1016 软件设计说明书。
- ANSI/IEEE－730 软件质量保证计划。
- ANSI/IEEE－1028 软件评审和审核。
- ANSI/IEEE－829 软件测试文档。

专用空间项目的软件标准

对于某些大型的空间工程,也可以制定专用的软件标准。在大多数情况下,它们是多种具体标准的衍生物组合以及不同国家标准的组合。例如,哥伦布软件开发标准和伽利略软件标准(图 9.2)。

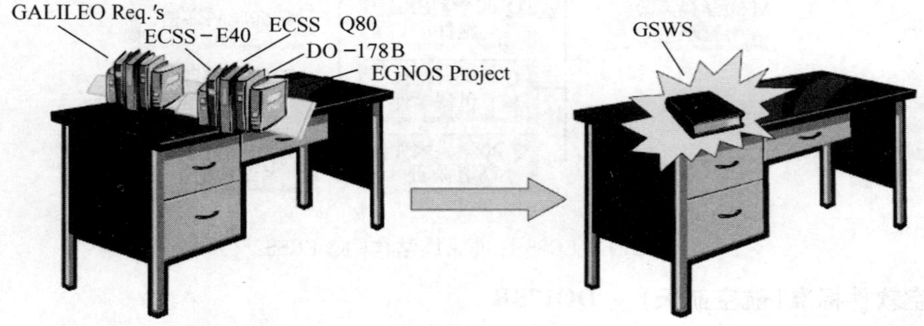

图 9.2 伽利略软件标准作为封闭的单书标准©ESNIS

例如,用于欧洲卫星导航系统的伽利略软件标准(GSWS),包括以下领域:

- 软件工程。
- 软件质量保证。
- 软件配置管理。

"单书",这使得它们比 ECSS 标准更容易理解,但是从软件标准强加到地面软件、测试平台以及模拟器的需求角度而言,这两者是相当的。

GSWS 是一个封闭的、完全纯粹的软件标准,但是它在很大程度上忽略了硬件/软件的一体化。然而,对于模拟器而言,考虑到模拟器配置、模拟器前端性能、I/O 线映射以及在混合测试平台中 I/O 特征值设置等问题,这一点有时是必须的。这里的标准是根据"测试平台的开发团队"阐述的,特别是测试方法和测试内容。

伽利略软件标准包含伽利略导航系统框架中所有软件研发、集成和测试阶

段的共同需求,而且操作和维护也被纳入软件产品质量保证中。GSWS 是一个共同的标准,包括:

- 空间部分(Space Segment,SS),它包含所有伽利略导航卫星中的元素。
- 地面控制部分(Ground Control Segment,GCS),包括30个卫星的地面站控制和维护组件。
- 地面任务阶段(Ground Mission Segment,GMS),包括所有对伽利略卫星的有效载荷进行操作的操作站内的所有组件。这包括信号生成、安全码处理、循环码更新、原子钟跳时校正等。
- 用户测试阶段(Test User Segment,TUS),在航天器在轨可用性测试前,必须对伽利略接收机和汽车导航系统中所有要素进行真实条件下的测试。

有关软件开发标准的进一步阅读和有关网页,请参照书后的参考文献。

9.2 基于关键度的软件分类

软件标准定义的软件研发、测试需求以及提交的正式文档,通常取决于空间任务中软件的关键程度。通常星载软件在安全关键系统中具有最高关键度排名,例如 ECLS 系统的控制软件、载人宇宙航天器的控制软件或用于飞机制导的导航软件(如伽利略导航有效载荷)。而地面设备软件,如电源前端,具有较低的关键度排名,需要的全面测试较少。

同时模拟器的系统设计和验证的关键等级确定需要征得航天器客户的同意。由于星载软件测试不仅仅在纯仿真测试平台(SVF)上进行,也要在混合测试平台(STB)进行,并且最后的星载软件测试和硬件测试也在 EFM 所有硬件在回路的配置下执行。因此,通常可以协商将测试平台中的模拟器排序到最低关键等级。稍后进行测试时,在纯硬件在回路设置中,先前使用的模拟器中的潜在错误将会出现。表 9.1 列出了 GSWS 中引用自伽利略软件标准的开发保障等级(Development Assurance Levels,DAL)。

表 9.1 GSWS 的 DAL

SW - DAL 的定义	
A 级	软件的异常行为,会导致或促使导致灾难性的事件的故障(任务失败)
B 级	软件的异常行为,会导致或促使导致临界事件故障(危及任务)
C 级	软件的异常行为,会导致或促使在重大事件的故障
D 级	软件的异常行为,会导致或促使产生一个小事件故障
E 级	软件的异常行为,会导致或促使无足轻重的事件故障

类似的分类在 DO178B 中称为“认证级别”,在 ECSS - E40 中称为“A 级”到“E 级”(在较新的 ECSS - E - ST - 40 中, E 级已被删除)。

9.3 软件标准的应用实例

下面以相对紧凑的伽利略软件标准为例来解释与软件标准一致的模拟器软件与测试平台开发的最重要特性。基于测试平台的模拟器开发者总是存在该问题,这类软件的标准通常是由关注星载软件和相关主题的机构来撰写。硬件/软件的集成问题、综合布线、电气以及线路接地问题可能会影响模拟器软件和模拟器前端板卡驱动程序等,但这些问题大多并不是关注的焦点,必须由开发商自己管理。在本章中会用到两个关键术语,一个是“系统”(如系统验收评审),另一个是“软件”(如软件单元测试计划)。模拟器研发的开发阶段和中间评审如图9.3 所示。它们在 GSWS 和 ECSS-E-ST-40 中类似:

SRR =系统需求评审　　IRR =集成启用前检验

PDR =初步设计审查　　SW-QR =系统资格审查制度

DDR =详细设计评审　　SW-AR =系统验收审查

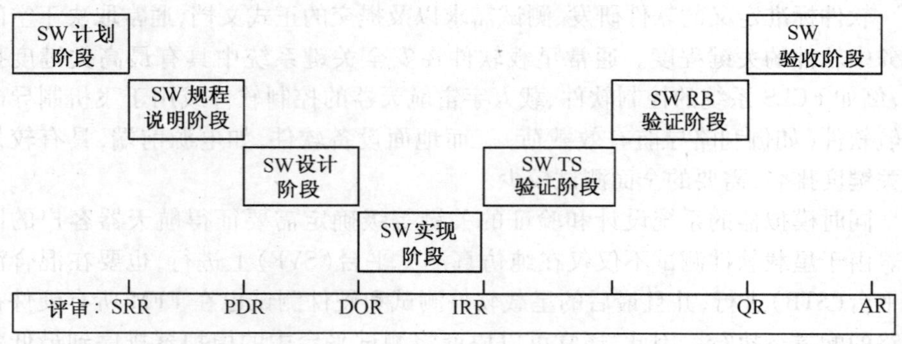

图 9.3　软件开发过程中和评审的阶段划分

对于逐步推进的方法、所需的审查的时间节点、文件以及文件的结构和内容、产品保证等,各个软件的标准有自己的“工程需求”。一些软件标准用“测试启用前验证(Test Readiness Review,TRR)”取代了 IRR。

一个软件标准的软件工程需求:

工程过程需求在软件标准中有详细的规定。每个需求具有唯一鉴别编码。对于每个需求,它被强制地用关键等级(在 GSWS 的 DALS)、所需要的评审以及所影响的文件进行标记。在项目开始的时候,开发者必须提供一个一致性矩阵,表示其完全、部分或不符合这些工程需求的程度(图 9.4)。所有的偏差必须合理。在项目结束时,必须提供一个兼容性矩阵说明一个项目是如何兼容,以及哪些文件、评审记录、产品保证报告等证明合规。如下给出了这样一个工程需求的示例。

[GSWS - RV - 0430] - [A:m B:m C:m D:m E:m]

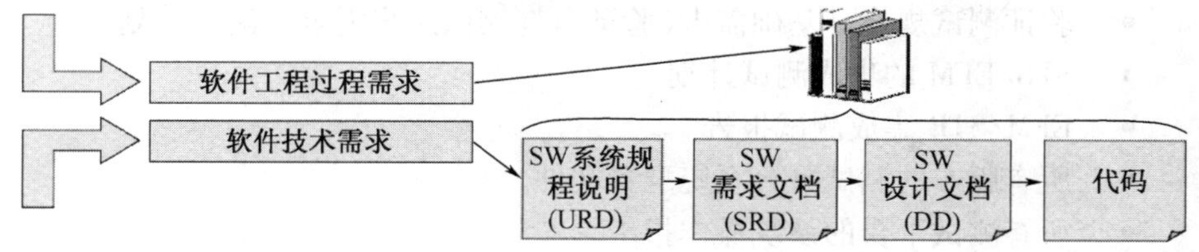

图 9.4　驱动开发过程的软件与过程需求

在每一次评审前,要交付评审计划(Review Plan,RVP),其中描述了每一次的评审。

对模拟器或测试平台的技术需求

对于模拟器软件以及混合测试平台中的硬件,应规定技术需求。必须开发系统架构、详细设计和代码,以便以后的"产品"模拟器/测试平台履行这些技术要求,接受集成和测试阶段的验证(请参见图 9.8,稍后将有更详细的解释)。下面给出了一个技术需求的示例。

 # REQ 999: 通过命令的参数重载

在仿真的单次或连续覆盖期间,模拟器操作符应能够重载任何数值计算状态变量。这适用于模型中的状态变量以及 OBC 模型与设备模型间的输入/输出参数。

GAL Originated from SATSIMREQ - 42, AVREQ331, DEVSVF - 1900

#END#

工程过程需求和技术需求一起构成开发基准,用于模拟器和测试平台软件要素的开发。从工程需求和技术需求来看,需要为航天器项目中整个测试平台套件撰写一套文档(如:开发计划)。特殊情况下,还需要为每个测试平台写相关文档(如:集成测试报告)。

模拟器/测试平台系统文档

所需技术文件的目的和基本内容由其标题就可清晰看出:

- 测试平台用户需求文档。
- Core EGSE 用户需求文档。
- 电源和 TC/TM 前端设备用户需求文档。
- 专用检测设备用户需求文档。
- EGSE 接口控制文档(ICD)。
- 模拟器软件单元测试计划。
- 所有模拟器元件的单元测试报告(如设备模型)。
- 测试平台系统集成测试计划。
- 测试平台系统集成测试报告。
- 验证测试规格—技术规范(验证所有软件需求的测试计划)。

- 验证测试规格—基础需求(验证所有测试用户需求的测试计划)。
- STB/EFM 的集成测试计划。
- EFM/STB 集成测试报告。
- 所有版本的测试平台系统配置文件。
- 所有测试平台的系统操作指南。
- 符合通用 CE 标准的文档和一致性认证(Certificate of Conformance, CoC)。
- 接受数据包。

开发过程文档

对于新手来说,一些所需的工程过程文档的内容不太容易理解。因此,这里列举了最重要的一些软件工程过程文档内容:

- 测试平台基础设施的软件开发计划定义了:

➢ 开发责任分工,并确定关键人物角色。

➢ 应用的技术基础设施(从使用的模拟器内核到软件配置处理工具和文档处理工具)。

➢ 开发计划(通常对应于航天器 OBSW 开发)和模拟器/测试平台评审。

➢ 对可用资源及新方法新技术应用的风险管理。

➢ 技术安全方面(主要指发动机试验台等)。

➢ 在跨国公司的开发中,与相关项目合作的伙伴接口。

➢ 承包商的管理。

➢ 软件问题记录和校正跟踪的管理。

➢ 给航天器客户的进度报告周期(在大多数情况下,与航天器开发过程本身一致)。

➢ 应用软件工程方法和工程环境(如 MDA / UML)。

➢ 软件的设计、编码、测试标准遵守情况以及最终偏差的合理性(必须由客户在 SRR 正式同意)。

➢ 软件文档的定义。

➢ 有关安装数量和类型的信息。

➢ 维护策略(仅适用于操作支持模拟器)。

- 软件采购合理性文件:

➢ 定义了在之前项目中使用过的所有软件组件,将不再重新认证(例如模拟器内核软件、模拟前端卡驱动程序软件)。

➢ 它定义了重用元素的技术现状。

➢ 记录了先前项目中执行的技术资格。

➢ 证明重用这些软件组件的合理性。

- ➢ 包括重用软件组件的资格授予计划。
- ➢ 包括待采购的软件元素的采购计划。
- ➢ 还包括重用先前项目中的软硬件组件的维护计划。

- 软件验证与确认计划
  - ➢ 定义了模拟器开发项目的组织结构。
  - ➢ 可预见的软件验证方法：
    - ◇ 管理程序验证。
    - ◇ 项目中的人员和资源的责任(包括工具资源)。
    - ◇ 验证活动的安排。
    - ◇ 对软件验证活动本身的描述。
    - ◇ 一般验证/重新验证方法。
  - ➢ 除此之外，它描述了模拟器/测试平台的验证方法：

◇ 关于模拟器/测试平台操作适用性，包括：测试方法、从低层到高层的测试概念以及软件升级的回归测试方法。

◇ 它描述了模拟器设备模型的资格认证方法，以及验证活动的顺序。

- 软件产品保证计划由有关独立质量保证的所有事实组成。这包括：
  - ➢ 软件开发方法的描述(V 模型、瀑布模型、螺旋模型或其他模型)。

➢ 相应的产品保证(Product Assurance，PA)，以及每个开发阶段(需求定义阶段、设计阶段、实现阶段、测试阶段、验收阶段)的任务。

➢ 根据 PA 定义了每个评审阶段的任务，如待评审的文件。

➢ 定义了可被应用的矩阵形式的软件质量度量方法(如开放式 SW 问题报告的平均数量以及 SW 问题认定到解决之间的平均周期时间)。

- ➢ 软件文档质量排名的指标。
- ➢ 在违反需求或规定的开发过程情况下的对策。
- ➢ 对于在项目的后期出现额外需求的正规处理手续。
- ➢ 在研发过程中放弃某些需求的正规手续。
- ➢ 进一步确认了软件的关键性排名(GSWS DAL，ECSS 类等)。
- ➢ 介绍了软件组件采购的监控方法。

➢ PA 计划包括授权保证(在大多数情况下不适用于模拟器和测试平台)和维护期间的 PA 任务。

- 软件审查计划：

➢ 在软件开发计划中定义了每个评审的时间段，评审计划必须提前 4 –6 周制定好并分发给评审成员。

➢ 提供了关于测试平台/模拟器的设计/构建状态的概述。

➢ 还定义了每个里程碑需要审查和验收哪些文件(例如，设计文档、测试计划/报告)。

➢ 审查计划确定了会议的议程、主持人、审稿人、其他参与者(如PA)、场所和其他事项。

➢ 评论的截止日期或审查项目的不符事项(Review Item Discrepancies,RID)给客户答复的截止日期。

➢ 评审成功的标准,以及之前时间节点中的开放/封闭行动项目的状况。

- 软件标准需求的一致性矩阵:

➢ 通过这些矩阵论证了由软件标准规定的软件工程过程需求被正确履行。

➢ 具体内容示例请参考图9.5。

- 软件配置文件:

➢每一个发布的模拟器软件版本都有配置文件,也包括中间版本和候选版本。

➢ 它包含每个实际发布的软件组件的版本信息(内核,设备模型等),以及:

◇ 相对之前版本的日志表变更。

◇ 当前版本的功能限制列表。

◇ 针对所有开放的软件问题报告、不一致性和那些封闭交付版本的问题。

➢此外,通常还为用户提供安装指南,必须在项目中升级其SVF或STB/EFM。

- 软件/系统验证报告:

➢ SVR(图9.8)最后通过如下部分总结软件和用户的需求得到满足的表:

◇ 硬件设备(如采购的刺激要素或前端设备)及该设备如何符合需求。

◇ 哪些模拟器软件功能在单元级进行验证。

◇ 哪些在集成级上进行测试和验证。

◇ 哪些软件需求在系统级进行测试和验证。

◇ 哪些用户需求在系统级通过哪些测试进行验证。因此由SVR可以证明所有模拟器/测试平台的用户需求被正确履行。

- 软件维护计划:

➢ 它涵盖了最终交付软件后,进一步软件维护的所有方面。对于模拟器/测试平台来说,仅当在航天器发射后进一步使用时,这才有关系(如用于航天器地面段的模拟器)。

Requirements	Txt	DAL	Rev	Doc	Justifications / Comments
114：##[GSWS-SWENG-1140]-[A:m B:m C:m D:m E:M] Forward and backward traceability matrixes between TS (SRD, SWICD) and SDD (ADD section) shall be inserted in the SDD § [SW-PDR]-(SDD)	C	C	C	C	
115：##[GSWS-SWENG-1150]-[A: m B: m C: m D: m E: M] The Contractor shall identify the requirements in the TS and the RB that cannot be validated on its own environment, and shall agree with the next-higher-sevel Contractor to be validated by the next-higher-level Contractor § [SW-POR]-(TS)	C	C	C	C	
116：##[GSWS-SWENG-1160]-[A:m B:m C:m D:m E:m] The planning of software development and testing faclities design, implementation and testing shall be established and documented § [SW-PDR, SW-DDR, SW-TRR]-(SDP. Sw-environment documentation)	C	C	C	C	
117：##[GSWS-SWENG-1170]-[A:m B:m C:m D:m E:m] The contractor shall define the Soltware Coding Standards (SCS), as part of the SDP § [SW-PDR]-(SDP)	C	C	C	C	
118：##[GSWS-SWENG-1180]-[A:m B:m C:m D:m E:m] SCS shall select a SW programming language according to TABLE 6 A. SOFTWATELANGUAGE DALA DALB DALC DALD DALE Ada Allowed Allowed Allowed Allowed Allowed Assembler Allowed Allowed Allowed Allowed C Allowed Allowed Allowed Allowed Allowed C++ Allowed Allowed Java Allowed TABLE 6 A: Allowed Coding Languages vs. SW-DALs §[SW-PDR]-(SDP)	C	C	C	C	
119：##[GSWS-SWENG-1190]-[A:m B:m C:m D:m E: –] The SCS shall justity the programming language used to develop the SW based on maintainability, safety, interoperability, adaptability, portability and Galileo requirements on product selection and utrisation § [SW-PDR]-(SDP)	NA	NA	NA	NA	NA-MOVE is DALE
120：##[GSWS-SWENG-1200]-[A:m B:m、C:m D:m E:m] SCS shall selecl Ada and/or C for flight software applications § [SW-PDR]-(SDP)	C	C	C	C	C++ used in MOVE-no flight SW
121：##[GSWS-SWENG-1210]-[A:m B:m C:m D:m E:m] SCS shall justify the selection in case Assembler, C++ or Java are selected § [SW-PDR]-(SDP)	C	C	C	C	
122：##[GSWS-SWENG-1220]-[A:m B:m C:m D:m E: –] SCS shall contain the definition of the programming language coding reles § [SW-PDR]-(SDP)	NA	NA	NA	NA	NA-MOVE is DALE
123：##[GSWS-SWENG-1230]-[A: – B: – C: – D: – E:m] SCS shall contain the defirition of the language subset if any is chosen for DAL E § [SW-PDR]-(SDP)	C	C	C	C	
124：##[GSWS-SWENG-1240]-[A:m B:m C:m D:m E: –] SCS shall define a safe subset of the language for DALs A, B, C and D § [SW-PDR]-(SDP)	NA	NA	NA	NA	NA-MOVE is DALE
125：##[GSWS-SWENG-1250]-[A:m B:m C:m D:m E: –] SCS shall contain the definition of defensive programmeng rules § [SW-PDR]-(SDP)	NA	NA	NA	NA	NA-MOVE is DALE
126：##[GSWS-SWENG-1260]-[A:m B:m C:m D:m E: –] SCS shall contain the definition of coding policy for error and fauit handing (fault propagation, logging, announcement and recovery), including rules to handle the propagation of arrors from procured Oparational Software § [SW-PDR]-(SDP)	NA	NA	NA	NA	NA-MOVE is DALE

图 9.5 软件工程过程需求的一致性矩阵 © Astrium

应用软件标准进一步定义了在审查时间节点中的工程过程需求：即在哪些审查里程碑将这些引证文件中的哪些作为中间修订或最终基准提供。这样的文件概述如表 9.2 所列。

表 9.2 各审查里程碑节点中要生成的软件文档(引自 GSWS)

文件	文档	SRR	SW PDR	SW DDR	SW IRR	SW QR	SW AR
需求基线技术规范	软件系统规范(URD) + 软件 IF 需求文档	B					
	软件需求文档 + 软件 IF 控制文档		B				
	软件操作手册		R	R	R	R	B
设计验证文件	软件验证计划		B				
	软件单元测试计划			R	B		
	软件集成测试计划			R	B		
	验证测试规范			R	B		
	软件验收测试计划					B	
	验收数据包 + 安装报告 + 软件验证报告					R	B
	获得的软件验证文档	R	R	R	R	R	B
设计定义文件	软件设计文档		B	B	B		
	软件配置文档	R	R	R	R	R	R
管理文件	软件开发计划 + 软件配置管理计划	R	B				
	评审计划	R	R	R	R	R	R
产品保证文件	软件产品保证计划	P	B				
	软件产品保证报告	R	R	R	R	R	R

在航天器设计阶段会使用设计办公室类型的工具基础设施(SDO,CDF 等)和商业工具,如 Matlab / Simulink /Stateflow(参见表 3.2 步骤(1)、(2)),通常没有模拟器工具软件的研发。因此,这里不需要产生需求文档,不进行软件工具验证。

在一个航天工程中,当启动模拟器/ 测试平台验证的基础设施开发时,首先需要确定出用户针对模拟器/测试平台的需求,同时用一个用户需求文档来形式化表示,有时也被称为“软件系统规范”或“用户需求文档”(图 9.6)。在大多数情况下,用户需求包括:

- 通用需求。
- 对特定测试平台类型的需求(如 SVF 或混合测试平台)。
- 对模拟器设备模型的需求。

下一步是确定在软件流中,哪些模拟器/测试平台组件可以重用以前项目中的相应组件。这些包括板卡的驱动程序、模拟器内核、不同设备互联模型(数据总线模型,电源线模型)和标准模型(如空间环境),都在相应的软件采购合理性文件中被引用。

用户需求进一步细分为三类:

- 对外部采购软件/硬件的需求。
- 对混合平台上纯硬件设备的需求。
- 对测试平台中纯软件部分的需求。

第一类型需求涉及如下设备,如电源前端(S)、TM / TC 前端、Core EGSE 设备、SCCOE 和激励设备。对于所有这些采购项目,撰写了专用需求文档,以确保设备集成到整个测试平台中时,它们能完全合适地融合在一起。对于这种外部采购的设备,供应商负责证明完全符合所有的需求,并且要提供了验证矩阵来证明这样的一致性已经被检查、测试和验收。

对于航天器制造商直接采购的所有硬件设备(如混合台、测试平台等),其技术需求将在专用的测试设备规范中说明。然而,该大型测试功能在软件中实现,关键要素是航天器模拟器的基础设施和设备模型。因此,从用户需求可以推导出相应的软件需求。值得注意的是,应该考虑这些再次分配模拟器的基础设施上的通用需求以及航天器设备模型的特殊需求,如图 9.7 所示。

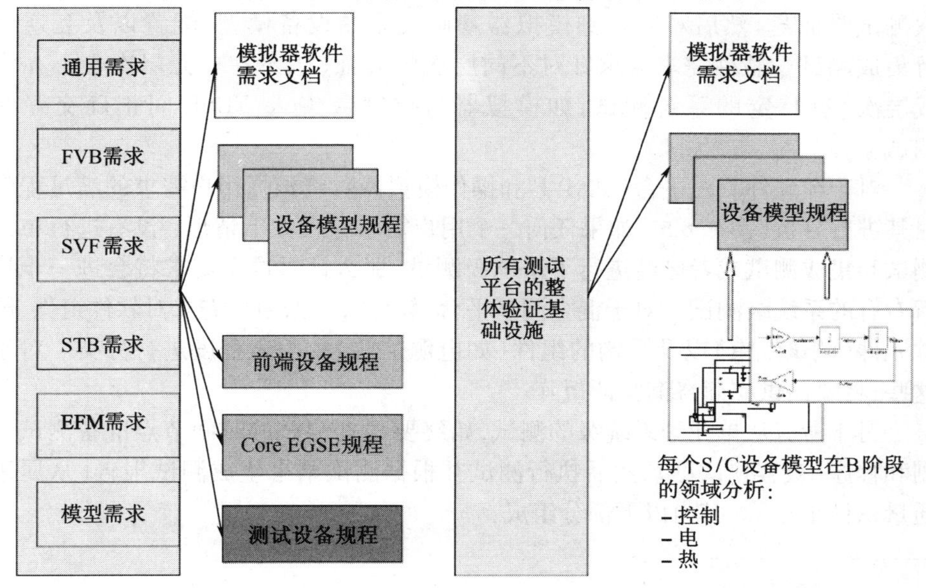

图 9.6　硬件/软件需求和用户需求配置　　图 9.7　用户、软件和算法的需求

从软件基础设施的用户需求中产生通用软件需求，用以解决如下问题，如数据接口、日志文件格式、性能需求和一定的控制台接口的兼容性。这些都收集在模拟器软件需求文档中。关于航天器设备模型（如关于物理效应），存在进一步的用户需求文档，并从中派生出了每一种模型类型的详细说明，即模型规格。这些模型可作为模拟器软件需求文档的附件，它们一起代表整个测试平台的软件需求文档。处理所有的模型规格作为单独的文档已被证明是好的做法，因为：

- 每个文档可以由项目中相对应的设备专家和系统工程团队进行审阅。
- 当对文件独立管理时，在一个设备的硬件类型更新时，这些文档就可以立刻被单独更新。
- 如果下一个项目中，航天器中的硬件设备与这个相同时，这些文档就可以单独地被重复使用。

通常用于定义模型规范的文档为实际设备的接口控制文档、设计文档、最终的技术说明和用户手册。最终在航天器研制 B 阶段，使用设计工具开发专用控制算法（用于设备的热、AOCS 以及动力控制）（参见表 3.2 中的步骤（2））。在这种情况下，模型规范需要有一个预验证的算法，这就是所谓的算法需求。如果使用的是类似 Simulink 这样的工具，可以直接从设计/验证算法中生成 C 代码，并且该代码也可以 1∶1 被用到相应的源代码文件中（在模型规范中被引用）。

然后对模拟器和设备模型软件进行设计与编码，并在单元级上进行第一次测试验证①。然后对嵌入到模拟器基础设施的设备模型、配置以及互连进行集成测试。软件需求需求针对不同层次的验证（既不在单元层次也不在集成层次）有特定的系统测试，如模拟器与控制台/Core EGSE 间正确交互的测试。

对于纯软件测试平台（如 SVF 和操作模拟器），将根据用户需求的满足程度对其进行分析（图 9.8）。如果任何一个用户需求存在如下情形：没有进行单元测试和集成测试或者已经进行了系统级测试，那么针对这个需求将会进一步执行专有的系统级测试。对于混合测试平台，软件将根据用户需求对软件组件、硬件元件（测试线束）以及采购的组件（如电源前端）的覆盖程度进行分类。对于这些，将要向供应商咨询验证矩阵。

对于所有从单元到系统级的测试，始终要根据测试的时间节点准备测试计划和程序（被客户认可），然后执行测试并根据测试结果生成测试报告（从属于质量认证审查）。其由以下部分组成：

---

① 在模拟器开发中，一个“单元”通常为一个完整的设备模型。

- 哪个用户需求被分解为哪个软件需求。
- 测试设备的需求。
- 采购设备的需求。

并通过以下进行验证:

- 单元测试。
- 集成测试。
- 系统测试。
- 各供应商的测试。

在系统验证报告的大表中也包括了相应的验证方法和实施过程。这个表的聚合过程如图 9.8 所示。

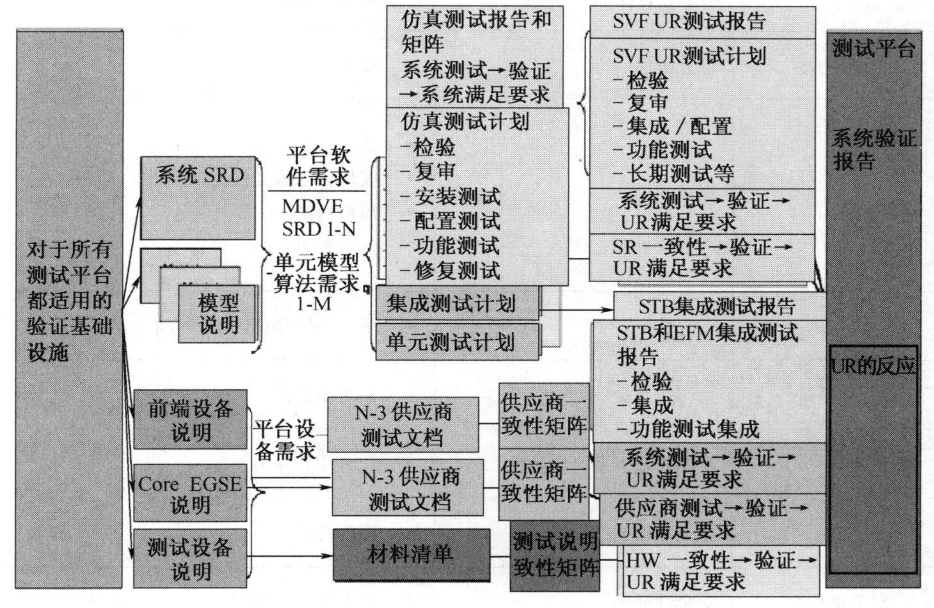

图 9.8 测试需求和验证

承包商和航天器客户的产品保证部门伴随着整个开发过程,并验证文档的正确生成、软件组件的实现和版本控制,以及性能测试,特别是验证飞行器硬件在回路测试。产品保证 PA 是一个涵盖所有开发步骤的过程。对于 PA 而言,有专门衡量软件开发质量的指标。并不是所有这些指标适用于低关键等级的软件,如模拟器软件。PA 度量分为产品度量和软件过程度量。

- 产品度量是指在软件代码中,循环结构或者 IF/Then 结构的嵌套深度(在大多数情况下,这是适用于星载软件的典型度量方法,不是模拟器)。
- 过程度量追踪的是“软件问题报告”(Software Problem Report,SPR)的平均数量或模拟器用户报告的问题从上报到解决的平均周转时间。

度量标准主要根据工程目标进行分类,见表9.3。

表9.3 软件质量保证度量

全局特性	相关特性	相关点
功能性	完备性	• 需求分解 • 验证以及测试覆盖的完整性
	正确性	• SPR/NCR 趋势分析 • 测试/验证过程
可靠性	可靠性证明	• 结构覆盖性
可维护性	可分析性	• 圈数
	模块化	• 嵌套层次 • 模块化配置文件大小 • 出口数量 • 入口数量
	适应性	• 平均 SPR/NCR 周转时间
文件质量	适用性质量	• 需求稳定性
	文档质量以及可维护性	• 代码注释频率
	相关操作文件质量	• RID 状态
安全适用性	安全性证据	• 安全活动完备性
系统工程有效性	系统工程过程证明	• 编码大小的稳定性 • 审计节点追踪 • 活动状态 • 采购软件修改率

9.4 航天器系统开发中的关键路径

在一个经典的航天器项目(需要建立工程模型并且不遵循基于仿真的方

法）中，通常 OBSW 代表在进度计划中关键路径的主要元素。在航天器设计被统一（包括设备的设计）之前，不能开始该 OBSW 的研发。OBSW 测试不能在 OBC 原型可用和软件已经可用于工程模型集成测试之前开始。

当利用基于模型的开发方法代替航天器工程模型的模拟时，模拟器成为计划中的关键元素。这是因为 SVF 必须在第一次进行 OBSW 测试时就可用，它甚至比基于工程模型（EM）的方法更早，因为在这样一个项目中，我们假设 SVF 在 OBC 模型的可用性测试之前就可以进行 OBSW 测试。计划中的第二个关键元素是安装有模拟器以及验证过与 OBC 之间的连线有效后的混合测试平台的实时可用。SVF 和 STB 研发过程中稳定有效的设备定义与需求的稳定性之间的时间非常短。

航天器研发中的测试平台配置如图 9.9 所示。

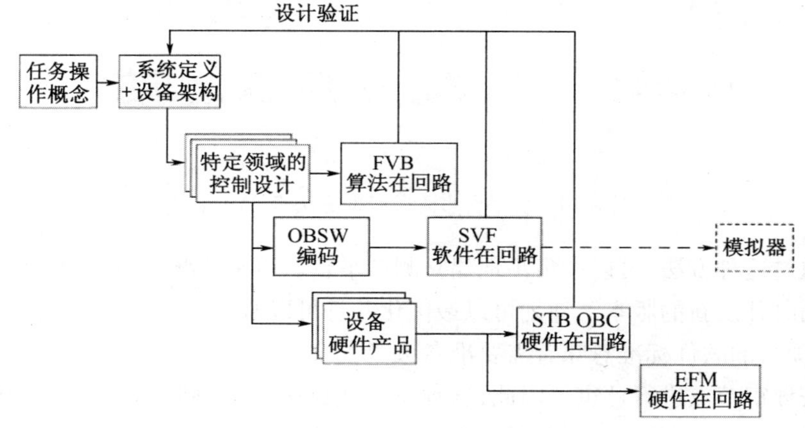

图 9.9　航天器研发中的测试平台配置

降低风险策略

为了降低风险，并解决因专用航天器组件合并以及由此造成的依赖测试平台组件后期冻结所带来的问题，逐步开发方法已被证明是一种适当的方法。该方法使 SVF 研发、OBSW 研发、STB 开发和航天器组装、集成和测试（Assembly, Integration and Tests, AIT）并行化。逐步测试平台开发通常与在内航天器项目中开发和验证的 OBSW 版本一致。例如，卫星工程中的有增强功能的 OBSW 将通过 3 ~4 个阶段：

- 具有操作系统、数据处理功能和 TC / TM 功能的 Core OBSW。
- 添加了 AOCS 功能的 OBSW。
- 增加了卫星平台控制功能的 OBSW。
- 增加了卫星有效载荷控制功能的 OBSW。

图 9.10 说明了这种方法。测试平台可用性在时间上的交错与重叠允许并行地进行，在最新的 SVF 上对新的 OBSW 测试、在 STB 上对之前的 OBSW 进行测试以及在 EFM 上的集成组装测试。此外，可以在安装有 OBSW 的 SVF 与 STB 上进行航天器轨道控制的操作测试。

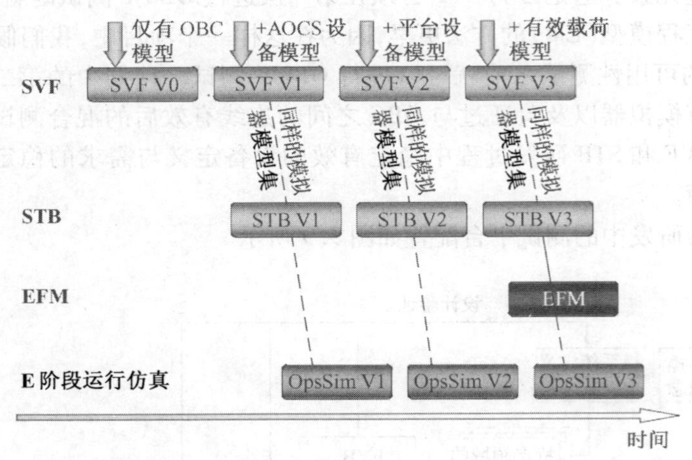

图 9.10　各平台多阶段研发方法 © Astrium

通过这种方法，可以一步步地建立测试平台。通常情况下，总是在使用老版本的同时开发新的版本。计划可以最优化并且可以避开工程中的关键路径。然而，该项目的软件标准意味着需要准备大量的文件，此外，研发过程中的每一步都要按评审节点进行评审。因此，这种每个测试平台各种版本交错的方法将受阻于大量必要的审查，并且如果允许这种方法的话，研发方法将不再符合开发标准，会被航天器客户拒绝接受。有一个直截了当的方法可以帮助走出这一困境，即在大多数情况下，在航天器客户召开的测试平台研发会议中，可以对将评审时间节点联合起来这件事达成一致。图 9.11 描述了这样一个例子，其初始系统需求评审（System Requirements Review，SRR）和初步设计审查（Preliminary Design Review，PDR）会议按惯例要求进行，并交付相应的文档。在这里，SVF V1 的详细设计评审（Detailed Design Review, DDR）和测试准备评审（Test Readiness Review ，TRR）已经结合在一起了。当然，这样一个综合的审查时间节点，所要的文档要包含两部分内容。在随后的审查时间节点中，大量的文档只需要增强修订，所以文档升级只需要做一次。例子中的第二步就是将 SVF V1 的接受审查（Acceptance Review，AR）与 V2 的 TRR 结合在一起。因此，评审的数量明显减少，所以文档的更新工作以及文件的循环署名工作也会减少。

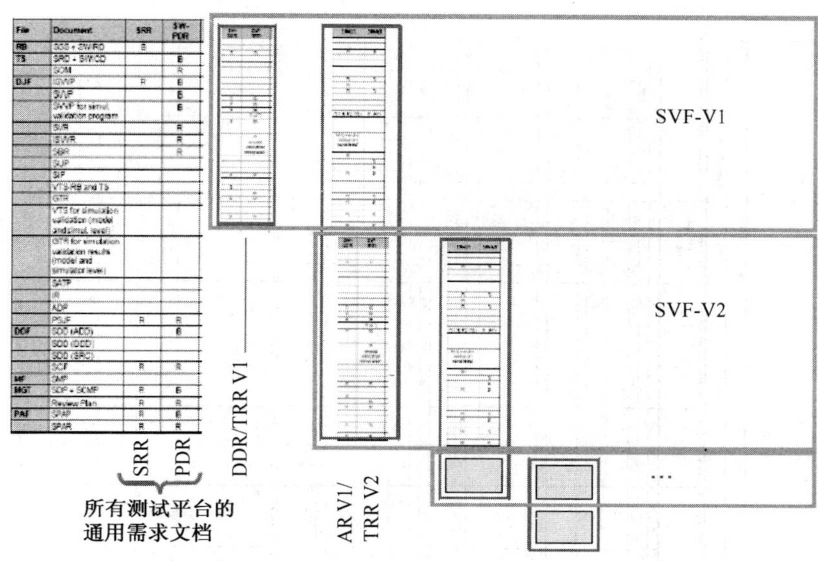

图 9.11 联合评审里程碑文件的获取方法 © Astrium

9.5 测试平台配置控制与 OBSW 和 TM/TC

在前面的章节中已经阐明测试平台的实时可用以及功能的正确性是非常重要的。然而,正确的功能不仅意味着测试平台和模拟器的软件质量好,没有问题,而且还要始终保持航天器的飞行模拟器状态和它们的配置数据集一致,而且与星载软件版本以及操控模拟航天器的 TC/TM 数据集一致。

因此,对航天器设备的设计更新进行永久监测是必要的。此外,对于航天器关键设备的设计文档、Simulink 算法设计版本、TC/TM 数据库版本、OBSW 版本以及 SVF/测试平台版本的追踪是非常重要的。可以用简单的电子表格实现它(图 9.12)。这个表格必须每天都进行更新。每位 OBSW 和模拟器的开发人员可以追踪另一方使用的文档是哪些版本的。如果一个 OBSW、TC/TM 数据库和模拟器的版本都共享相同的文档和相同的文档发布状态,它们就是兼容的,并且 OBSW 可以运行在相应版本的模拟器上。此外,可以通过加载相一致的 TC/TM 数据库实现控制台对操作的控制。

在项目开始时,航天器设备的特性数据(说明书后者设计书)只能从设备供应商文件中获得。后来当真正的设备硬件交付后,它们的“在建”特征数据可从航天器设备供应商的测试活动中获得。因此,项目中模拟器和测试平台必须可灵活配置,并且这些特征数据必须可以通过数据库进行配置控制。更多涵盖整个项目中心基础设施的数据细节在 10.2 节中介绍。

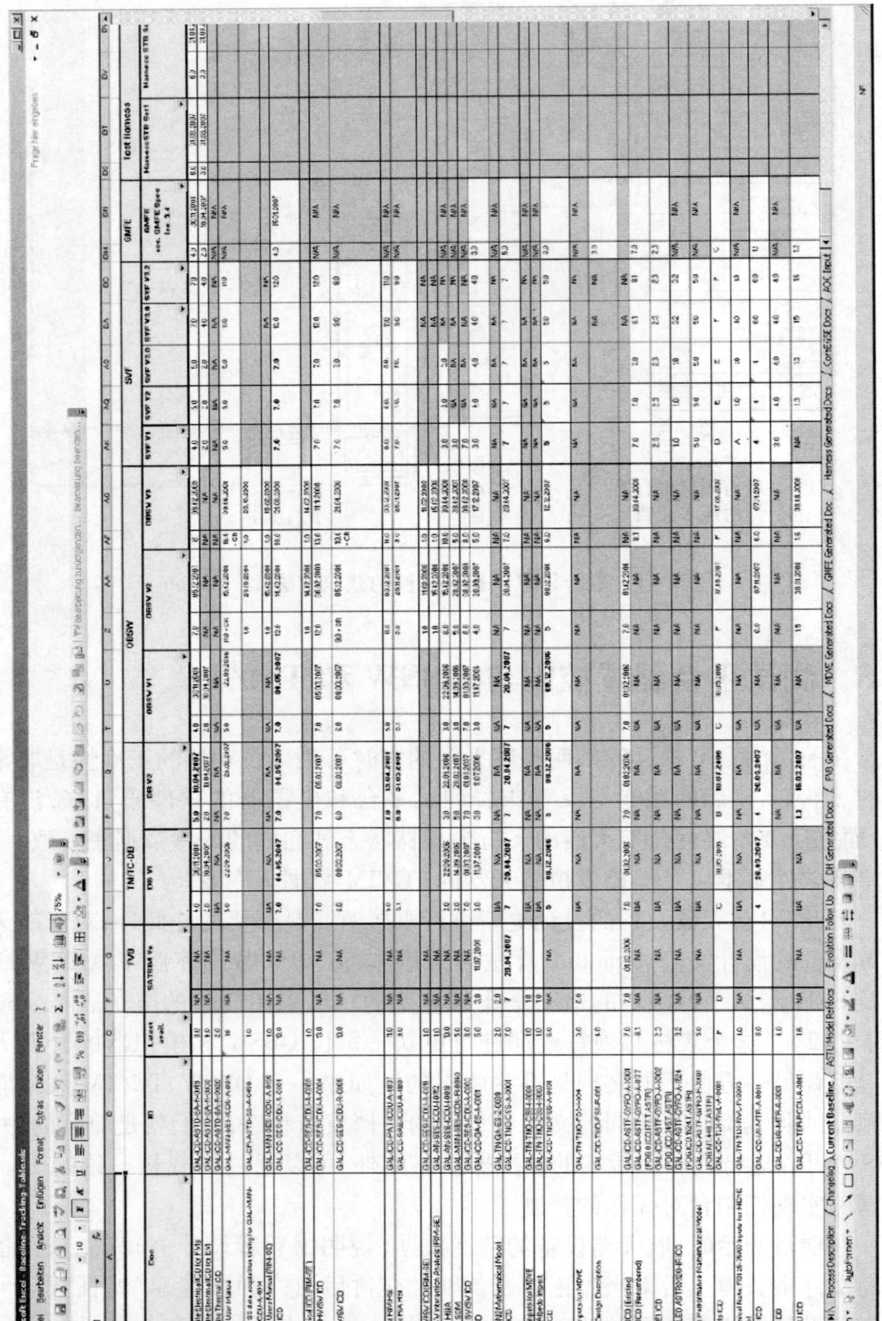

图 9.12　基线跟踪矩阵(改编自 Astrium 的例子)

9.6 测试平台的开发

在工程组织中,航天器中心功能组件的工程设计分配给一些关键的系统工程师,有时也被称为“架构师”。他们向项目经理报告,由高级系统工程师指导。负责星载软件设计、航天器电气设计、有效载荷及航天器操作设计。当使用这种基于模型的方法时,模拟器和测试平台的开发作为基础设施的设计与验证,在航天器项目中有相似的基本任务。因此,必须为这样的项目分配同级别的其他架构师,我们称其为“功能验证基础设施架构师”(FVI 架构师)。其职责包括跟踪和管理:

- 模拟器和航天器设备模型的内部研发。
- 外部采购的基础设施组件,如电源前端、控制台,Core EGSE。
- 更进一步的硬件测试设备(测试线)定义和采购。
- 模拟器的航天器特征数据的版本控制。
- 模拟器和测试平台硬件和软件的配置控制。
- 模拟器和测试平台的整体集成和设置。
- 作为重要的项目,协调从设计部门到 EFM/FlatSat 的所有测试平台开发活动,使其与下列安排一致:
  - OBSW 的验证计划和时间表。
  - 航天器硬件在 AIT 中的集成活动。

航天器工程中的 FVI 架构师的职责如图 9.13 所示。

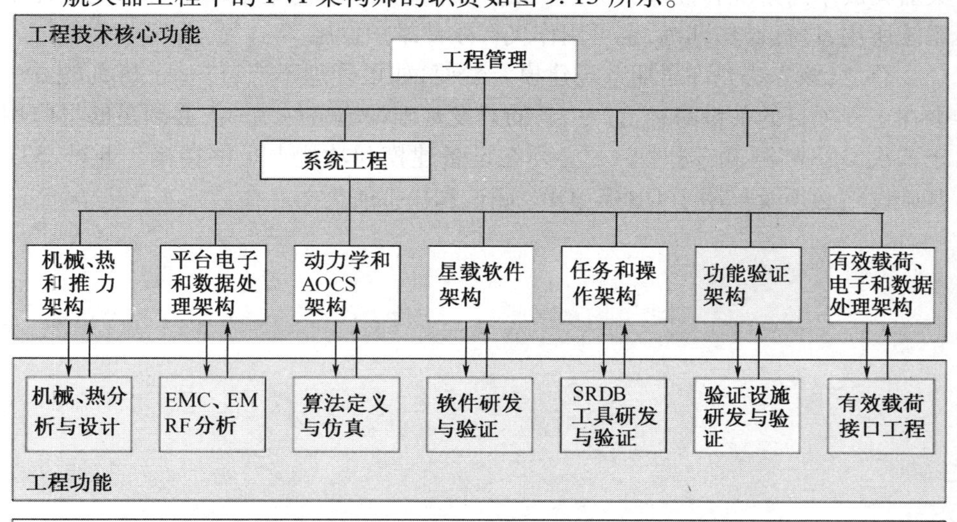

图 9.13 航天器工程中的 FVI 架构师职责 © Astrium

9.7 工程经验与教训

系统模拟器的开发及其应用迫使航天器项目团队在早期阶段就统一定义：

- 系统功能及其对航天器设备的分布。
- 对航天器设备、模型以及参数的操作行为。
- 航天器组件间的数据总线、电、热和机械接口。
- 航天器上的遥控指令和遥测数据以及对每个设备的指令控制。
- 航天器和测试平台的基本系统验证概念及测试方法。

同传统的基于工程模型的航天器项目相比，应用这种基于模型的开发方法显著地改变了工程过程。这种方法需要在工程数据的处理以及版本控制上具有更高的精度，并且需要更高的团队整合和跨所有工程学科的优化信息交换。系统仿真允许对航天器、航天器软件的操作行为，以及设计概念验证进行动态建模。测试平台开发方法由所选的航天器模型和测试理念驱动，确定哪些要通过模拟器验证，哪些要在硬件测试中验证。这种航天器验证概念决定了所需测试平台的类型、数量和功能。该方法允许在 SVF 上进行大量的 OBSW 预验证，避免了有限的 OBC 硬件模型的阻塞。此外，它允许在 SVF 上预验证 AIT 测试程序和飞行程序，而没有阻塞真正的飞行硬件。

在模拟器和测试平台上对系统模型进行恰当的验证，其通过 EFM 配置下航天器集成中的系统和接口测试来实现。最后，模拟器的基础设施可为地面控制系统所用，进行操作训练，也可用作飞行软件维护设施。

总之，该方法允许早期系统建模。然而，如果管理不当，该基于仿真的方法会在工程项目的关键跨径上产生新的开发基础设施组件。SVF 必须足够早应用于首次 OBSW 测试，同时 SVF 必须在设备建模和功能上足够精确。此外，STB 基础设施必须及早用于 OBSW、OBC 测试和模拟航天器。

第 10 章　系统工程基础设施中的仿真工具

Herschel © ESA

系统模拟器，特别是那些集成在 SVF 和混合测试平台的系统模拟器，在实际的航天器设计过程中并非独立工具，它们被集成到一个完整的系统工程基础设施中，用于接收表征数据。验证过的系统特征参量被迭代到工程环境中。这些抽象的仿真结果涵盖以下特性：

- 指向精度或航天器位置保持精度。
- 发射器分离后速率阻尼时间。
- 有效载荷的动态特性。
- 与功率预算相关的模式与姿态。

在这种最简单的情况下，特征参数值仅在系统工程环境和模拟器之间交换。对于在初始化时可以动态加载航天器拓扑定义的仿真工具（如 *OpenSimKit*）来说，以下几种存在于工程基础设施和仿真之间的交换信息最为重要：

- 待模拟的系统模型的数目和类型。
- 系统互联线模型的数目和类型。
- 模型/线路互联的网络列表。

但是，这需要给系统工程环境中的模拟器提供这类系统拓扑的输入，并不仅仅是单纯的特性参数值。一方面，需要一个合适的工具在真实的航天器项目中可以存储和处理所有这类信息，如系统工程数据库；另一方面，需要用标准的符号完全、规范、准确地模拟真实航天器的功能拓扑。

此外，一种高效的做法是，直接从设备供应商处获取所有关于航天器设备的信息，以统一的形式化符号表示，以便将这些信息融入到工程环境中或数据库中的纯顶层系统信息。这意味着：

- 模拟某组件的电气和数据接口的数目和类型。
- 存储与运行模式相关的特性数据，如功耗。
- 有必要数字化定义设备的运行模式以及涉及到任何模式转换的事件。

这将导致必须要以标准化符号来完整模拟整个系统装配树、系统的拓扑结构（部件之间的连接和连接线）、模拟部件模式及所有特征数据。在高级制造级进行整个航天器的建模，在开发商级进行设备建模，解决该问题的标准化符号见“系统建模语言”。

10.1 系统建模语言

受 UML 的概念、语义和符号的启发，2001 年开始，SysML 工业联盟开发了一种标记语言——“系统建模语言”（System Modeling Language，SysML）。许多其他工业的主要参与者也加入了这一倡议并促成了统一的语言标准。SysML 和用于系统工程的 UML 颇为相似（图 10.1）。SysML 系统还提供了一个图形标记法，可以与 UML 共享一些图表类型。由于整个实际系统的拓扑结构和功能可以通过 SysML 来规范描述，因此它打开了工程基础设施中形式化航天器模型的大门，这样就可以：

- 提取航天器的特征信息，用于模拟器初始化。
- 获得航天器及其设备的 UML 描述，用于航天器设备模型的建模和实现。

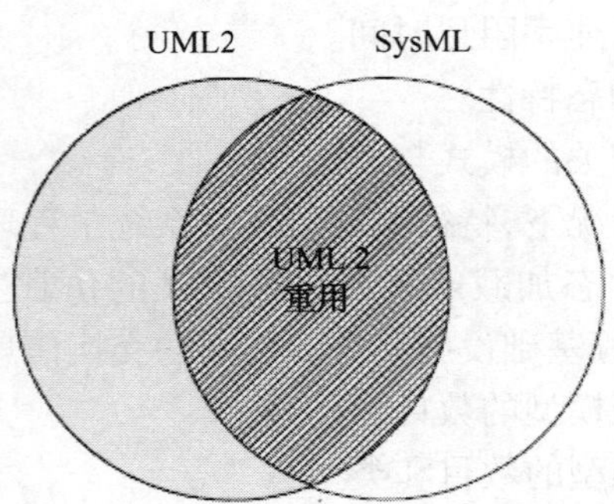

图 10.1　SysML 与 UML 的关系

SysML 1.1 包括以下图类型：

- 需求图。
- 结构和拓扑定义图类型：
  - 块定义图。
  - 内部框图。

> 参数图。
> 包图。

- 行为和性能定义图类型：
  > 活动图。
  > 序列图。
  > 状态机图。
  > 用例图。

由于概念的细节问题以及元素的多样性，其中可能包括不同图类型元素的变体，读者若对 SysML 感兴趣可以阅读文献[94,96]。下面主要通过语言结构、元模型、语言形式等简单概述 SysML 的各种图类型（根据 SysML 标准问题 1.1）：

需求图：这种类型的图允许规范地表示系统（航天器或子单元）的需求并定义它们之间的依赖关系，例如某些航天器用户需求与派生设备或星载软件需求之间的依赖关系（图 10.2）。

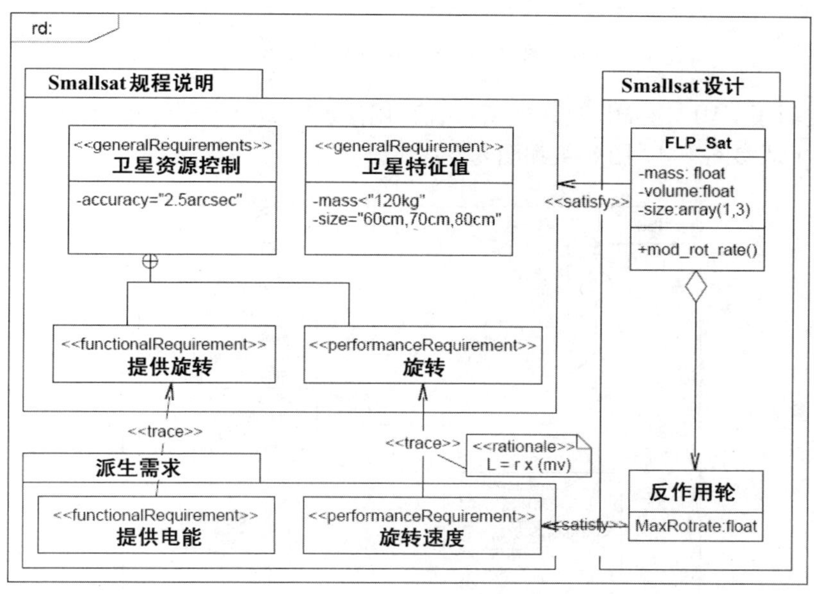

图 10.2 SysML 需求图

块定义图：这些图是从 UML 类图派生出来的，其符号元素对应于 UML 中的相应元素（图 10.3），如：

- 泛化。
- 关联。
- 聚合。

• 组合。

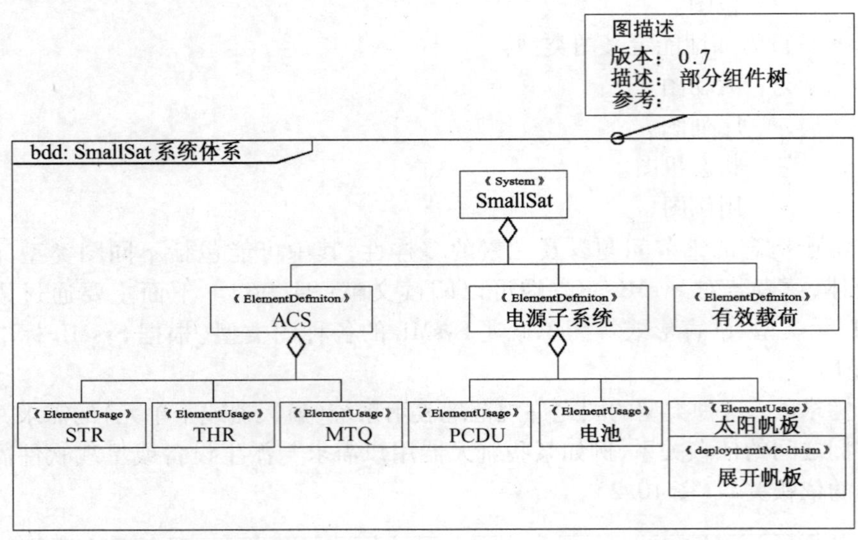

图 10.3　SysML 块定义图

类似于 UML,SysML 允许把变量、值、用法甚至 OCL 约束分配给所表示的系统元素(请参阅 UML 图 8.4 和图 8.5)。

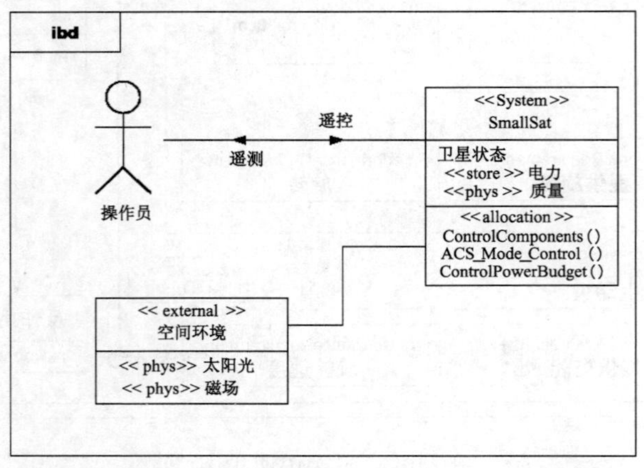

图 10.4　SysML 的内部框图

内部块定义图：本图源自 UML 的组合结构图。它们显示了系统的静态分解。一方面,通过可选的用户角色增强了用户/系统信息交换的定义;另一方面,它们显示了用于设备之间交换的信息或其他相互依赖的设备之间的接口关系。对应每种类型举例如下(图 10.4 和图 10.5):

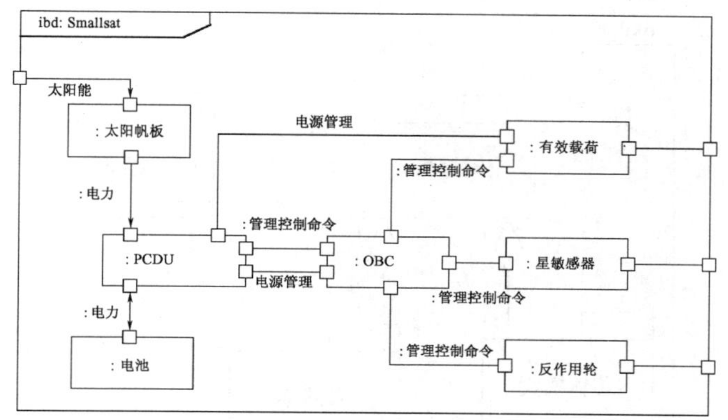

图 10.5　一个简化的卫星拓扑内部框图

参数图: 本图展示了系统组件、其参数及最终计算或变换映射之间的依赖关系(图 10.6)。对于这些参数而言,其名称(长度、功耗、速度等)和单位(m、W 等)都是可以指定的。

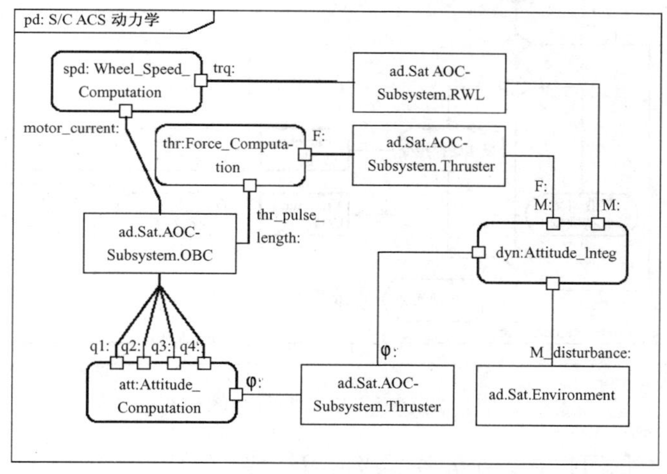

图 10.6　SysML 参数图

包图: 本图描述了系统主要组成部分间的依赖关系,例如应用程序的标准结构。图中的符号和符号含义与相应的 UML 图中符号及其含义相似(图 10.7)。

活动图: 本图描述了系统处理流程以及系统的运行和控制结构。相比对应的 UML 图,SysML 中的这些图已有所增强(图 10.8)。有关各种细节请参阅 SysML 标准文献[96]。

时序图: 这些图描绘了实际操作序列中系统组件之间的动态交互,图中的符号与 UML 图中的符号类型相同,是由 UML 演变而来的。在这里时序可包含

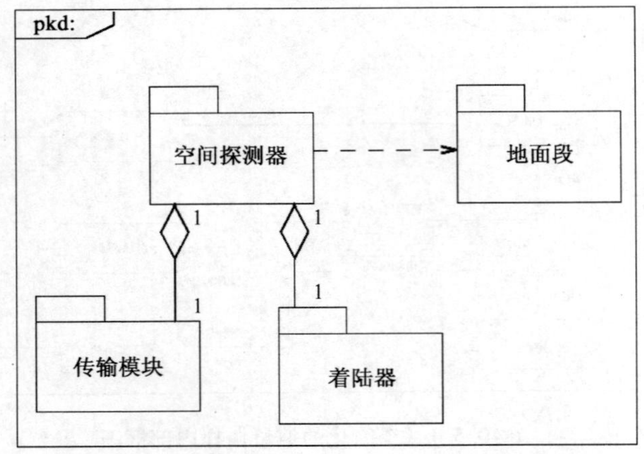

图 10.7　SysML 包图

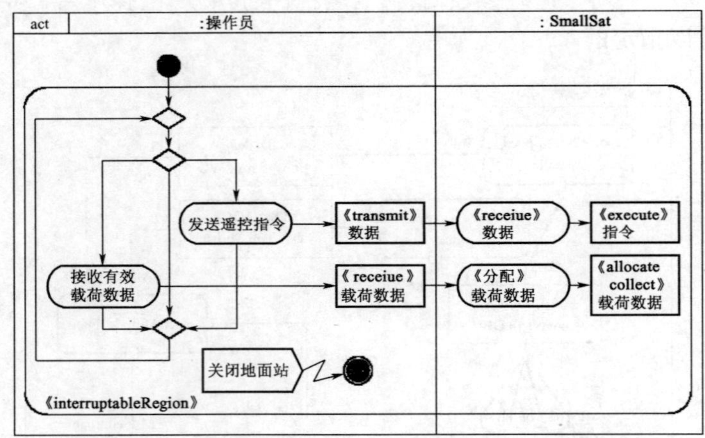

图 10.8　SysML 行为图

时间信息,此外,可以在系统元件类级或发生级(在 UML 中叫实例级)上指定条件项和序列(图 10.9)。

状态机图:该图描述了真实的航天器系统和设备状态以及可能的转换(图 10.10)。此外,SysML 中的符号允许指定转换触发(例如:命令、事件、故障)、转换时间以及提交给其他单元的输出。其中的符号与 UML 状态机图的符号含义一样。

SysML 也有用例图,其符号表示与 UML 中的符号表示类似。通常用于生成软件代码的图类型(或 UML 图①)有:

---

① 假设一个适当的代码生成器可用。

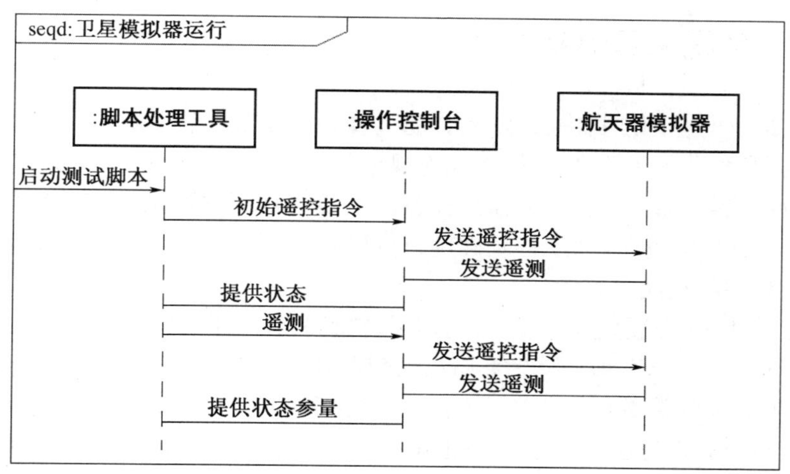

图 10.9 SysML 序列图

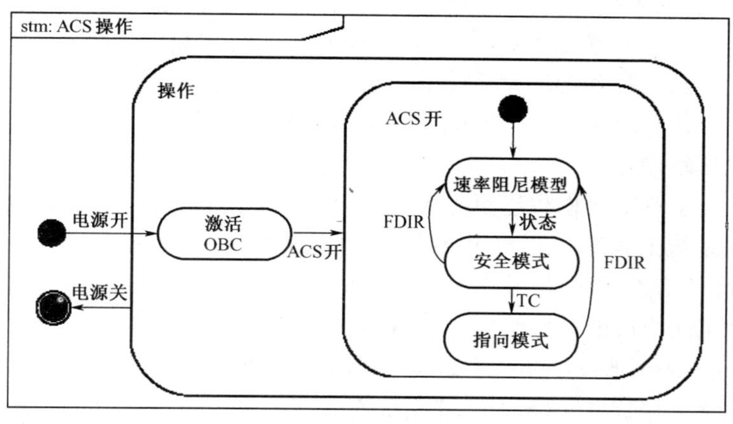

图 10.10 SysML 状态机图

- 块图。
- 时序图。
- 状态图。

SysML 的代码生成与 UML 工具代码的生成和执行方法相似,具体请参阅 8.4 节。但是这里所说的"代码"涵盖的范围更广,因为它不仅限于源代码,而且还可以包括数据模型、数据库结构、数据导出/导入脚本和 XML 或其他格式的数据文件。

若需要进一步了解系统工程标准和语言,请参阅本书附录部分列出的参考文献,特别是有关 SysML 定义标准的文献 [96]。

10.2 系统工程基础设施

在最近的空间项目中，开发人员通过复杂的系统工程基础设施来管理航天器系统数据、设备特性描述、线束互连规范和遥控遥测定义。它包括了对所有信息的版本控制，而不只含航天器与设备的纸质文档版本控制。信息是数字化管理，纸质文件作为报告从工程基础设施数据库生成。此外，其还包括航天器设计的整个数字化建模。

这种数字建模思想已经众所周知了，常见的有应用了多年的机械 CAD 模型数据。对于符合 CCSDS 和欧空局数据包利用标准（Packet Utilization Standard, PUS）的遥控/遥测数据进行数字化建模也因多年的数字标准模型已经面世了。然而最新的成果是建立一个数字化航天器，它涵盖了拓扑结构、特性和功能建模，具体见 2006 以后欧空局"虚拟航天器设计"的研究成果（如文献[100]）。例如，在欧州航天局 "BEPI Colombo"（水星相遇的使命）项目、"CareEarth"和"Sentinel 2"项目中，Astrium 公司卫星应用系统工程的基础设施有点类似于图 10.11 所示的结构。这个基础设施允许所有航天器方面的数字建模（电气、机械、操作），它允许从质量和功率预算工具、线束设计工具、AIT 中的电气测试设备、模拟测试平台和 Core EGSE 导出特征数据和配置信息[109]。

系统工程基础设施

虽然对于特定工程和建模任务已有专门的工具和数据库（如机械设计 CAD 工具），但系统工程基础设施并不是单个数据库应用，而是专家系统模型的集成，它提高了信息的容量，并避免了参考信息的倍增。这种系统工程基础设施通常由多个工具组成的分层结构来实现，该基础设施的顶层通常就是 "系统工程数据库"（System Engineering Database, SEDB）。如图 10.11 所示。

在系统工程数据库（SEDB）中首先存储了抽象的航天器表征，更准确地说，航天器设计是在基于 SysML 的表示中建模的，并且模型元素被参数化。具体包括以下信息：

- 航天器和虚拟航天器装置（即测试平台）的产品树，在多卫星任务中，包括航天器系列所有实例的树。
- 航天器和所有设备的运行模式。
- 航天器的物理特性，其可以是模式相关的，如转动惯量取决于太阳能电池阵列是否展开。
- 每个设备的物理特性，其也与设备模式是相关的。
- 系统配置（未展开/展开，开始/结束工作等）。
- 对星载设备之间线路互连的功能定义。
- 设备遥控遥测数据和协议包定义。

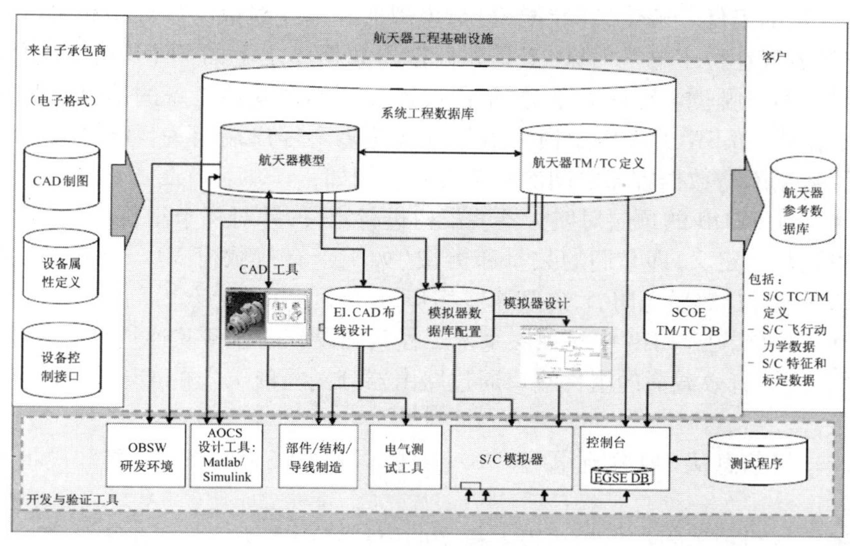

图 10.11　系统工程基础设施和内部数据库

- 星载软件的可操作 PUS 服务处理程序配置。

除了航天器模型之外，用于地面与空间通信的航天器遥控遥测定义数据也应包括在 SEDB 中。

在中间层存在更常见的数据库/工具，其用于进一步详细描述系统工程数据库中的顶层信息。它们是：

- 用于计算机辅助设计（Computer Aided Design，CAD）的机械工具。
- 用于线束设计的电气 CAD 工具。
- 测试平台中，用于处理模拟器所有模型和配置数据的模拟器数据库。
- 用于处理遥控指令/遥测定义的数据库。
- 用于处理测试过程的管理工具。

在工程基础设施最底层的“数据处理部分“，客户端工具有下面几种：

- OBSW 开发环境。
- B 阶段算法设计模拟器（Simulink、PSpice 等）。
- 从 SVF 到 EFM 的验证测试平台。
- 应用于 AIT 的多种测量和自动测试设备。

该最低级别的列表并非详尽无遗，可以通过不同的预算工程工具（质量、电源、链路预算）将各类数据的详尽数字输出在电子表格，也可以通过系统工程基础设施来提供数据。

垂直细化和水平一致性

数字化模型的逻辑在最底层的工具/数据库中始终保持最详细的信息。当多个“客户” 都需要某种类型的信息，该类型的信息将被放置在更高一层。例如,航天器的组件分解信息(装配树)与模拟器和电气线束的设计是相关的。因此,它被放置在位于电气 CAD 工具和模拟器数据库之上的 SEDB 内。类似地,哪个设备通过哪类电源或命令/控制接口连接到哪个其他设备的信息也与电气线束数据库、OBSW 开发以及模拟器数据库等多个客户端相关。电气线束设计描述了数据库与数据容器之间的复杂交互。例如:

- 在 SEDB 的顶层对航天器装配树进行定义,并对每个组件/设备的电气接口也进行了定义,即它们的数量和类型(如 1 个有效载荷 MIL – STD – 1553B 总线,2 个模拟/热敏电阻,1 个 RS422 串口,1 个 50V 电源)。

- 此外,在 SEDB 中对顶层系统工程基础设施的设备互连进行了定义,即端口线,例如有效载荷的组件端口通过路由器分别与航天器的 OBC 和 PCDU 端口连接。

- 该信息从 SEDB 到电气 CAD 工具,再到 OBSW CASE 工具和模拟器数据库。

- 从模拟器数据库生成设备模型的模拟器配置文件和功能接口模型。不过因为模拟器仅在功能上实现线路互连,这个级别的细节是足以用于模拟器配置,因此电气连接器和引脚的详细信息就不是必需的了。

- 然后将关于设备互连的顶层信息导入到电气 CAD 工具进行线束设计,但在这里,必须进一步详细说明线束模型。对于每个引 MIL – STD – 1553B 的总线,模拟热敏电阻或电源线都必须详细说明,例如有效载荷分别连接在 OBC 和 PCDU 的什么位置,并详细给出该引脚的信号、电源、接地、屏蔽和冗余线路设置。

- 此后就是依照这些设计数据,正确加工并在测试平台中测试飞行线束。然后,这些信息被用于电气自动化测试工具的配置中,以确定哪些连接器或哪个引脚上的信号可以在电气试验中获得的。

此外,它对于航天器发展历程和 B ~ E 阶段①的工作流来说是很重要的。在此阶段,所有领域的设计信息不断地细化(此内容将在随后的章节再次提到)。基础设施必须支持此信息并保证工程数据的一致性,如图 10.11 所示的每一层。例如,从 Core EGSE 发送到航天器的测试指令必须符合星载软件版本、OBC 与航天器设备之间的数据总线协议、OBC 与平台/有效载荷设备间线束的电气设计。

系统工程数据库的数据模型

这种系统工程基础设施中的系统仿真域基本数据流见图 10.11 所示,它是从系统工程数据库的航天器模型以及航天器测试平台中的配置模拟器延伸而来的。它与纯数据库的重要区别在于,系统工程的基础设施元素(如 SEDB 或模拟器数据库)不仅要包含简单的变量和值,而且对拓扑和功能两方面的数据相关

---

① 在航天器项目 A 阶段通常尚未应用这样的系统工程基础设施。

性进行建模。而这是基于简单表格的数据库所无法实现的。

基于 SysML 的建模体系结构是必要的,在 ESA 项目“虚拟航天器设计”[100]中这一点得到了体现。图 10.12 表明这种模型的实现使这些抽象的描述更容易掌握。图 10.12 和图 10.13 给出了依照 ECSS – E – ST – 10 – 23 标准草案从一个系统工程基础设施工程数据模型提取的样本。为了不使示例过于复杂,这里面只包含了航天器建模方面的信息,而没有涉及数据版本管理、用户访问权限等主题。图 10.12 显示了用于设备定义的 SysML 之模型、具有所有触发类型的模式转换,以及模式相关的设备参数。数据模型对应于 UML 级的元模型,请参阅图 8.18 所示的 M2 层。图 10.13 右侧显示设备定义的建模及其实例化,左侧表示接口定义及其实例化。

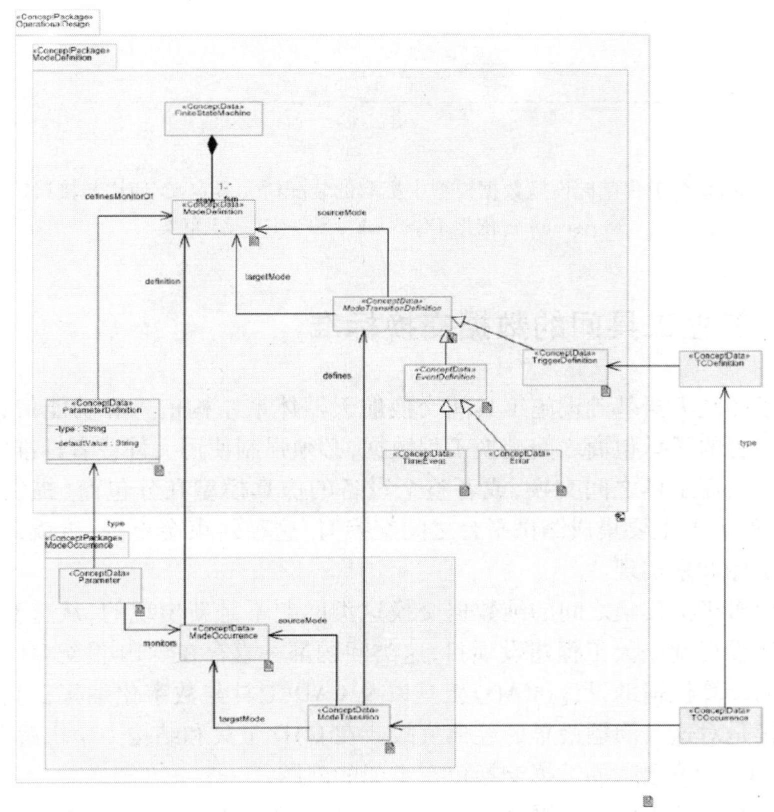

图 10.12 从系统工程基础设施数据模型提取出的基于状态机的设备模型
© Astrium—依据 ECSS – E – ST – 10 – 23 草案

在这样的数据模型里,可以定义层次装配树和设备的互连,请参阅图 10.3 块定义图中的实例以及接口定义之间的设备实例,如图 10.5 中的实例指定。详细信息可参阅图 8.18 中所示的 M1 层实例级航天器。

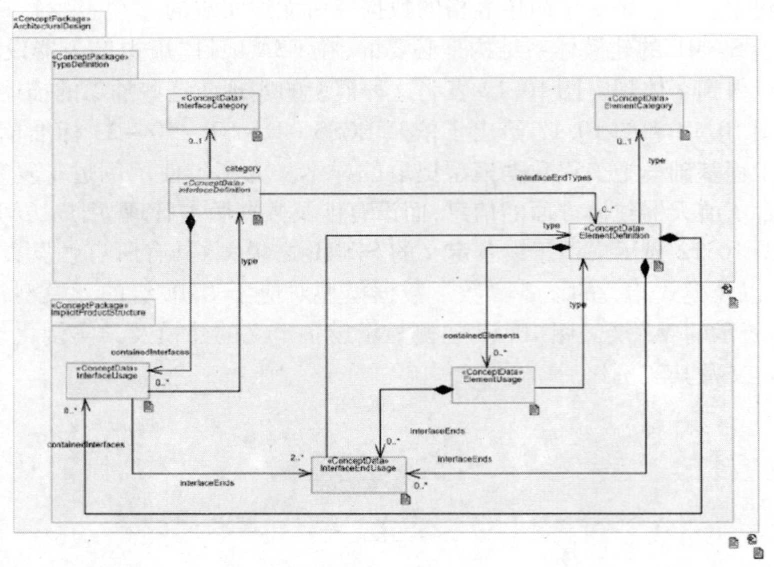

图 10.13　从系统工程基础设施数据模型中提取的装配树元素定义/使用与接口定义/使用
© Astrium—依据 ECSS－E－ST－10－23 草案

10.3　工程工具间的数据交换标准

为了在航天器基础设施工具间交换航天器体系结构信息和功能信息，并且在航天工程的子承包商之间交换工程数据，必须强制使用文件或者标准的建模。当仿真数据在工具之间交换，或者整个设备的仿真模型在分包商（提供真实的设备）和航天器主要集成测试平台之间交换时，这种约束会更强，这就需要遵循模型交换标准来实现。

至少对于工具集之间的纯数据交换这类问题不是新出现的，从造船工业到化工厂建设再到航天工程建设项目，这类问题都一直存在。19 世纪 80 年代，不同厂家的计算机辅助设计（CAD）工具以及 CAD 工具与数字化编程工具之间的数据交换是对这类问题最早的经典挑战。在 CAD 工具和结构力学求解器（如有限元 FEM 工具）之间的数据交换也有类似的问题。

对于系统的工程工具网络来说，如图 10.11 所示网络的电子数据交换是非常重要的。下面将简要概述现有的数据交换标准。

通过 XMI 数据交换

在工程环境中让两个工具遵循相同的基本设计方法是最简单的办法，如航天器 SysML 模型在系统工程数据库中用模拟器数据库模型表示整个航天器，SEDB 的仿真数据库用于功能仿真的范围有限，但可以通过增强诸如求解器接口等数字信息来解决。这两者都可以在 SysML /UML 上以它们的数据模型为基础。基于 SEDB 航天器模型的元对象机制(Meta Object Facility, MOF)(图 8.18),设备模型的功能和拓扑表示、互连模型和参数化数据可以直接导出或重新导入到模拟器数据库的 MOF 中,但先决条件是:导出/导入过滤器具有数据交换文件格式。在 UML 和 SysML 中,"XML 交换格式"(XML Interchange Format,XMI)是一个特定的 XML 变型[99]。从模拟器数据库中航天器拓扑和功能的 SysML 表示可以得到两种类型的输出,它们是:

- 模拟器的 XML 配置数据文件。可以通过一个 XML 输出滤波器直接从 SysML 模型中提取出这些文件。
- 从模拟器数据库中的 SysML 表示可以生成用于模拟器 UML 设计工具的顶层 UML 类。因此,有关设备类、线束线类,以及状态机和整个实例化的信息都可以导入到 UML 的模拟器设计工具中。

由于 SysML 与 UML 都基于标准化的 MOF 和 XMI 概念,所以直接导出所有信息到模拟器设计工具是一种切实可行的方法。在这样的情况下,就不需要手动重新输入信息到任何新工具,可以减少信息的丢失、错误和不一致,所以在很大程度上简化了数据和模型控制配置。

通过 STEP 数据交换

因为不是所有的工具都支持较新的 SysML / UML / XMI 技术,所以工程工具之间的数据/模型交换才是真正的难点。然而数据交换问题并不是新出现的,已经有许多数据交换方案的老标准存在。自 1980 以来,国际标准化组织(International Organization for Standardization, ISO)统一了数据交换的标准即"产品模型数据交换标准"(STandards for Exchange of Product Model Data,STEP)(ISO 10303)。在这里,首先需要明确 STEP 不是一个类似于 UML 和 SysML 的系统标准建模,而是代表一组为工程工具间数据交换服务的"规范符号"及使用指南等。当然,有的"建模"也因为数据交换的需求原因,没有实现动态功能。

STEP 标准是由应用原则、领域相关说明和应用指南等组成的相当复杂的集合。因此该处简单介绍一下。首先是"部件",其涵盖了系统建模的定义的所有类型,例如(非详尽清单):

- CAD 网络模型。
- CAD 表面模型。
- FEM 模型。
- 运动学模型。
- 热网络模型。
- 电网络模型。
- 电子板布局模型。

- 工厂控制用的数控数据模型。
- 数字程控机床用数控模型。
- 可视化模型。
- 系统工程的重要组成部分。

STEP 标准的其他部分是“应用协议”。STEP 应用协议就是确定哪些与 STEP 一致的工具可以用。与系统工程领域相关的协议是 AP233。图 10.14 以简化的方式显示了由 AP233 规范的所有主题。目前,对于图 10.14 中较低层而言,并不是标准的所有章节所有条目都是可用的。在 AP233 中已经或即将被明确规定的有:

- 数据定义。
- 组件的物理描述。
- 有关系统和组件属性的定义。
- 系统的体系结构和组件分解描述。
- 需求。
- 对组件的需求分配。
- 组件属性的分配。
- 功能树和流功能分解。
- 状态机描述。
- 因果链——特别是系统故障的描述。

有了这些符号就可根据系统需求、拓扑结构和简化的行为信息这些最重要的信息在工具中建模。STEP 在基于文件的数据交换中提供了一个自己的符号语言标准:EXPRESS(ISO 10303 第 11 节)。STEP 与 EXPRESS 间的文件数据交换同 XMI 与 SysML 工具间的标准化概念一致。下面以从图 1.12 抽出的系统作为例子解释 EXPRESS 中的静态系统分解结构(图 10.14)。

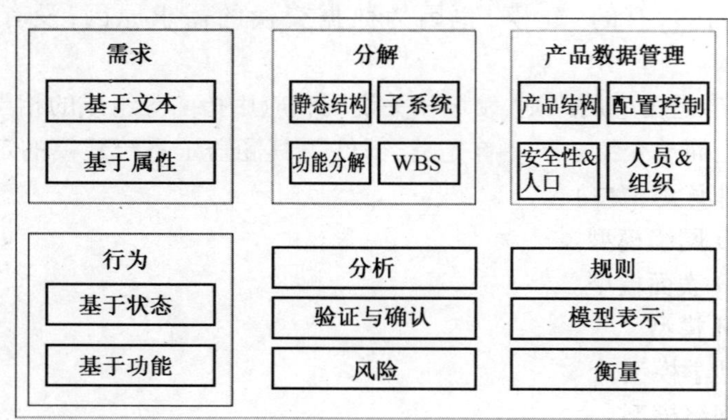

图 10.14 用于系统工程数据交换的 STEP/ ISO 10303 AP233 元素

火箭推进系统如图 10.15 所示。

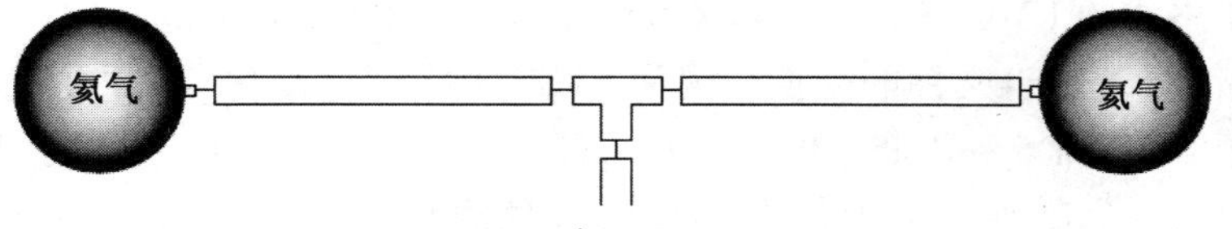

图 10.15　火箭推进系统

相应的 EXPRESS 表示法如下:

```
SCHEMA rocket_propulsion_system;

ENTITY component;
      ABSTRACT SUPERTYPE;
      comp_mass: REAL;
      comp_heat_capacity: REAL;
END_ENTITY;

ENTITY HPBottle;
      SUBTYPE OF (component);
      He_pressure: REAL;
      He_mass: REAL;
      He_temp: REAL;
      He_massflow: REAL;
END_ENTITY;

ENTITY Pipe;
      SUBTYPE OF (component);
      pressure_in: REAL;
      temp_in: REAL;
      pressure_out: REAL;
      temp_out: REAL;
      massflow: REAL;
      inConnectedTo: OPTIONAL component;
      outConnectedTo: OPTIONAL component;
END_ENTITY;

ENTITY Junction;
      SUBTYPE OF (component);
      ......
END_ENTITY;

.........

ENTITY System;
      propulsion_system: SET[0,?] of component;
      system_mass: REAL;
END_ENTITY;

END_SCHEMA;
```

交换文件本身可以包括如下 EXPRESS 信息:

- 特殊格式的 ASCII 文本文件的格式(可参阅 ISO 10303 Part 21)。
- XML 兼容的架构和数据定义(可参阅 ÉXPRESS - X,ISO 10303 Part 28)。同图 8.26 中的 XML 文件概念相比较,EXPRESS 类型的文件表示相对容易转换。
- 通过在线访问数据库(在 C++ 或 Java 语言中使用)中的"标准数据访问接口"(Standard Data Access Interface,SDAI)STEP 标准(可参阅 ISO 10303 Part 22)导出 EXPRESS 模型。

STEP 与 XMI 的数据交换

XMI 格式的 UML/SysML 工程数据可以和 STEP 第 28 节的 XML 格式互相转换,但仅限于基于文件的交换。因为 STEP 不指定标准化工具内部信息表示形式用于 UML 和 SysML 的 MOF,所以 STEP 和 UML/SysML 工具之间直接的“工具 - 工具”交换是不可能的。对象管理组织(Object Management Group, OMG)正在实现 UML/SysML 中 EXPRESS 元模型与 EXPRESS 之间的相互映射。

STEP 的图形符号 Express - G

此外,STEP 还包括一个系统工程数据的图形化表示格式,如图 10.16 所示。

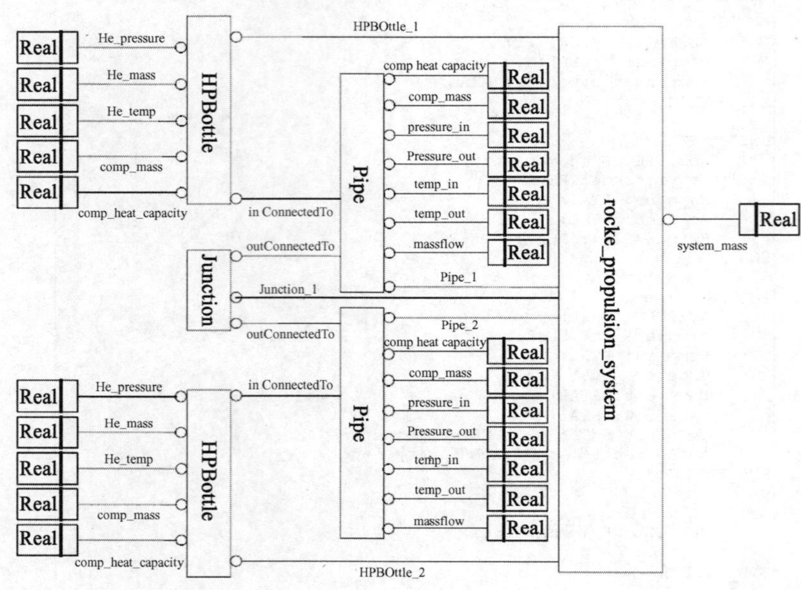

图 10.16　Express - G 系统表示的例子

该例表明,用 EXPRESS - G 表示的结构规模会快速的变得很庞大,这是因为系统的各个特征(如变量)都被视为一个单独的图形 EXPRESS - G 实体。因此,该符号的普及是非常有限的。

第三部分

先 进 技 术

第 11 章　面向服务的模拟器核心架构

FLP © IRS Universität Stuttgart

本书 6.8 节详细阐述了模拟器内核的复杂性。模拟器内核能够在该模拟器初始化时导入待模拟的航天器系统模型拓扑，并且能够在该内核和求解器中注册组件。该模拟器内核有着非常先进的基础设施，并仍有很大的发展空间。

这些动态加载的功能属性会在使用开源模拟器工具包 *OpenSimkit*（目前①仍在进一步构想中）的 4.0 项第一个代码示例时进行详细论述。在探究技术细节前，我们先对“面向服务的（软件）体系结构”（Service Oriented (Software) Architectures，SOA）做一个简要介绍。

面向服务的体系结构

面向服务的体系结构是一类源自信息技术并用于企业水平互联互通软件的技术方法。多数情况下，面向服务的体系结构应用于互连商业软件组件中。能够由抽象级的互联服务创建更高抽象级的服务，如库存总览、存货盘点功能、市值认定、必要的保险保障、盈利能力计算等。该原则在 SOA 中被称作“范型”。相应的较低层级功能如“包裹条码自动扫描”可在公司的商品签收部门得以实现。因此，计算组件可封装至服务中，并以一种整合单个功能使之集成为更高层级服务的方式进行调整，或者更高级别的抽象模块可使用低层级服务提供的中间结果。

为了以一种合适的方式进行组件之间的互联互通，SOA 要求参与其中的组件务必有稳妥可靠的设计，即对这类商用化组件分别进行合适的甄选。面向服

① 2009 年春。

务的系统通常分布在不同的计算节点，每个服务会注册于相应的目录内，而且并非所有服务都同整个系统有永久性联系。SOA 对于系统架构而言仅仅是个范例。与用于软件设计的 UML 等定义语言相比，在线组件的互连没有标准。

面向服务的模拟器内核设计

如果基本的概念及理念被转换为系统模拟器的内部软件架构，那么对于系统模拟而言，面向服务的方法则会更加令人关注。这意味着该模拟器被当作一个 SOA，其中的每个模块执行其特定功能，以便聚合动态系统模拟的所有功能。为此，应当对整个模拟器的系统架构进行如图 11.1 所示的分析。模拟器数值的基本概念如图 6.10、图 6.11 所示。

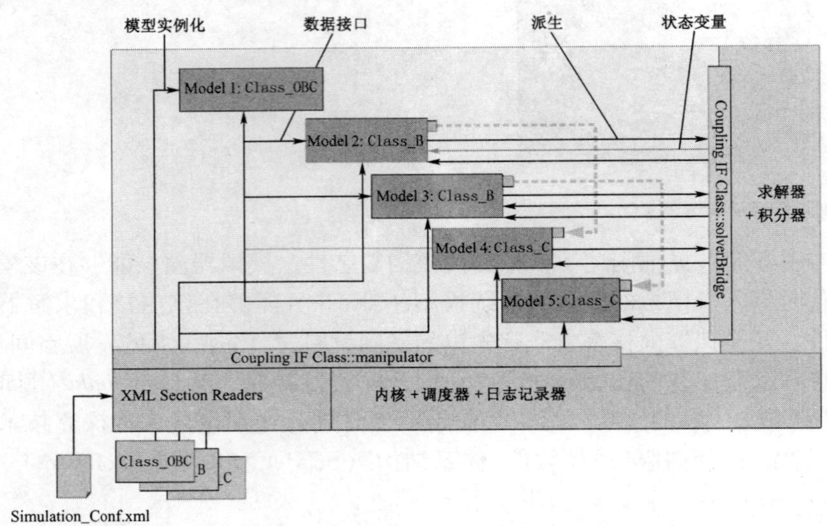

图 11.1　面向服务的仿真器体系结构 – *OpenSimKit V4*

项目架构主要由以下层级组成：

- XML Section Readers，是模拟器配置 XML 输入文件的模块化输入。
- 模拟器内核，其负责：
  - ➢ 建立模型实例及端口实例。
  - ➢ 在模拟运行期间调度所有的组成运算，并将结果存入日志文件中。
  - ➢ 仿真命令/控制，以及与控制台处理相关的遥测接口。
- 根据模拟器配置 XML 输入文件中的条目进行加载及配置的模型类。
- 由内核的类产生的模型和接口实例。
- 包含整合初值问题所需的所有函数的数值求解器。

在内核及模拟器模型之间设置了一种控制器的网关类，其目的是在初始化及模拟计算过程中控制模型变量的读取/写入/设置/接入权限。所有模型都注册于控制器中。求解器桥接器类提供了模型和求解器之间的相似注册服务。

11.1 SOA 模拟器初始化的实现

首先分析那种为模拟器提供了 XML 模拟器配置文件读取器功能的服务。XML 子系统位于 *OpenSimKit* 内一个独立的 Java 包中,其包含了若干个负责读取输入文件中专用部分的多路读取器。XML 子系统提供"模型实例化"①和"模型初始化"服务。这也是模型在这里实例化的原因,该实例化通过抽象工厂模式[101]得以实现。

此抽象工厂模式提供了一个允许生成对象族系的接口,而该族系中的具体类在实例生成前则无需获取。对模拟器而言,这意味着模型类在编译时依然无需知晓,而是在运行过程中,通过使用抽象工厂来动态加载,并在与输入文件交互中实例化。这种对象创建的唯一要求是模型必须实现服务接口 org. opensimkit. Model。

模型的实例化

XML 文件中,组成类别的名称为:

```
< model class = "org. opensimkit.models.rocketpropulsion.PipeT1 " name =
"model3" >
```

计算机框图语言中的元素"model"表示模拟器内的模型。属性"class"特指用于该模型的类名称,如它标识出了该模型实例的类,在该例子中,它是位于 org. opensimkit. models. rocketpropulsion 包中的 PipeT1 类。属性"name"特指模拟器中模型的名称,该例子中,它是"model3"。操作者可通过该名称由控制台命令使用该模型。

下面是从 org. opensimkit. xml 包中 ModelXMLSectionReader 类中提取的用来阐明上文提到知识的代码序列:

```
try {
    /** Retrieve the Class reference for the name of the class.
     *  The name of the class is located in the variable "type". */
    Class<?> cls = Class.forName(modelType);
    /** Retrieve the constructor with one argument of String. This
     *  must be done, because Model has no default constructor.*/
     Constructor con = cls.getConstructor(new Class[]{String.class});
```

① 实例化即为软件实例的生成。

```
    /** Execute this constructor to instantiate a new object from the
     *  originally given name. */
    model = (BaseModel) con.newInstance(name);
    comHandler.addItem(model);
    manipulator.update();
  } catch (Exception ex) {
    System.out.println("Invalid type " + modelType
        + " specified for model " + name);
  }
```

首先尝试加载类:

```
Class<?> cls = Class.forName(modelType);
```

接下来尝试获取带有 String 类自变量的类构造函数引用。

```
Constructor con = cls.getConstructor(new Class[]{String.class});
```

之后调用该构造函数。其返回值是构建的或实例化的模型的引用;而其自变量是模型名称。

```
model = (BaseModel) con.newInstance(name);
```

此名称可从 XML 文件中读取。

```
<model class = "org.opensimkit.models.rocketpropulsion.PipeT1" name =
"model3">
```

新构建的模型的引用被传递给组件句柄。

```
comHandler.addItem(model);
```

以上为实例化一个新模型的步骤。如果出现错误,则会提交相应的错误信息,最终初始化模型变量。这就是“抽象工厂”设计模式的实现方法。

模型变量的初始化

XML 输入文件中的模型说明示例:

```
  <model class = "org.opensimkit.models.rocketpropulsion.PipeT1" name =
"model3">
    <variable name = "description"/>
    <variable name = "length" unit = "m">1.5</variable>
    <variable name = "specificMass" unit = "kg/m">.6</variable>
    <variable name = "innerDiameter" unit = "m">.0085</variable>
    <variable name = "specificHeatCapacity" unit = "J/(kg*K)">500.0</var-
iable>
    <variable name = "surfaceRoughness" unit = "m">1.E-6</variable>
```

```
    <variable name = "temperatures" unit = "K" fieldSize = "10"
                    allFieldEntriesIdentical = "true" >300.0 < /variable >
< /model >
```

元素“model”可包含任意一个(如 0 ~ n)“variable”类子元素。经由这些使得模型变量的初始化成为可能。除标量值外,初始化一维数组也是可能的。除了字符串,所有原始 Java 类型也可用输入文件初始化。

下面给出的例子显示了模型类初始化中标量值的初始化。

“org. opensimkit. models. rocketpropulsion. PipeT1“:

```
<variable name = "length" unit = "m" >1.5 < /variable >
```

称为“length”的标量变量(因使用 Java 反射机制,故该名称区分大小写)会在此初始化。变量的数值设置为 1.5。变量说明见“org. opensimkit. models. rocketpropulsion”包内“PipeT1. java”文件。

```
@ Manipulatable private double length;
```

变量“length”是“double”类型,除有注释“@ Manipulatable”外,还有“private”访问修饰符。这表明用户从控制台经设置/获取函数实现变量的读取与写入。控制器的写入和读取权限分别由函数 setFromString( )及 getFromString( )实现。类函数 setFromString( )的签名如下:

```
public void setFromString ( final T instance, final String fieldName, final
String value)
```

此处“instance”是指模型实例的引用,而“filedName”是指包含变量名称的字符串。参数“value”指包含一个字符串的新变量值。若修改后的变量不是数据类型 String,则可尝试将 String 转换为相应的基本类型。如果不能转换则会出现异常。假如操作成功,变量则会有一个新值。如:

```
manipulator.setFromString(model3, "length", "10");
```

模型“model3”中的变量“length”被赋值为 10.0。此处字符串 10 被转换为 double 类型值 10.0。

以类似方式初始化带有 ModelXMLSectionReader 的向量或一维数组等非标量模型变量是可行的。模型本身不提供任何 get( )或 set( )类函数用以获得/设定变量值。在初始化过程中,它们是完全被动的。完整的初始化服务由 ModelXMLSectionReader 提供。

该设计为设备模型开发者的简便使用提供了有利条件。开发者只需负责说明可设定的及可读取的变量、向量及数组,因此对于这些变量的访问函数无需由他进行编码,模型类也无需从提供这个功能的基类继承。这种模拟器设计方法便于模型开发者尽可能前后连贯性地设计模型。开发者只需负责开发适用于模拟器设备模型中真实设备硬件所涉及的全部物理原理的功能模型,并且开发者只需具备内核实现细节的基本知识即可。另一个有利条件是:在关于输入读取功能和命令/控制功能(set( )/ get( ))的 *OpenSimKit* 内核设计被修正情况下,模型类别本身不会受影响。这使得在设计中可以持续进行模拟器内核改进升级。

向输入文件部分的处理提供了类似的 XMLSectionReader,用于:

- 设备端口。
- 使用功能接口进行模型实例间的连接。
- 数值模拟参数设定(求解器精度,时间步长大小等)。
- 周期性记录到文件的变量规范。
- 提交至控制台的接口包。

这些 XMLSectionReader 提供了模拟器完整初始化所需的全部服务。通过使用抽象工厂模式,无需静态链接任何模型类库至模拟器。

11.2 SOA 内核数值的实现

相较于模拟器初始化,微观层面的 SOA 概念对于数值模拟而言更易引起关注。对于内核而言,设备模型和系统模型(如空间环境模型)起着计算服务的作用。所有其他功能均采用严格的模型无关方式在内核内部编码。

求解器内的模型注册

初值问题的求解如图 6.10、图 6.11 所示。理想状态是每个模型需通知求解器可提供的导数。另外,求解器需要知道每个模型回传哪个状态变量以执行其内部运算。这相当于在 SOA 内对计算服务进行注册(图 11.1)。求解器处模型的注册是通过相应的求解器方法来处理的。这里会用到 solverBridge 接口类,每个模型都经由这个 solverBridge 连接到求解器。在该注册过程中,由求解器查询每个模型提供的状态变量,同样地查询于每个模型提供的导数以及每个模型为执行其内部计算所需的从求解器中返回的状态变量。由 solverBridge 读取每个模型特征专用标识(注解如@ ProvidedVariable,@ RequiredStateVariable 和@ Derivative),并根据要求提供给求解器。

```
public void addModel(Model model) {
    addProvideVariables(solverBridge.getProvidedVariables(model));
    addDerivatives(solverBridge.getDerivatives(model));
    addRequiredStateVariables(solverBridge.getStateVariables(model));
}
```

除特别标识的状态变量外，导数也要向求解器声明。solverBridge 子系统通过注释检测状态及导数。这样，求解器可查询到这些变量。

```
public DemoModel() implements Model {
    @ ProvidedStateVariable private double stateVariable1;
    @ RequiredStateVariable private double stateVariable2;
    @ Derivative private double derivative1;
    @ Derivative private double derivative2;
}
```

所有组件注册后，求解器可验证“服务提供者”对于所有已注册状态变量是否有效，如分别为每个时间步骤及每个集成测试步骤计算状态变量导数的设备模型。

作为服务的导数计算

在时间步骤整合过程中，模型成为求解器的服务提供者。它们为每个新的时间及测试步骤计算状态变量和导数。因此，使用的技术方式如下：除了访问类全局变量外，Java 反射 API[①] 也提供了访问类函数的途径。该方式还被 solverBridge 用于启动内核以调用模型的类函数。“可调用”注释仅可由类函数使用。以这种方式，solverBridge 可使用 callMethod( )调取一个由此标识的类函数。

```
    @ Callable public void computeDiscreteStatechanges( ) {
    ...
    }
    @ Callable public void computeProvidedVars( ) {
    ...
    }
    @ Callable public void computeDerivatives( ) {
    ...
    }
```

这里需要强调的是，只有 solverBridge 强制实行存取限制。Java 反射 API 不提供任何这类限制，而读取/修正变量或调用类函数也无需任何注释。

类函数 callMethod( )的签名如下：

```
    public Object callMethod(final T instance, final String methodName,final
Object... parameters)
```

参数“instance”已从控制器的类函数 getAsString( )和 SetFromString( )得到。参数“methodName”标志着应被调用的类函数名称（类似于上文示例中的

① 在软件工程中，“反射”的意思是：一个程序知道它自己的结构，如果需要，它能修改本身。“反射 API”是指能提供此功能的 Java 编程语言的接口，API 表示应用编程接口。

“fieldName”)。参数“parameters”是一个变量参数,其表示参数中从 0 ~ n 的任意数字。callMethod 的返回值是被调用函数的返回值。

```
solverBridge.callMethod(model3, “computeDerivatives”);
```

此处调用了名为“computeDerivatives”的“model3”模型的类函数。因为类函数“computeDerivatives”并不带任何参数,因此无需向 callMethod( )传递参数。它使用 callMethod 中的变量参数获取自动支持。因此案例中返回值均为 void,不处理已调用类函数的返回值,具体详见上文 computeDerivatives( )定义。

11.3 计算与功能分配的范型

按照图 6.12 所示,模拟器内核通过调用所有经由 solverBridge 的相应设备模型,协调相应的计算执行序列。在 SOA 术语中,计算的“范型”是指服务提供者与服务使用者之间的交互协同。

因此,有注册服务及抽象工厂组合支持的体系结构允许在模拟器内部跨多线程分配不同模型的计算。根据需要,可在一个计算机内跨多个 CPU,甚至可在多个计算机内跨多个 CPU。可将模型内时间步长的计算分配给多个计算节点,这与网格计算类似。但是不同模型类之间的方程组则完全不同。

因此,基于 SOA 的内核体系架构模拟器依然是目前的研究课题,可在以下方面开展研究:

- 解决第 6.8 章里引用的动态系统初始化问题(包括拓扑信息)。
- 将模型开发者从所有初始化功能编程中解放出来。
- 提供一种可满足 STB 及 EFM 验证平台数字化性能需求的高效数字化体系结构,采用基于 Java 的高度友好的编程语言。

对混合式验证平台而言,会将具有实时能力的 Java 应用于 Java 实时系统、PERC 或配备有 Javalution 等实时能力的第三方库仿真中[69-71]。

第 12 章　全程开发阶段的一致建模技术

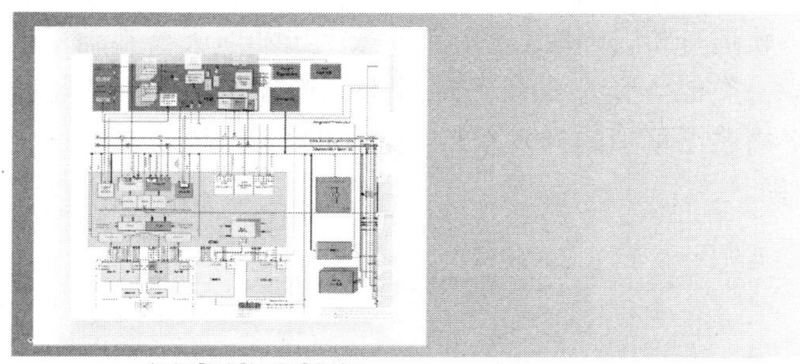
Aeolus Block Diagram © Astrium

在第 3 章中，对航天器开发过程的 A ~ E 阶段进行了简要概述（请参考表 3.2），本章将对开发过程的早期阶段进行详细阐述。

航天器设计的早期阶段分析如图 12.1 所示。

0/A 阶段		B/C 阶段	C/D 阶段		E 阶段
任务评估与适用的有效载荷设计方案	概念化任务、有效载荷与航天器设计	设计改良 设计验证	生产、组装、整合及测试		航天器运行
• 任务目标与约束的定义 • 任务基线与替代品 / 变体的定义 • 最小需求的分析 • 文档编制	• 有效载荷需求分析 • 选择性有效载荷概念定义 • 航天器 / 轨道 / 轨迹要求及约束的分析 • 标准化文档编制	• 系统设计改进及设计验证 • 系统与设备规格的开发与验证 • 功能性算法设计与性能验证 • 与界面及预算相关的设计支持	• 组件生产的分包 • 组件及系统流程的细节设计 • EGSE 的设计与测试 • 星载软件的开发与验证 • 测试程序的开发与验证 • 单元及子系统测试	• 软件验证 • 系统集成与测试 • 关于操作与功能性能的验证 • 飞行程序的开发与验证	• 地面部分的验证 • 操作员的培训 • 发射 • 在轨试运行 • 有效载荷校准 • 性能评估 • 总承包商为航天器提供故障排除支持
任务目标的定义	有效载荷概念的定义	航天器配置的定义	验证与测试的模拟		地面部分模拟器

图 12.1　航天器设计的早期阶段分析

运载火箭和通信卫星等商用航天器一般是批量生产的，并不会为单一卫星执行 0/A 阶段。它们通常基于一个通用平台。对于卫星而言，卫星平台只取决于卫星有效载荷模块的数量，如商用转发器的类型及应用频率范围。仅当设计一个全新的卫星系列平台时，才会经历 0/A 阶段。至于对地观测和科学研究型卫星，这些常是所有原型机或 3 ~ 4 个样机的小组。因此，对于每个这类单独定制的任务会采用一个新的 0/A 阶段。对于地球观测及科学任务而言，通常是指科学家提交给承包航天器制造任务的机构且该机构董事会接受该对地观测计划。这些阶段中的第一个阶段——0 阶段任务设计步骤实际上是由上述机构和科研院所共同承担的，用于定义任务目标、基线要求及潜在变更。

对于更为详细的 A 阶段而言，它要完成的任务包括由航天器制造商开展的有效载荷概念的任务分析、轨道分析、操作概念定义及派生出的航天器基础平台设计。正如第 3 章中提到的，类似 A 阶段的研究通常由机构分包给至少两家航天器主要制造商。图 12.2 描述了草拟的开发重点变迁，如整个阶段从高度迭代到越来越线性化的工程过程。

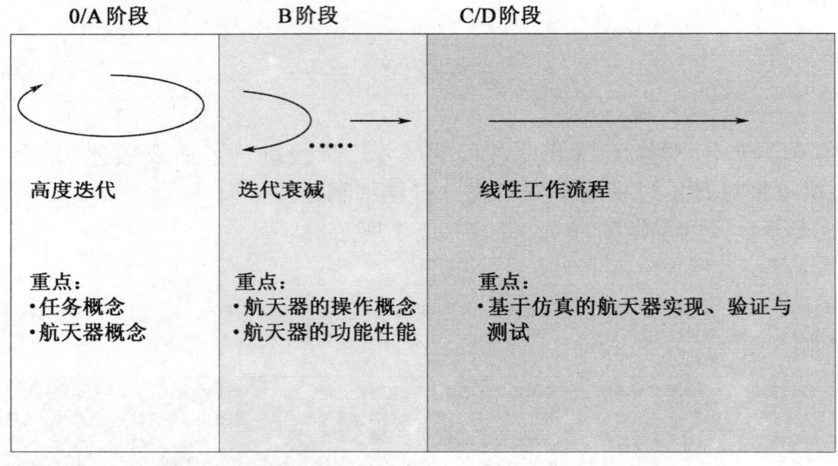

图 12.2　航天器开发阶段的设计重点及迭代周期

第 3 章中描述了从概念设计到验证阶段及 AIT 所用到的建模和仿真基础设施。理想情况是：有一个一致的航天器功能建模方法及架构，从设计部门级建模，经由功能模拟器（Simulink/SciLab）进行 AOCS 或其他控制设计，然后到 SVF 和混合测试平台均可应用该建模方法和基础设施。即便如此，此类方式的概念化仍须对仿真设置的要求、对可用设置目前支持什么、对此类一致的交互阶段基础设施需要修订什么等有更深理解。

12.1　交互阶段设计基础设施及要求

考虑到针对某单独的、交互阶段仿真基础设施的背景，于此类基础设施而言，需要评估一种技术方法的适用性及可扩展性。作为各阶段的起始步骤，在此将会对工程步骤及所需的建模级进行总结。该分析再次以卫星设计为例。

预算工程(A 阶段)(图 12.3):

A 阶段末期的系统建模必须提供:

- 包括轨道、弹道在内的已定义任务概念。
- 指定航天器的基本结构布局图。
- 已定义的星载设备。
- 已确定的运行预算,包括质量预算、燃料预算、地面/空中数据链预算、星载大容量存储器预算等。

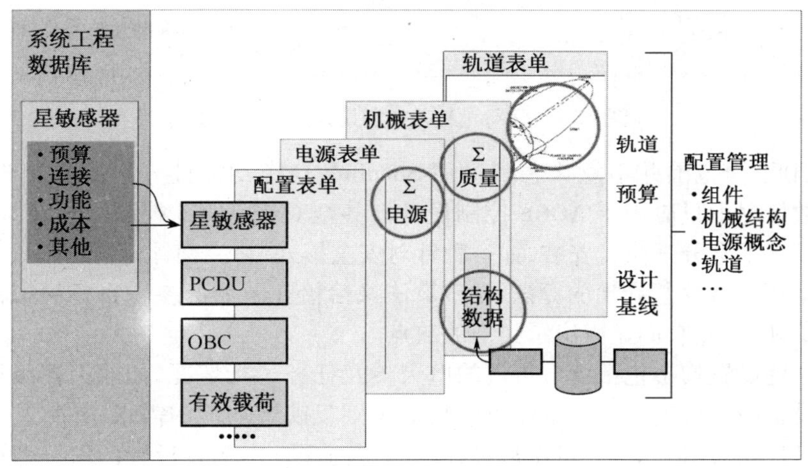

图 12.3　A 阶段预算工程

此处需要说明的是,可通过设计部门使用的电子表格工具进行该预算工作的处理。此阶段无需进行航天器内部程序的动力学仿真,仅完成基于卫星工具包等商用工具的轨道/弹道分析。

B 阶段运行工程及控制设计(图 12.4):

B 阶段末期的系统建模必须提供:

- 包括轨道和弹道在内的已定义任务概念。
- 指定的航天器基本结构布局图。
- 已定义的星载设备。
- 已确定的运行预算。
- 航天器运行模型。
- 所有星载设备运行模式。
- 各设备的功能算法建模(仅限工程单元级建模)。
- 航天器设备间功能接口(实际接口类型及协议均未确定)。

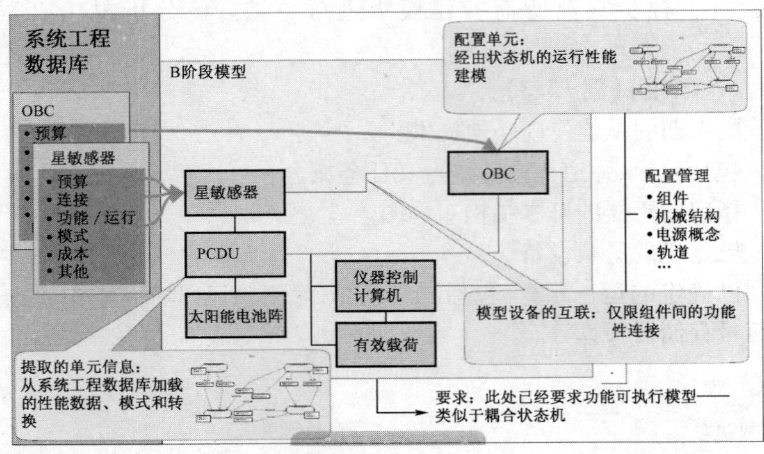

图 12.4　运行工程及控制设计的功能性建模

因此，全范围并不意味着都适用 Simulink 这类功能性分析工具。Simulink 大多数情况下只应用于 AOCS 控制设计。甚至对于 AOCS 控制算法设计而言，多数情况下会分开执行安装，如一种针对安全模式，另一种针对精瞄模式。由于 FVB 平台包含这些导出的算法，这些算法又恰恰在随后的参考目标模拟器内核平台实现，因此它们显露出了类似的缺点。

这些设置均不包括已分析过的航天器及任务运行情况，如航天器级运行模式和设备级运行模式。这里可以清晰地识别反映该功能的需求，并将其表示为用户可控状态机。此外，可将从设计部门层面到首次仿真设置的航天器设计数据集的验收及更深层演变确定为一项附属需求。

C/D 阶段验证及测试的详细模拟（图 12.5）：

为模拟之需，C/D 阶段的系统建模须提供：

- 包括轨道和弹道在内的已定义任务概念。
- 指定的航天器基本结构布局图。
- 已定义的星载设备。
- 已确定的运行预算。
- 航天器运行模型。
- 所有星载设备运行模式。
- 各设备行为的功能算法建模（下至设备中的数位二进制功能）。
- 航天器设备组件间的功能接口，包括模型化的低层级命令/控制细节、数据交换协议等。

分析此需求集可推断出，现今的 SVF 模拟器已完全满足需求，因此在这点上无需再提新概念。即便如此，还需要对航天器设计数据集进行适当演进，并接管之前的设置。

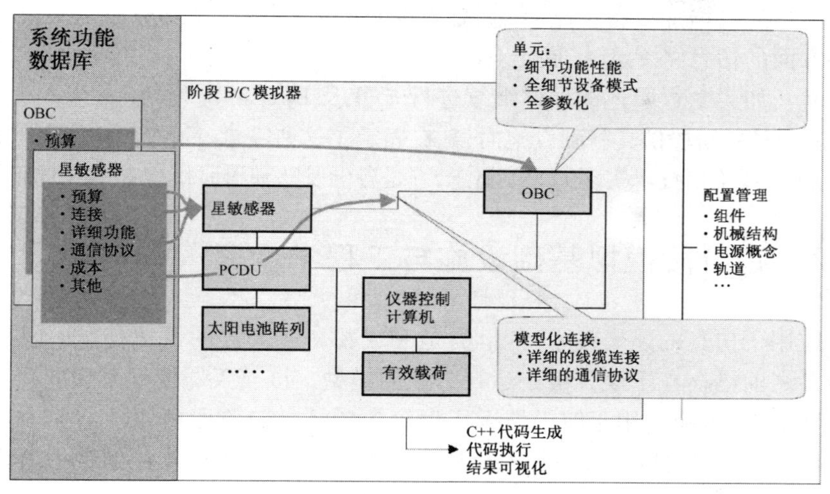

图 12.5　针对验证及测试平台的细节模拟

要求概述:

当分析这三种需求集,并行地评审工具包种类及其应用于当前欧洲航天的配置时(表 3.2),可总结出现今工具链中两个非常重要的技术突破:

一是为航天器设计部门和早期的功能模拟器所用的介于预算和面向概念工具包之间的突破,如基于 Simulink 的 AOCS。

二是将未完全反映航天器拓扑结构的纯数学/功能工具如 Simulink 与通往初次全系统仿真的运行设计集合起来。此初次全系统仿真类似于 FVB 验证平台,但还须包括基于状态机的设备特性描述、设备/航天器运行模式及其命令。

因此,理想顺序将会是:

- 完成基于设计部门工具的预算和基本任务概念工程。
- 开启带专属工具如 Simulink 的控制算法分析。
- 以如下模拟器形式建立"FVB --"
  - ➢ 体现关于组件的航天器拓扑结构。
  - ➢ 仅在 FVB 功能工程单元级反映设备互联类型。
  - ➢ 反映航天器及设备预算参数。
  - ➢ 反映设备及航天器模式、功能转换,以及基于已实现状态机的命令。

该 FVB 不包含控制算法的量化实现,但允许初次动态运行,适于运行分析。

- 建立"FVB ++"包含:
  - ➢ 上文提到的"FVB --"特征。
  - ➢ 如今已从控制工程工具(Simulink 等)转至 FVB 的控制算法。
  - ➢ 除 AOCS 外,也有针对诸如电源控制等其他领域的控制算法。

- 通过增加设备模型(数据总线等)间接口类型、以及增加模型接口交叉耦合方面的信息将 FVB 扩展至 SVF。
- 如第 3 章所述的那样继续进行 STB 及 EFM 的深化处理。

对于该跨阶段仿真基础设施而言,在确定了这些需求、简略地勾勒出开发顺序之后,还需要给出技术实现的一些概念,它是各国及欧洲科研机构支持的研究课题。

12.2 跨阶段模拟基础设施与工程学步骤

应用于仿真的建模技术,其目的是完成整个航天器的可执行、功能模型,其中包括之前已存在于设计链中运行方面的模型。该航天器模型不仅应适于设计及验证仿真,也应适用于航天器运行程序的验证。跨阶段适用性研究方法与第 8 章中讨论过的模拟器实现技术相比有细微变动。第 8 章描述的模拟器设计方法中航天器系统与设备的建模是基于软件设计语言 UML 进行的。真实设备特征到设备模型 UML 表达的映射,如软件层级结构、状态机表达等,是借由设备模型程序员的抽象及建模专业知识得以实现。由于C ++ 是独立于平台且适合实时实现的语言,因此进一步生成的检测代码多数情况下是基于C ++ 语言的。对于跨阶段方法而言,必须将下面的改进/变化应用到当前的方法中:

- 一种是基于面向对象生成代码,该语言既能被解释执行,用于原型代码验证(不能实时执行),也能被编译执行,用于全效率实时应用。此功能由 Java 及一种源于数字芯片设计并可在运行期内核上执行的语言——C ++ 的变体“系统 C”提供。因此,可直接运行一个“运作良好”、用某些算法细节和特性化数据检测的模拟。系统 C,实际上是一种C ++ 专业用语,提供一个C ++ 类库(类似于标准模板库),实现网络和通信的复杂建模,其对于表述与真实拓扑相兼容的航天器内部设备间互连非常重要。
- 相较于针对经典 FVB 到 EFM 的模拟器,第二种变体的目标是:使航天器模型设计尽可能接近真实的系统设计。航天器系统设计已在系统工程数据库(SEDB)的 SysML 中表述过,如图 10.11 所示。航天器仿真模型与此系统工程数据库的表示一致,并且可由这些派生出的模型表示生成软件代码。

需要特别注意的是,虽然系统工程数据库中的航天器/设备模型与模拟器中的航天器/设备模型在一定程度上类似,但绝不可能完全相同。如模拟器模型中总含有一定的数字特性,而系统工程数据库中的航天器表述则可能含有 AIT 特定附件或其他信息。

- 第 3 章中介绍过的开发链中变动的第三方面,即之前的估算设计结果和初级系统配置。例如,对于产品树必须将其从基于 A 阶段研究的设计部门接管至系统工程数据库中,作为数字航天器设计演进的起点,从而按照建议安装 FVB --、FVB ++、SVF、STP、EFM。

下面将从这些基本观点开始，概述一种设置跨阶段仿真基础设施的逐步逼近方法。

单元定义如图 12. 6 所示，基于单元定义的系统拓扑结构如图 12. 7 所示。

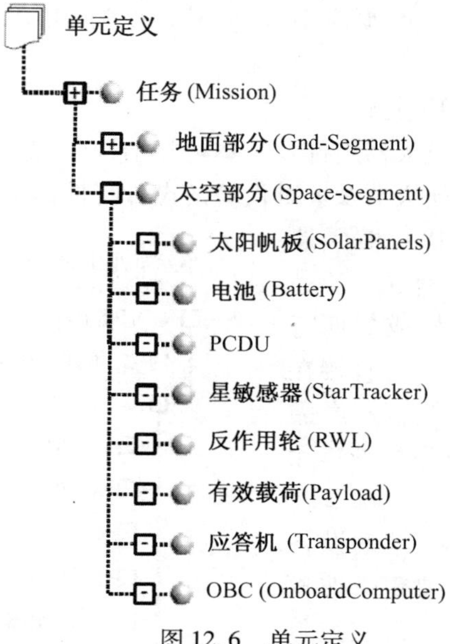

图 12. 6　单元定义

图 12. 7　基于单元定义的系统拓扑结构

步骤 1：设计部门内的 A 阶段任务及航天器概念工程。

基于轨道/弹道仿真的任务，以及基于电子表格的结果建模。相较于目前的标准处理方法而言，它可最大程度保持原属性。唯一附带的是要将已完成的设计参考输入到系统工程数据库中，以使其转换为 SEDB 数据模型，以便于存储：

- 已确定的轨道/弹道特性。
- 已确定的必要的航天器组件及基本拓扑结构（产品树）。
- 评估完成的整个航天器及关键设备的设计特性（如电池容量估算）。

步骤 2：对于一个可执行航天器基线而言，第一步是定义有关“产品树”的航天器系统拓扑结构或如何将其分解到子系统与设备。它可直接在 SEDB 的系统工程模型中执行。产品树信息表述了航天器的一些基本单元定义。

到目前为止，仅单元中星载设备的类型被定义。接下来将要定义像概念化航天器中电池类型的实例这类单元事件（图 12.8）。

图 12.8　单元事件定义

依据开发阶段，单元定义与单元事件这两个分支均在 B 阶段初期便处于相当高的层级，并可稍后演进为覆盖 C/D 阶段所有细节的仿真，如 SVF。技术方式不会随建模粒度的增变化而变化。

随着单元事件树及人工定义的设备接口附加信息的提供，可建模出第一个全航天器拓扑结构。并将其存储在 SEDB 中，并可据此得到使用 SysML 的航天器模拟器模型，如图 12.9 所示。

步骤 3：之后是航天器系统运行模式及各设备模式的定义，一般选择的注释反映了状态机图表中的这些信息，它不仅允许直接标记模式转换触发器，也标记设备参数或系统模式的值（图 12.10）。此信息也流向模拟器航天器设计。

步骤 4：接下来需要依照运行设计工程师在早期工程阶段完成的方式将这些模式在系统与设备层面进行匹配。当航天器处于某特定航天器模式时，哪个设备运行哪种设备模式是指定的。例如，在航天器安全模式中，所有有效载荷均

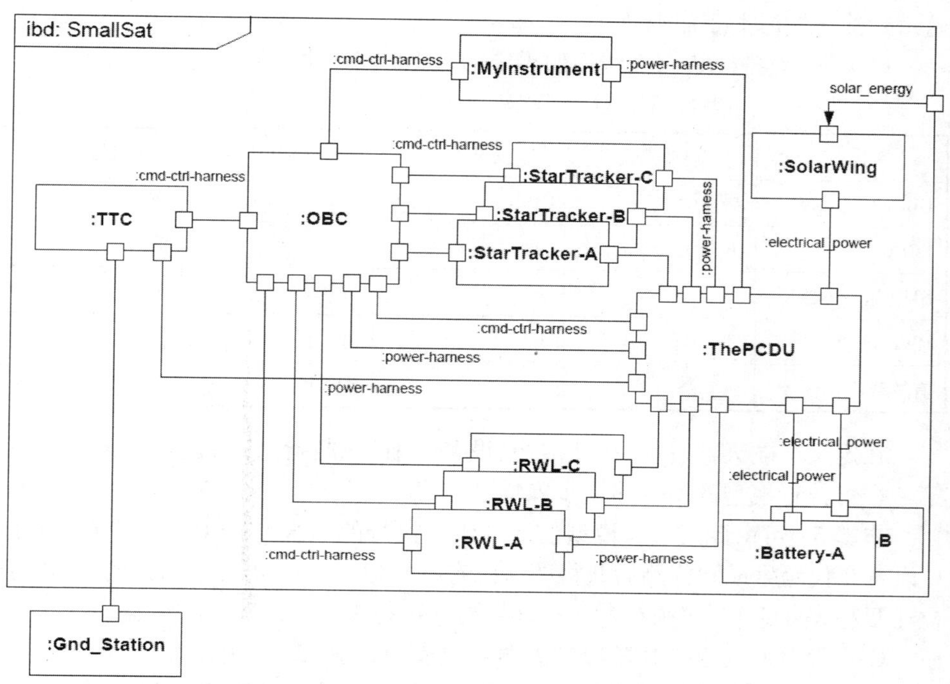

图 12.9　基于单元事件的系统拓扑结构

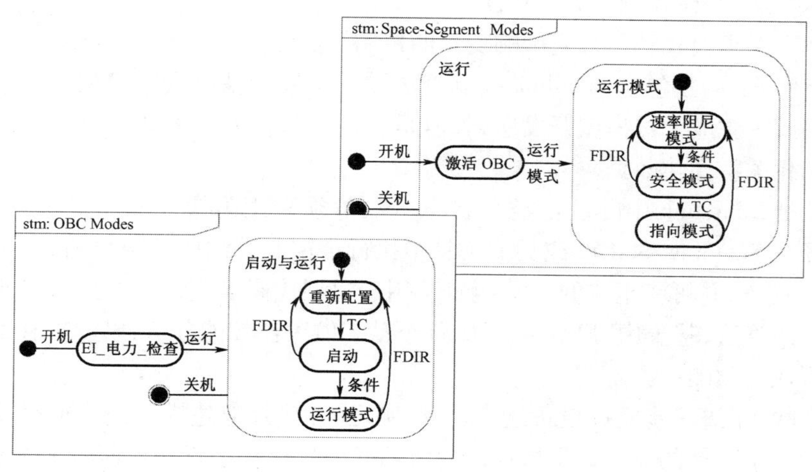

图 12.10　系统及设备层面的模式转换图

处于关闭状态。将航天器模式(隐含对应设备模式)匹配至航天器运行序列如发射器分离、有效载荷配置、安全模式、标称模式、运行模式、潜在故障处置模式,这就形成了“主时间轴”序列。

航天器/设备模式交互作用的界定如表 12.1 所列。

表 12.1 航天器/设备模式交互作用的界定

	启动模式	安全模式	标称模式	恢复模式
OBC	启动中	开	开	重新配置
PCDU	开	开	开	开启应急
STR(星敏感器)	关	开	开	开
RWL	关	开	开	关
有效载荷	关	开	运行中	关

在定义了航天器、设备拓扑结构、设备与航天器特性化数据及模式之后,到第一个可执行模型的所有建模步骤均已完成。

步骤 5: 可由此航天器模型设计生成可执行的系统 C 或 C + + 代码。系统 C 语言在代码生成和检测后获得的状态有些类似于 Java 语言中的代码。尽管独立于目标操作系统,仍须针对运行环境对它进行编译。

C 阶段中可执行的 B 阶段航天器系统模型如图 12.11 所示。

模型具备可直接执行的属性,同时也可接受命令并作为系统设计的第一个验证步骤,可在相应的功能性验证平台(FVB --)上实现模式转换算法或类似的算法。一般可测试的有:

- 运行/模式概念的一致性。
- 关于模式转移及受影响变量的控制算法。

步骤 6: 增强包含 Simulink 控制算法设计结果的基础设施模型。尽管此时其已不属于主航天器模型开发序列,但是它以外部输入的方式提供了算法输入与效能相关特性化数据。

此处,Simulink 中的设备类与状态机数值须采用附属计算功能进行检测。若已经在 Simulink、SciLab 或类似工具中执行了控制算法的数值分析,则可由此生成 C 代码,并可将生成的 C 代码直接用于模型代码实现。因而此开发步骤提供了控制算法、基于像“FVB ++”的首个动态航天器效能分析,以及带有某些限制的可执行预测。

步骤 7: 进一步完成设备建模、算法实现(如热效应建模)的精细化,实现所模拟的设备连接的真实通讯协议。此时的互连建模基于真实数据协议模型。在此步骤中,将要进一步细化包括所有交叉耦合在内的已识别组件间的功能性连接。

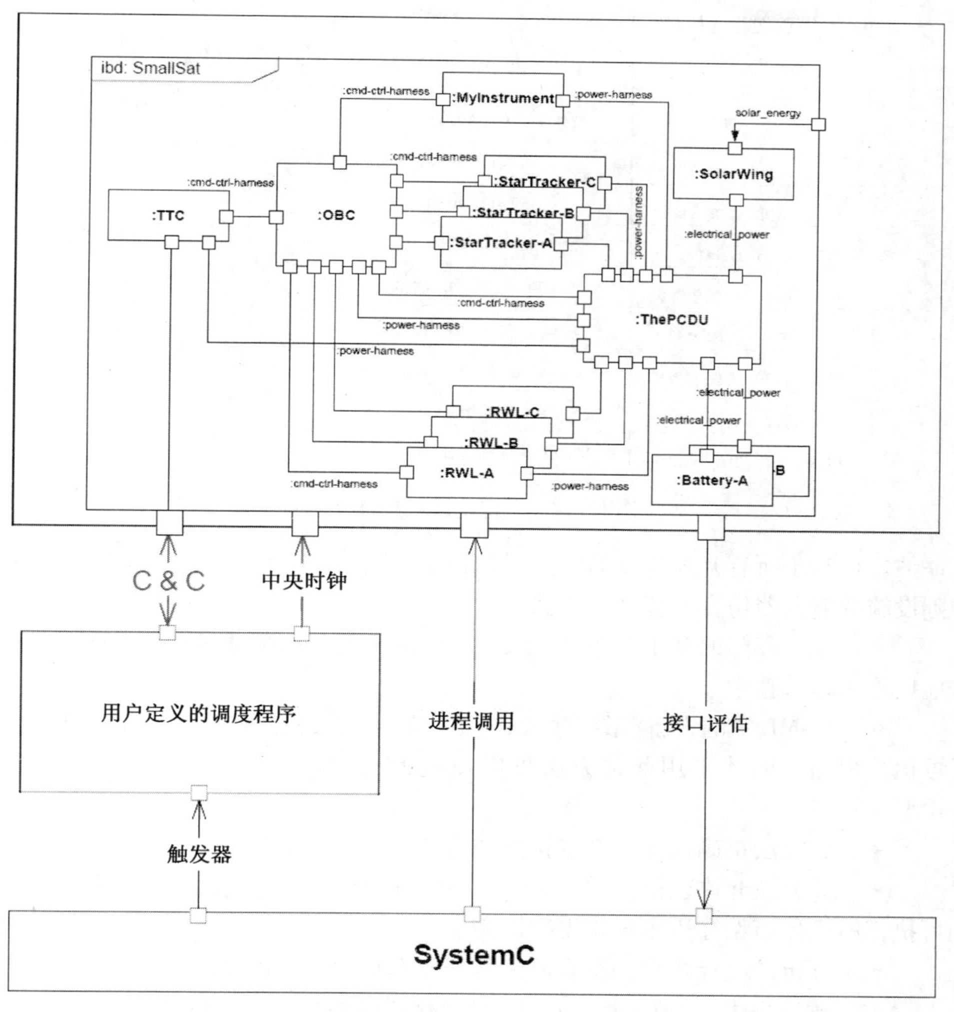

图 12.11　阶段 C 中可执行的阶段 B 航天器系统模型

系统内设备互连示范如图 12.12 所示。

大部分情况下这意味着实现附属设备模型子单元，如 MIL－STD－1553B 总线远程终端功能，以及整个校准与故障注入功能（参见图 4.15 中有关模拟器组件的模型接口层）。

- 在协议层面进行含故障注入的详细仿真是可行的（如 OBSW 测试）。
- 通信预算分析是可行的。
- 通常情况下，设备算法建模已于此阶段达到最终所要求的粒度，并适用于所有类型的航天器性能仿真。

如图 12.5 所要求的，该仿真完全达到了与高性能软件验证设备（SVF）相当的水平，并代表了典型的 C/D/E 阶段模拟器及测试平台。可以按照如下的方式

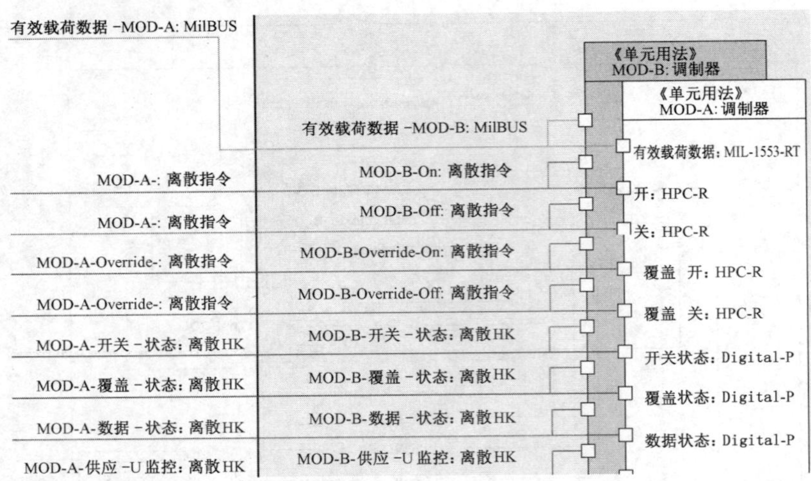

图 12.12　系统内设备互联示范

评估这种基于所有开发步骤的方法,包括从初次估算分析架构到一个跨阶段基础设施的航天器仿真所有开发步骤。

- 设计部门的基于任务及航天器概念分析的结果可通过使用 SEDB 合理地接入工程流程中。
- SysML 中的设备/系统建模、模型代码生成及检测形成了一个功能上的可执行模型。因此采用此种方法可以在航天器设计的早期阶段得到可执行模型。
- 此方法正确描述了系统拓扑结构和功能。
- 此方法允许建模精细化分级,如初级的高层次设计在之后不断细化,使可执行航天器模型在逐步细化中得以完善。
- 分析及设计步骤仍符合航天器开发本身的工程程序。
- 数学算法(如源于控件设计)可由代码检测整合至设备模型中。
- 数学算法及数值的实现(应用于求解器等)由建模工程师负责。
- 由代码生成器解析航天器的 SysML 表述,并生成可执行的系统 C 或 C++ 代码以完成元模型解释,为此需投入巨大精力建立代码生成基础设施,而所有应用于此跨阶段模拟基础设施的项目均可重复使用此代码生成基础设施。

以上介绍的技术目前处于研究阶段,研究成果可应用于航天工业之外的其他领域。更多有关基于系统工程、SysML 与系统 C 的模型之资料已在此书参考附录部分详细列出。对于系统工程数据库 SEDB 中反映航天器设计的数据模型,读者可参考 ECSS E－TM－10－23 标准[107],以及文献[106]中基于模型的系统工程专题方面的 ECSS 表述。

第 13 章　基于知识的仿真应用

自 20 世纪 70 年代初期以来，一个计算机科学的特殊领域——人工智能（Artificial Intelligence，AI）已经获得了长足发展。20 世纪 80 年代进行的早期基础性研究中，首个被称作“专家系统”或知识型系统的商用产品诞生了。借助这种软件工具，知识能以对象、示例及规则的方式形式化，并可被存储及处理。事实推演可通过包含真实对象数据的示例和由一种称为“推理引擎”的推演算法进行规则评估来实现。在开始该专题前，有必要先对某些术语做出定义：

专家系统：指人工智能领域内主要基于面向对象编程技术的软件系统。专家系统包含一个处理抽象知识的接口引擎，此机制使用规则或/和示例从既有事实中推演结论，其中规则与各示例存储于“知识库”中。

专家系统外壳：是针对知识库系统的一种开发环境。它包含基本推理引擎，并为专家系统开发人员提供所有工具和编辑器，以及用于知识定义的以定义与可视化规则及示例为特征的用户界面。可将一个专家系统外壳视为针对常规软件系统的一个胖客户端平台（参阅 8.6 节）。

推理过程：由规则/示例应用的初始事实推演结论的过程。

推理引擎：也称为“推理机制”。可通过规则/示例的实例及其评估，依据事实推演结论的专家系统核心处理引擎。

推理链：在一个含有相应的中间事实集合和结果的推理过程中应用规则的序列。

推理策略：识别演绎进程中下一个应用规则的策略。

知识库：以规则、示例、对象和事实的形式存储知识的专家系统“数据库”。一个专家系统的全部知识可分布在多个知识库中。

13.1 基于规则处理的信息建模

在基于规则的专家系统内，用抽象的规则反映知识。这些规则由条件和结论两部分构成。所有按要求须满足结论部分结果的前提条件应在条件部分中列出。

这类规则的通用形式为

$$P \rightarrow Q \tag{13.1}$$

读作

若前提条件 P 适用，则结果 Q 有效。

因此 P 和 Q 本身可以用如下方式进行复杂逻辑表达：

$$P_1 \wedge P_2 \wedge - P_3 \rightarrow Q_1 \wedge Q_2 \tag{13.2}$$

读作

当前提条件 P_1 与 P_2 适用，但 P_3 不适用， 则结果 Q_1 和 Q_2 均有效。

规则是建立在对系统的响应和输出数据的处理之上的，这些输出数据既可来自系统仿真，也可来自真实系统，允许用户自行向专家系统输入规则。与常用编程语言中的赋值运算符相比，规则可进行双向处理。

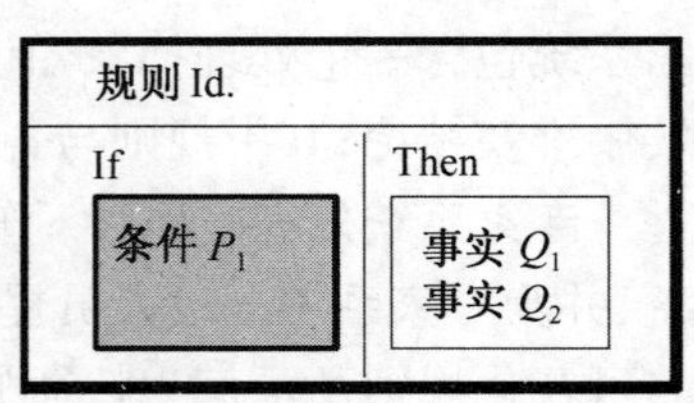

图 13.1 editor mask 中的规则格式

现代专家系统外壳，会提供用以输入规则前提条件与结论的图形化编辑器，它们多数情况如图 13.1 所示。

规则处理：前向链接(图 13.2)

经由前向链接方式处理的典型问题类型为：

- 事实是确定的。
- 所得结论是什么？

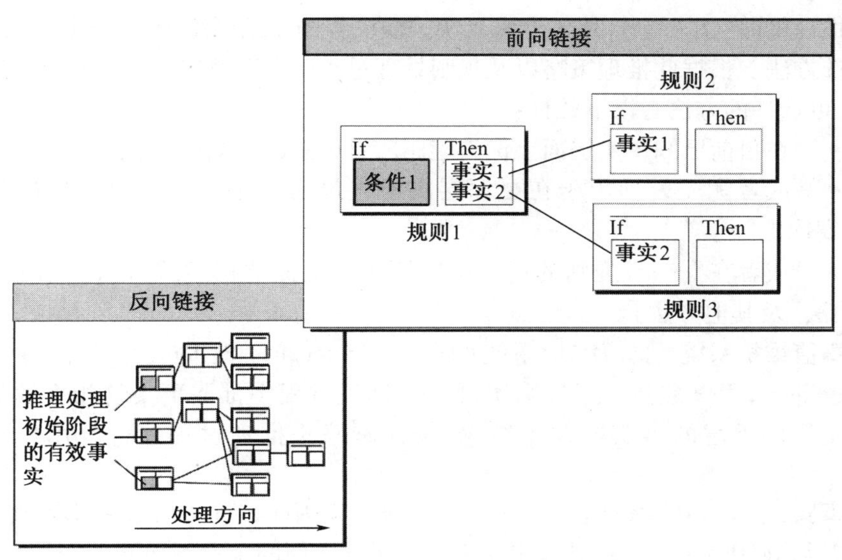

图 13.2　前向链接的规则网络及处理范例

规则处理：反向链接（图 13.3）

按照反向链接方式处理的典型问题类型为：

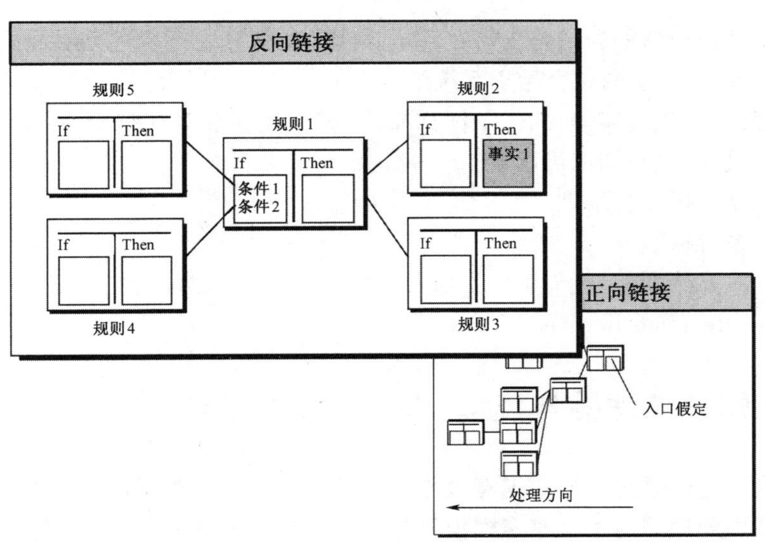

图 13.3　反向链接的规则网络及处理范例

- 识别事实。
- 此种状态如何形成？

进一步处理前应给出一些附属术语之定义：

推理策略：在一个应用于专家系统推演流程的复杂网络中下一(几)步规则的遴选方法。根据此推理策略以及规则处理过程中在某特定点的已知事实进行选择,可选择的方法有以下几种：

- 在目前已知事实层面上优先应用所有可能的规则("广度优先")。
- 或者优先处理用于在更深层次检查最后一个规则先决条件的规则("深度优先")。
- 或者在下一步规则的遴选中应用更高层面的探索式方法("梯度法""登山法"及其他方法)。

真值维护系统：真值维护系统(Truth Maintenance System,TMS)是专家系统的一部分,用以常驻检测规则实例化和推理过程中推演事实的相容性。一旦识别出相矛盾的事实或规则结论,会即刻停止推理过程并告警用户修复状态。

事实：由规则处理的基本单元。对于技术应用而言,以"对象属性数值三元组"的形式(OVA - triples)处理事实表述是十分方便的。示例如下：

(Component - C4 Temperature 245.8)

13.2 系统行为的知识积累

知识型模拟器的目的是支持在解析系统动态特性上撷取更高层级的抽象知识(图 13.4)。知识的聚合始于系统组件上的信息、尺寸、互连、涉及系统失败模式的关键性、老化效应等,加强了标称操作、错误症状及其在整个系统扩散的相关知识。最终,这些知识可用于：

- 系统操作员培训。
- 系统控制。
- 故障诊断,在航天工程领域称作"故障检测、隔离与恢复"(Failure Detection,Isolation and Recovery,FDIR)

13.3 知识处理器与模拟/真实系统的耦合

如何才能让系统特性知识奏效于真实系统的运行？为解决此问题,用一个合适的知识处理器与一个兼容模拟器相耦合。针对知识处理器,在各种操作限制下模拟多样化系统有效载荷案例作为症状产生的补充,并且开发知识处理器的案例和规则。之后允许它们从相应症状里识别特定操作案例及故障案例。系统特性上的模型化知识在其多样性模式中随着设计工程师对系统操作特性和操作与性能限制认识的不断深化而提升。

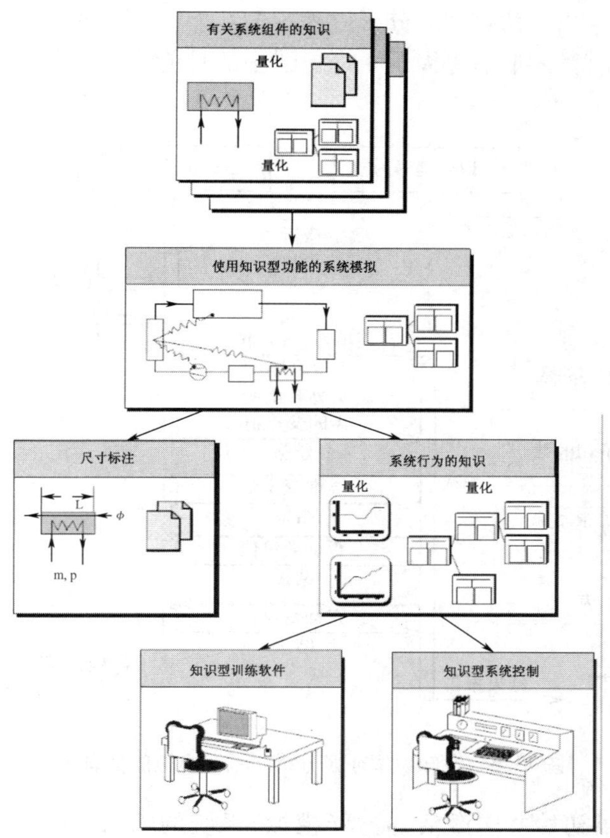

图 13.4　面向用户培训与系统操作的系统行为上的知识撷取

专家系统及系统模拟的整合如图 13.5 所示。

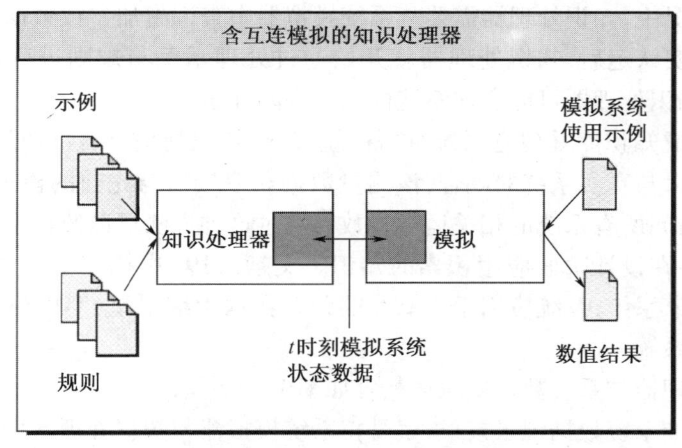

图 13.5　专家系统及系统模拟的整合

图 13.6 中给出了仿真结果分析过程中的功能流。左列描述了知识处理器中基于时间的步骤序列,右侧展示了模拟器中的功能步骤。在多个步骤中完成信息交换。

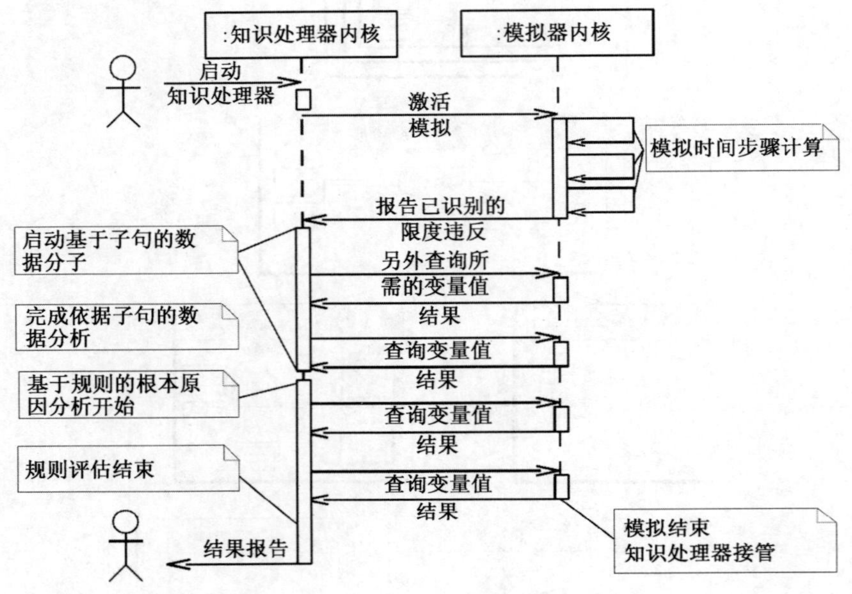

图 13.6 含知识型征兆分析之系统模拟的信息流

知识处理器初始并未激活,需要(模拟)系统的输入。针对当前的运行情况,一旦推演出超出参数极限值或组合参数不一致,则将数据传送至知识处理器,之后立即从数据评估入手对状态进行更详细识别,仿真暂被挂起。最终,知识处理器需要更进一步的详细信息以提高其状态分析质量,并为正确行为做准备。此类情况中,知识处理器需要从系统模拟器中查询附加参数数据。

完成事实认定后,知识处理器就开始通过处理示例与规则进行原因识别。在此期间,知识处理器可能会向系统模拟查询附加事实。

一旦完成知识库并建立系统/设备/航天器,知识处理器就可通过一个测量数据获取接口与真实系统的耦合,该测量数据获取接口与先前的模拟器接口兼容,并允许访问所有系统的相关运行参数。通过这种方法可以监控系统/设备的运行情况,并在设计阶段应用积累的知识。文献[119]中描述了一个相似的基于诊断的专家系统,系统应用于 NASA 的跟踪数据中继卫星(TDRS),是一种非在线的专家系统。

知识处理器与系统数据撷取的整合如图 13.7 所示。

如果增加系统数据记录接口,就可将系统模拟器与知识处理器耦合,使得该方法可以获得进一步完善。德国汉堡科技大学在 1996 年进行的一项研究中首

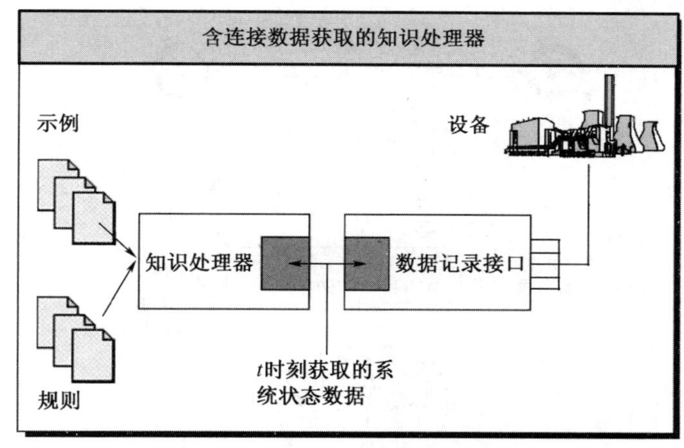

图 13.7　知识处理器与系统数据撷取的整合

次介绍了此类同步运行诊断仿真[120]。知识处理器在此不仅可以使用针对状况分析的系统记录及测量数据,也可以更深入使用所连接的模拟器。

- 在不干预操作系统的情况下,确定形势如何发展。
- 知识处理器能够定量推演适当的改进措施,并能在将改进措施传达到真实系统之前,通过仿真分析其可行性①。

知识处理器、系统数据撷取与模拟器如图 13.8 所示。

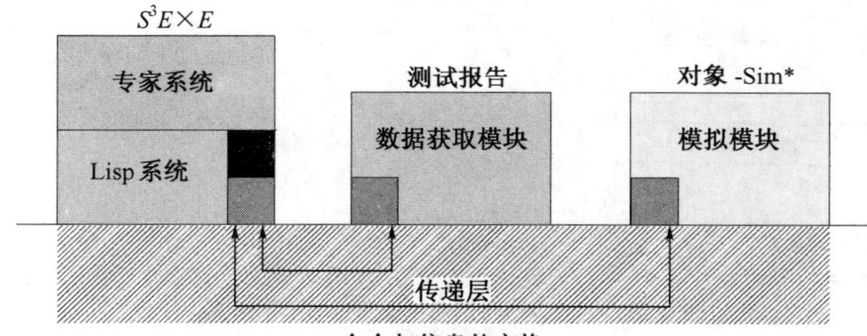

图 13.8　知识处理器、系统数据撷取与模拟器

如范例所示,可将火箭推进系统再次应用于此类基础设施(图 13.9)。

实际上,数值与系统性能知识的互连并非通过受控系统到规则处理的测量数据直接建立。通常采用如图 13.10 描述的三个层级对其进行处理。

最低层包含从各模拟器的真实系统数据撷取接口的数据进行纯数值处理。对于这些循环定向至知识处理器的数据,须于启动时加载条件子句,用以永久性

① Object-Sim 还进一步发展为开源模拟器“*OpenSimKit*”,见文献[23]。

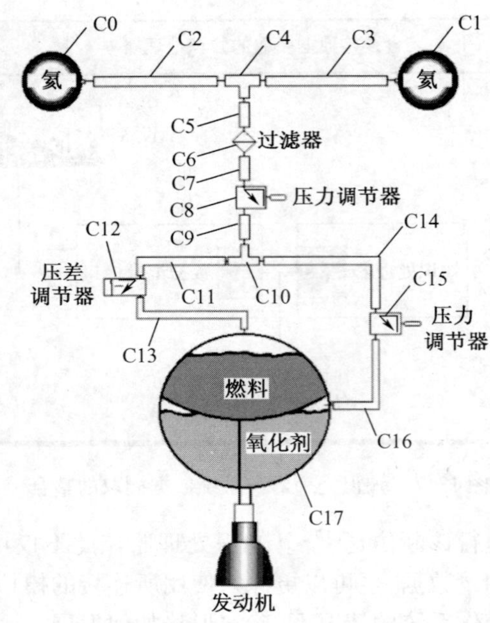

图 13.9　火箭高层级推进系统

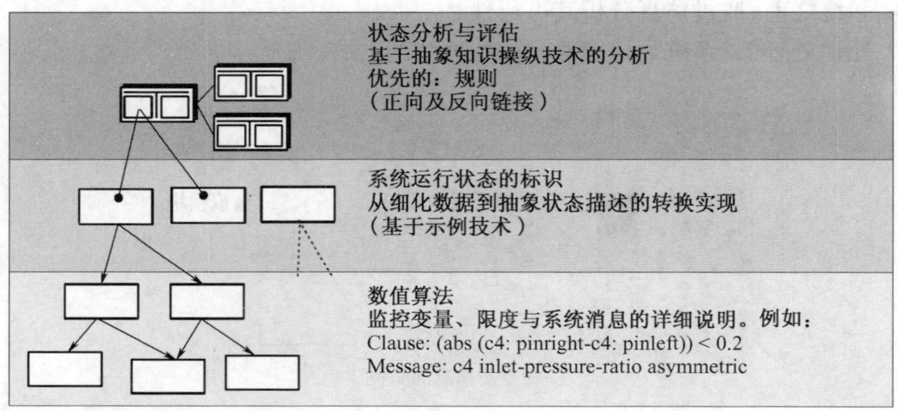

图 13.10　数据与知识的级联层

检查参数限制符合。即便如此，针对各系统有效载荷状况，提供防止静态上/下限值的参数检查依然不够充分。处理功能的全谱必须有效：

- 针对所有系统设备参数的绝对上/下限值。
- 多个参数彼此间的关系（如压力关系、压力差）。
- 参数间相对关系：如 c16：pout < c13：pout。
  组件 c16 的出口压必须小于 c13 的出口压（图 13.9）。
- 包含数学功能与相关运算符的复杂参数相互依存关系，如（c71：p /

1.5）<（c27:p － c35:pout ＊ 1.2）。

- 包含时间依赖的条件子句,如 c83:p <（c82:p － 1.387 ＊ t）。

假使此类极限检验子句识别到了极限内所有参数,知识型功能也不会被激活。模拟数据撷取模块以并行方式继续处理。

条件子句的结构树建模方法如图 13.11 所示。

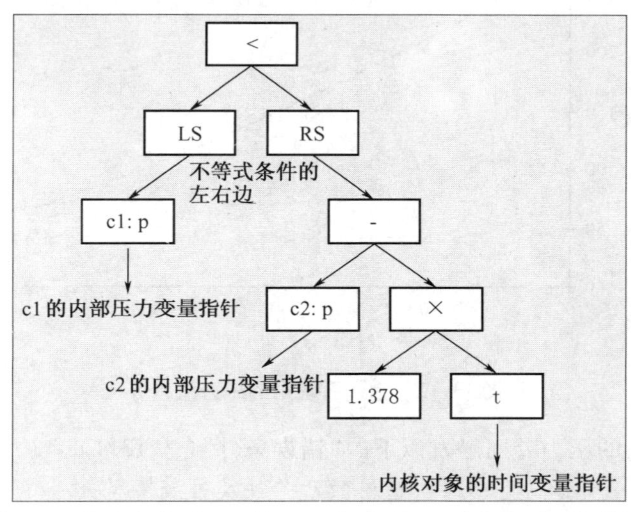

图 13.11 条件子句的结构树建模方法(文献[120])

由于采用了并行处理的方式,因此执行此基于数值处理的子句时,知识处理器与数据撷取模块模拟之间的数据交换的时间被隐藏,不影响总耗时。因必须遵从实时性,所以必须采用非常高效的技术来实现它。多数情况下,其在数据生产中直接实现,如在连接真实系统的数据撷取模块或模拟器中直接实现。

火箭推进系统被引应用实例的条件术语如下:

```
// Section: Parameter ranges definition
//-----------------------------------------------------------------
// Please note: Condition expresses normal case - violation leads
to
// msg broadcast.
//
#Error-Condition: ec0
Clause:     (c0:ptotal-c1:ptotal) < 0.2
Message:    c0 pressure-drop-abnormally-low
//
#Error-Condition: ec1
Clause:     (c1:ptotal-c0:ptotal) < 0.2
Message:    c1 pressure-drop-abnormally-low
//
#Error-Condition: ec2
Clause:     abs (c0:ptotal-c1:ptotal)) < 0.2
//pin0 - pressure inlet port 0
//pin1 - pressure inlet port 1
Message:    c4 inlet-pressure-ratio asymmetric
```

案例测量与事实演绎

被引实例系统的氦罐内压力分配测量值趋势如图 13.12 所示。

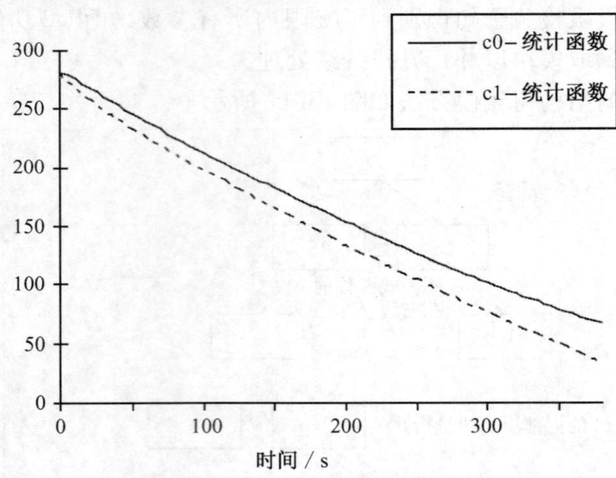

图 13.12　示例系统中的压力值趋势

通过升高的压力差而触发以下的“错误条件”(表 13.1)。

表 13.1　错误激活条件及推演情况

EC – 非法	错误 – 条件	EC0	c0	压力 – 丢失	异常 – 低
EC – 非法	错误 – 条件	EC2	c4	引入 – 压力 – 比例	不对称

针对规则处理的基于案例的初始事实推理

根据图 13.10,现在考虑系统状态分析的下一层,即基于案例的推导层面。此处进一步处理以引用的对象属性值三元组形式识别的错误条件导致的行为,并生成了基于状态分析与修复识别的分布式规则初始化信息集。下例为在 LISP 程序语言中定义的针对案例解析程序的相关情况:

语法如下:

判例 1:

若:此处存在一个含有 PRESSURE-DROPABNORMALLY-LOW 特征的组件;

则:断言基于规则的推理引擎(图 1.8 中最高层)针对已识别组件应用。

PRESSURE-DROP-IDENTIFIED CRITICAL

判例 2:

若:此处存在一个含有 PRESSURE-DROPABNORMALLY-LOW 特征的组件;

则:通过函数“get-connection”,搜寻哪个通路连接了含有接合点 C4 的受影响的组件,并且判断基于规则的推理引擎,针对已识别的通路组件应用 BLOCKING

```
(if (?compx PRESSURE-DROP-ABNORMALLY-LOW)
    (case-assert! (?compx PRESSURE-DROP-IDENTIFIED CRITICAL)))

(if (?compx PRESSURE-DROP-ABNORMALLY-LOW)
    (case-assert!
       ((lisp-function
          get-connection '(?pipe connects (?compx C4)))
        BLOCKING ASSUMED)))

(if (and (C0 PRESSURE-DROP-ABNORMALLY-LOW)
         (C4 INLET-PRESSURE-RATIO ASYMMETRIC))
    (case-assert! (C1 PRESS-GAS-AMOUNT-MIGHT-BE INSUFFICIENT))

(if (and (C1 PRESSURE-DROP-ABNORMALLY-LOW)
         (C4 INLET-PRESSURE-RATIO ASYMMETRIC))
    (case-assert! (C0 PRESS-GAS-AMOUNT-MIGHT-BE INSUFFICIENT))
```

ASSUMED。

紧接着的判例 3 和判例 4 的语法可用类似方法解释。若将由源自表 13.1 的错误 - 条件子句识别的征兆之对象属性值三元组应用于这些案例，则案例解析程序会自行推演如下结果并将其判断为基于规则的推理引擎。

```
(C0 PRESSURE-DROP-IDENTIFIED CRITICAL)
(C2 BLOCKING ASSUMED)
(C1 PRESS-GAS-AMOUNT-MIGHT-BE INSUFFICIENT)
```

基于规则的模拟器控制与结果分析

在某种意义上，知识处理器会如图 13.12 所示接收源自系统并经由条件子句评估的压力曲线，并且基于处理过程的案例判定上述事实为其基于规则的推理引擎层面。在此阶段要识别行为，并完成情况分析。由推理引擎进行状态临界分析时，首先要通过仿真和仿真结果分析更深层次传播的系统行为。确切地讲，针对一种简单情况，应检测在系统运行不变的情况下，一个氦罐中的压力在可预见的火箭运行后期是否会降至 40bar（$1bar = 10^5Pa$）以下。因此，第一步把实际系统状态载入模拟器中，之后便模拟含有阻塞管道的系统直至阶段运行结束时间 300s。之后，以模拟结果状态评估为基础的规则便开始生效。当然在实际状态中，系统会持续运行，而且模拟必须足够快才可识别状态临界值并及时应对。

LISP 语法规则如下，其中要特别说明的是，在 LISP 中，子句内结果术语在前，条件术语在后。

规则 1：

若：系统模拟结果

simulation-results-loading successful

成功从模拟器中加载

```
.....
(rule (simulation-results-match-symptoms ok)
      (and (simulation-results-loading successful)
           (c4 inlet-pressure-ratio asymmetric)
           (lisp-function progn
             '(check-symptoms-match 'inlet-pressure-ratio-asymmetric))))

(rule (simulation-results analyzed)
      (and (simulation-results-match-symptoms ok)
           (?bottle press-gas-amount-might-be insufficient)
           (lisp-function
             multiple-assert
              detect-critical-results
               'bottle-pressure-below-minimum
                '(< (table-column ?bottle 'ptotal) 40.0))))
```

```
(rule (information user ((pipe blocking severe)
                         (helium budget in other bottle is not sufficient)
                         (system operation time will be reduced)
                         (shutdown system)))
      (and (simulation-results analyzed)
           (bottle-pressure-below-minimum ?condition ?values)))

(rule (information user ((pipe blocking not critical)
                         (helium budget in other bottle is sufficient)
                         (system operation time will be nominal)))
      (and (simulation-results analyzed)
           (bottle-pressure-above-minimum ?condition ?values)))
```

and

通过错误条件子句判断为组件 C4(接合点)应用

inlet-pressure-ratio asymmetric

and

通过 LISP 函数"check-symptoms-match"检查模拟结果是否遵循系统的测量数据

则:判定该模拟正确地重现了系统失败案例的行为

simulation-results-match-symptoms ok

规则 2:

若:下列应用("*and*"表示条件叠加):

该模拟正确地重现了系统失败案例的行为

simulation-results-match-symptoms ok

并且此处被怀疑存在氦罐

press-gas-amount-might-be insufficient

而且当这个罐子的模拟结果表格中一个压力值低于 40bar 时,

它就能被检测到:

(*bottle-pressure-below-minimum* < 40)

则:判定模拟结果被分析(对于规则链过程的其余部分而言并未进一步涉及模

拟）

simulation-results analyzed

规则 3：

若：下列应用

simulation-results analyzed

并且此处存在一个氦罐，其

bottle-pressure-below-minimum < 40

则：通知用户

“管子阻塞严重”；

“其他罐中的氦预算不足”；

“将会缩短系统运行时间”；

此情况下关闭系统①

shutdown system

规则 4：

若：下列应用：

simulation-results analyzed

并且此处仅存在氦罐

bottle-pressure-above-minimum < 40

则：通知用户：

“管子阻塞未达临界值”；

“其他罐中的氦预算充足”；

“系统运行时间正常”；

无需对系统进行其他控制。

所示案例中，在模拟运行期间空氦罐的内部压力也要保持在 40bar 以上，以便在推理链末尾触发规则 4，而不是下达关闭命令。

示例展示了在称作 LISP 的低层级人工智能语言里这类知识处理的基本实现。当然更多的现代专家系统外壳允许以更精妙的规则界定读出布局，然而警告保持不变。本质是从简单识别规则（如上述示例中的规则 1 和规则 2）到高级决策规则（见规则 3 和规则 4）的演变。可以总结出如下几点规则的标准及要求：

- 规则的条件或动因类似于高级编程语言里的 IF 表述，但规则是通过正向链（如上文例示）和反向链（虽未在上文示例中给出，但是文献[119]中提到的基线法）来传播。
- 作为推论，规则须允许复杂条件的公式化，因此须像在案例定义中一样

① 为了简化起见，此处采用关闭系统。当然对于一个真实的火箭段，可能不会允许这种解决方案。

提供全套逻辑运算符。

- 通过基于推理的示例对各模拟器数据获取工具的数据及消息进行预处理,允许演绎从低层级数据选中的症状。这些更高层的系统状态及症状之后会用于基于抽象规则的分析。

- 这些规则与示例需尽可能采用通用的公式化表达,如上文范例中无论罐体与接合点间的左通路或右通路受堵塞影响与否,均可独立作业的判例 1 及判例 2。

- 实际上,经常会出现这样的状况:推理过程期间需要附加的低级系统数据值,到目前为止既未由错误条件子句处理也未由基于实例的预处理进行处理。

- 这就需要规则或推理引擎提供所有必须的功能,以便从受监测系统中查询此类附加数据,并在规则内对其进行处理。

- 这也进一步导致了规则及推理引擎提供数学比对操作、所有在规则的条件术语,以及结论术语中可用数学功能的要求。这里,规则须如实例那样提供同样的全范围数学功能。

- 此外,要求变量必须是可定义的。通过变量的使用,可以实现更灵活的规则,以及更便捷地在规则间移交计算所得数据。它允许规则层面的运算更加独立于获取的真实系统或仿真系统数据的变量集合。

上面呈现的范例没有考虑规则优化、避免规则互斥和规则矛盾的附属功能。对于这些议题和包含更新数据及事实的规则的循环再处理技术,推荐读者参阅人工智能领域中相关的专题文献。

为避免推理规则链变得过于复杂、不可维护及不可测试,需要生成专属任务的规则群组。如此以来,推理引擎便始终仅处理一组规则。输入事实、推演结论及数据均可在关于规则的公共知识库中分享。图 13. 13 描述了整个知识库的结构和规则组的逐步处理。

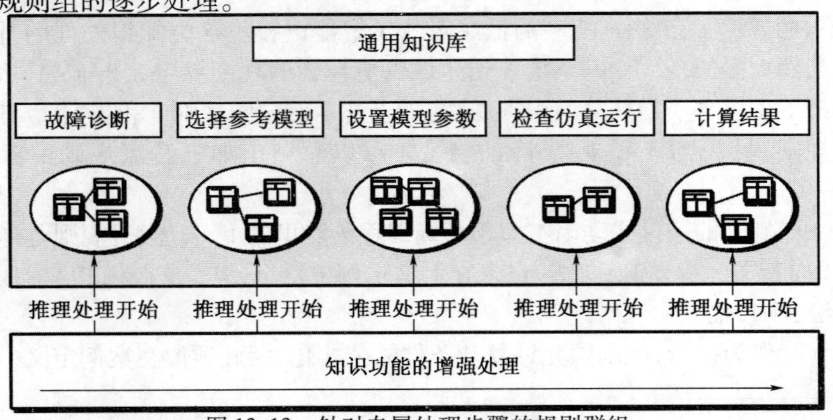

图 13. 13　针对专属处理步骤的规则群组

专家系统、测量数据处理及模拟

截止目前，在知识型应用领域内，航天产业并非最具创新性。化工、发电及重工业领域内的流程工程与设备控制的创新发展在一定程度上远远走在前列。首个应用上文提及的设备数据撷取方式、知识型数据评估以及并行运转“最佳流程”的模拟系统是德国于2001年投产的蒂森克虏伯焦化厂（图13.14）。

图13.14 位于杜伊斯堡带森克虏伯焦化厂

它提供了一套包含同步运行最佳流程模拟的复杂而精细的流程控制（含焦化“电池控制”与“燃气控制”），以避免因钢铁生产中未充分焦化的焦炭所含气态剩余物而导致形成采空区。此处的简化要素为，焦炭在炉内的燃烧周期是一个持续数小时的缓慢过程，因此，这里对专家系统及并行运转的模拟没有关于它们的数值性能的复杂精细要求。

专家系统运行状态输入数据的实现是循环执行的。最佳流程控制为过程中假定的最优控制状态选择设置。之后，它触发模拟，使用假定的流程控制设置计算焦炭燃烧过程的时间进度。一旦从实际流程中获取的新测量数据有效，则由专家系统进行重新分析，通过新的并行模拟和模拟结果分析重新调整和验证流程配置参数，具体情况请参阅文献[123,124]。

含耦合数据撷取模块和模拟的专家系统如图13.15所示。

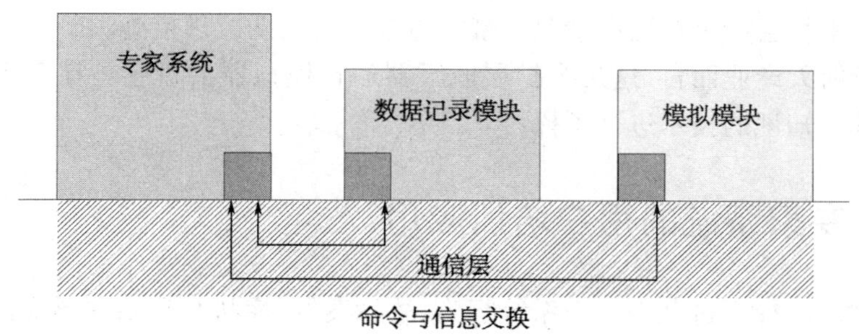

图13.15 含耦合数据撷取模块和模拟的专家系统

因此，专家系统会循环验证结果是否符合期望目标值。图13.16揭示了此流程。简单说来可总结为：

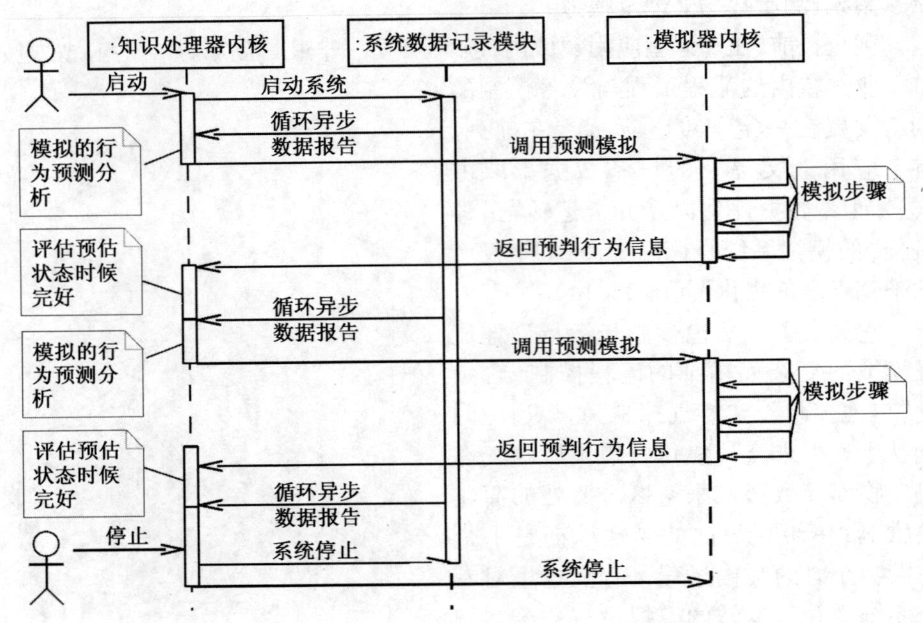

图 13.16　最佳流程模拟结果的循环分析功能流

- 此类知识型设备/系统诊断与故障校正系统对于诸如化工厂、油井设备等复杂系统的运行具有重要的支撑作用，其在航天工业应用方面具有很大的潜力。
- 此类知识型系统显然在该状况下无法控制设备/系统预先避免运行错误或故障。
- 知识型诊断与仿真和计算机控制便成为两项完全互补的技术。
- 在探测到偏差或故障症状之前，系统调控工作会进行主动控制。知识型诊断与修复会产生在错误情况下带定量校正交互的改进措施。

对于航天产业而言，这是个扩展航天器运行模拟器的机会。在 3.2.5 节中对这些基于知识的技术进行了探讨。

13.4　专家系统的用户培训应用

前文已经提到过此类关于系统行为、故障案例、症状与限制的形式化知识可重用于系统操作员的培训，此类“课件”系统培训软件可用于生成培训资料。“课件”以课堂与脚本形式向候选者，即后来的系统操作员，呈现了根据主题分类并受多媒体技术支持的讲义内容。

正如其在专家系统规则中所实现的那样，系统行为上的知识抽象形式化

（假定有一种较之课件中 LISP 示例更方便的标记法）最适于在此类课件系统中再使用。图 13.17 揭示了课件中涉及了哪些关于系统及其行为流方面的信息，以及针对系统操作员的连续课程是如何衍生出来的。这些课程可包含正常系统仿真和故障案例。

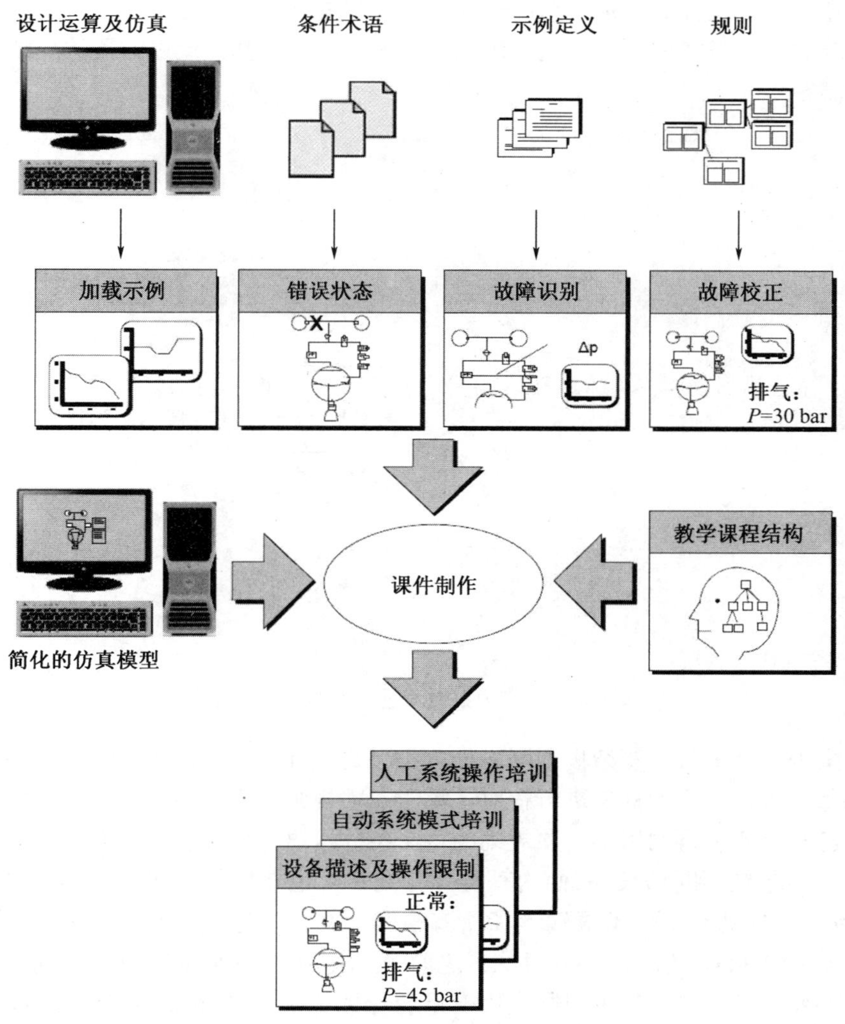

图 13.17　课件系统行为上的知识

13.5　实现技术：作为事实过滤器的规则

本节将详细介绍专家系统内此类规则的实现技术。上述示例中描述的规则实现技术是基于“流”的数据结构。简化后的流是一种代表持续性数据流动的链表结构。在专家系统中，这样的数据流包括待评估事实与变量绑定。专家系统的规则可针对此类数据流的过滤器。然后，规则过滤掉流中那些被识别为不可应用的参数绑定行为。另外，规则可以识别绑定并利用新事实，随后将其添加到数据流中。正像其出现于前向链接与反向链接里一样，规则链可通过按序排列此类数据流过滤器得以实现。图 13.18 揭示了一个基于流过滤器的规则实现的简单范例。

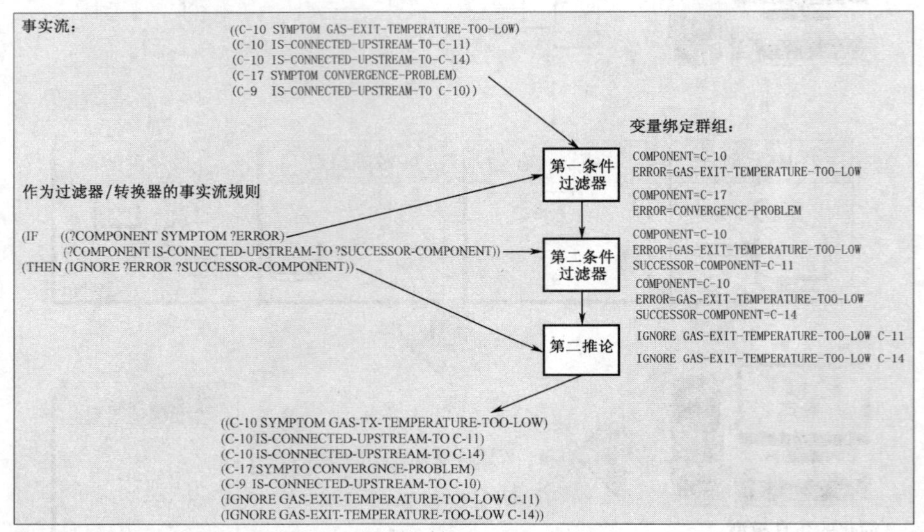

图 13.18　作为数据流过滤器的规则实现

推理引擎进行的复杂规则网络处理细节即为事实，大的事实库须以每项规则的每个条件术语为标准进行核对。源于一项规则处理步骤的结果事实加上旧有的已知事实须再次以下一项规则的每个条件术语为标准进行核对，依此类推。由于事实集在不断增长，故而内存资源分配需求也在增长。在图 13.18 的范例中，首先为规则的条件术语输入了所有事实。在通过第一个识别指示错误（此处为 C－10 和 C－17）组件的过滤器之前，并不会产生任何限制进一步处理事实范围的变量绑定。子句中规则应用变量会导致增加一些额外的工作，最终多变量甚至会出现在一个规则中。针对这些变量，随后会出现一个变量绑定的组合数，至少对于依照某些条件术语过滤器进行的处理如此。

最复杂的事实集是在对假说的有效性进行核对时其出现于规则的反向链接中。因此先假定一种假说，如一种含有专属变量绑定的事实组合。通过规则处理这些事实组合通常采用多种规则，然后可以证明假说是否成功。如果假设是错误的，则该过程将再次循环直到得到成功的假说，例如找到变量绑定。

当处理基于上文提到的明确的文本事实符号和过滤器实现时，就会非常耗费资源。

由于耗费内存资源的原因，图 13.18 所描述的由明确表符号中变量绑定的推理引擎处理规则的方法是不实用的。此外，处置已分配内存中的永久性改变也绝非易事。因而更高性能的专家系统应用了一种基于流的“延时评估”事实流实现技术。其运行的技术原理如下：

延时评估技术总是仅存储一个数据元组，而不用将一个事实流中所有可用元素放入内存中像堆栈一样顺序处理的列表中，流的第一部分在明确注释中是有效的，如以可评估的方式直接呈现。第二个元素包含了一个指向数据结构体的指针。此结构体由一个函数指针和绑定于该函数自变量的变量构成。通过此函数与变量绑定，可计算出事实流的下一个单元。这样一种含有固定变量绑定并指向可执行函数的指针在 LISP 中称作“闭包”。含有延时评估事实链的范例请参阅图 13.19。该范例描述了图 13.18 中的第二条件术语过滤器的事实集，曾经作为确定列表实现（两个事实），下面作为含有一个确定文本单元及用于计算下一个单元的闭包的元组都曾位于事实列表内。尽管该技术不存储数值处理成果，但其会在反向链接步骤中限制内存资源并规避带有变量绑定之组合数字的问题。

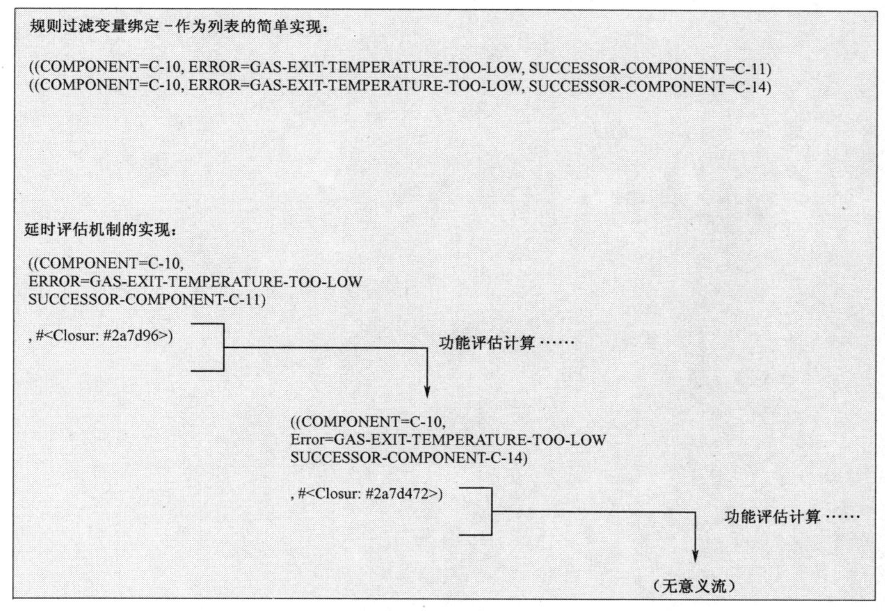

图 13.19　含有延时评估的数据流的实现

此技术在文献[120]中应用并实现。其用于实现待处理事实集，就像图 13.18 描述的初始事实集一样。此外，它也应用于规则中变量的参数绑定，在一个规则所有条件术语的处理过程中其必须保持固定不变(图 13. 19),并最终用于反向链接期间规则设定的整体绑定处理。以此方式可实现一种高效快捷的规则处理机制,而仅需适度增加内存资源。

更多知识型系统的资料详见本书参考附录的相应部分。对知识型系统感兴趣的读者可参阅文献[118]。

第 14 章　自主系统仿真

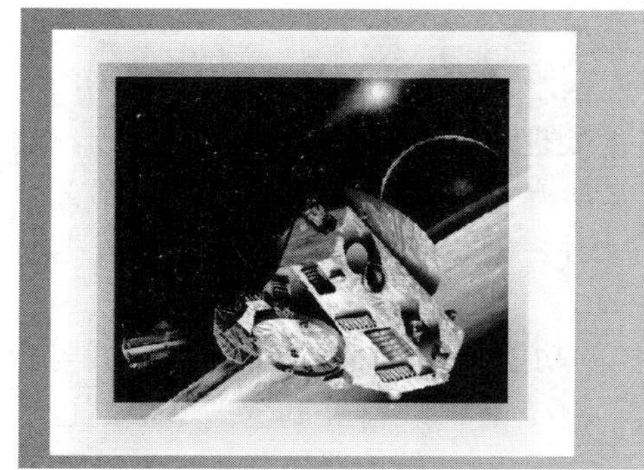

New Horizons © NASA

在航天器研发过程中，星载软件（OBSW）的测试是系统仿真的一个主要应用（图 14.1）。对于简单的 OBSW 数据管理功能测试和更高层面的控制监视来说，基于测试的仿真是一种成功的应用。

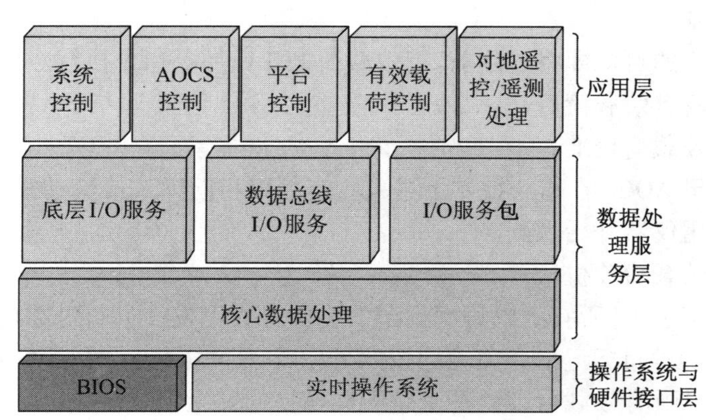

图 14.1　一种现代卫星星载软件原理框图

这里再次以卫星为例，介绍一种现代的星载软件。现代的星载软件一般由图 14.1 中的几个主要模块组成。

14.1 传统的星载软件功能测试

需要验证的星载软件的基本功能包括:

- OBC 的“基本输入输出系统”(Basic I/O-System,BIOS)。它提供访问内存、处理器和控制芯片的权限,一般由 OBC 硬件提供者验证。

- 实时操作系统。它构成了 OBSW 应用的基础,需要完全由 OBSW 供应商来验证。

- “输入输出服务”(I/O 服务)。它是由 OBSW 供应商层面验证。OBSW 中的 I/O 服务连接着 I/O 控制器硬件芯片,处理从 OBC 到外部设备之间进出的数据。依赖于接口类型,这种功能能够满足所有类型的处理要求,覆盖从最简单的模拟线路信号采集到通过高层数据总线协议进行的复杂星载设备数据包传输。

- 在最高层上实现并验证航天器控制功能。该功能涵盖系统监视、姿态和轨道控制、卫星平台控制(电源、温度等),还有有效载荷控制。这个层面也包含通过无线电进行地面通信。OBSW 在这个层面包括航天器操作模式以及所有子系统和设备的子模式管理。

传统星载软件包含有限的系统自主功能。例如,一颗典型的对地观测卫星,在极地轨道运行期间没有永久地面站支持,执行部分标称系统控制功能,例如时间标记指令,这些时间标记指令编为指令序列,常用来控制有效载荷操作,最终与平台机动关联起来。例如,以下对地观测卫星星载功能序列可以通过时间标记指令来控制。

- 期望的目标即将观测前,有效载荷 PCDU 加电指令执行。
- 接着有效载荷启动。
- 有效载荷校准。
- 卫星 AOCS 在指令控制下进入特定精确指向模式或滚动模式。
- 利用仪器开始观测。
- 有效载荷关机。

在这个例子中,所有的以时间标记的步骤在程序发往上行链路前,在地面进行预先计算。时间标记指令功能均按照固定序列来执行。指令序列工作期间,任何异常都导致有效载荷甚至整个航天器切换回安全模式。

此外,在进行一些 OBSW 设计时,允许从地面加载星载控制程序(On-Board Control Procedures, OBCP)到 OBC。OBCP 采用宏语言编程,在线编译并运行(这样时间编码也是可能的)。借助 OBCP,使得对某些事件(目标识别等)的自动反应成为可能。这项功能也可以应用到自动停泊和交会机动上,并不局限于卫星。

任何情况下这两种最简单的自主系统都是 OBSW 测试的主题,它是在基于仿真的测试平台上进行的。验证正常和故障情况下 OBCP 的处理正确性对验证工程师来说是一项难度很大的任务。

14.2 故障管理功能测试

下一类要验证的自主功能为“故障检测,隔离和恢复”,即 FDIR 功能。FDIR 功能由 OBSW 所有的层来实现,从最底层的 I/O 线缆数据拥堵监视到最高级的姿态错误确定或有效载荷故障检测。FDIR 功能需要自主干预,对各种错误情况做出反应。因此,该功能涵盖航天器所有的操作模式。主要情况如下:

- 最低层级(第一级)涵盖硬件错误。例如,识别不准确的数据总线控制器或敏感器响应。这个级别的错误易于处理。举例来说,通过重新执行数据请求响应或控制设备短暂复位来完成(不用设备即把控制器状态建立起来)。在这种简单的情况下,航天器保持其主操作模式不变。
- 第二级包括不能保持航天器所有操作模式的错误。例如,卫星有效载荷不再工作,系统进入更安全的操作模式,或直接进入安全模式。
- 第三级包括一些严重的错误,如需要重启 OBC、OBC 部分部件需要切换至备份部件(备份处理器板、I/O 板等)。
- 第四级包括物理连线的硬件报警,将它直接发送至 OBC 的 TTR 板或直接发送至应答机。例如,电源短路的情况。为防止这种意外,如果发生意外,地面系统可以检测到这些报警信号;即使不运行 OBSW,也可校正或部分校正发生的意外。

对安全性和自主性高的功能进行测试是 OBSW 开发者测试任务必不可少的一部分,基于测试平台的仿真使其变得很轻松。这是因为:故障注入变得更简单;OBSW 调试已成为可能;在进行 AIT 测试时,真实的航天器 OBC 硬件保持可用,没有障碍。

14.3 高级系统自主性测试

对于卫星航天器而言,当今每个标准卫星都体现了某些星载自主功能的特征。例如带自主停泊功能的 ATV 运载器。对于卫星而言,自主性主要关注在轨期间,没有地面支持的情况下星上自主完成的操作。在没有地面站支持的情况下管理上述提到的故障案例,甚至要关闭有效载荷,至少要保证转换过渡期卫星处于稳定安全模式。除此之外,还有一些更高级的自主性,也应对它们进行测试。在讨论这些之前,应定义一些术语来描述这些功能和特征(表 14.1)。

表 14.1　有关自主的一些关键术语定义

自主	自主是基于不同功能和技术的系统特征；自主可以通过基本的自动化功能或自主功能实现
自动化功能	自动化功能运行时很直接，按照主计划表或控制程序启动（OBCP 执行器），自动化功能按照计划表（操作时序）来检查
自主功能	自主功能实现决策，决策通过制定程序和对异常的反映来完成。异常（事件）是指执行自动化功能时发生的情况
事件	事件通过异常或预定义的状态（例如到达的位置、姿态）来触发
自主航天器系统	系统包括航天器和地面两部分，主要特征是不依赖于人的干预。空间段和地面段之间的智能功能的分布未指定
自主航天器	主要特征为极大独立于地面通信与支持。它的自主智能功能实现在线功能，脱离地面干预，执行基本的任务目标

此外，这些定义可以按不同的自主级别区分。表 14.2 给出了分解的树形目录。

表 14.2　自 主 分 级

级别	主要特征
0	• 自动监视姿态、位置、电池的充电状态、温度等物理参数 • 自主导航技术（GPS） • 基于以下情况的自主故障处理 ◇ 冗余切换； ◇ 航天器模式切换（生存模式/安全模式）
1	• 通过低级智能模式定义的精确错误 • 通过投票机制和逻辑功能实现的在线故障诊断 • 适应分级模式或错误处理模式的自主操作
2	• 灵活的、基于知识的故障诊断（同时包括解决无法预测的一些问题） • 基于知识的星载运行计划，故障/退化情况的反映 • 航天器操作计划/程序自主优化

对于航天器来说，自主性是系统级的关键技术，它包含：

（1）“启动技术”——启动某一个任务： • 在无无线电通信的情况下使得航天器生存 • 在无无线电通信的情况下使得航天器机动 • 在无无线电通信的情况下授权生成任务产品	例如： • 星际探索任务 • 军事任务

（续）

(2)“过程提高技术”——降低任务成本： 通过以下自主方式获得： • 在控制中心进行单发航天器操作 • 在无无线电通信的情况下生成任务产品 • 依据用户请求进行数据记录和处理	例如： • 对地观测航天器 • 通信卫星 • 导航任务 • 深空探测器

14.4 自主性的实现

高级自主：“使能技术：
典型关注：星载自主，例如，空间探测器、着陆器、飞行器及运载设备。

这类航天器系统的基本特征有：

- 该级自主性主要是在下列两者之间调整：
  - ➢ 宏命令序列的简单执行。
  - ➢ 星载任务规划。
- 星载软件里的技术实现聚焦于：
  - ➢ 星载软件模块化概念。
  - ➢ 基于实际操作系统的 OBSW。
  - ➢ 多 CPU 架构，最终分解有效载荷 OBC。
  - ➢ 独立于目标硬件的高级控制软件层。

这些自主系统体系结构必须可维护、验证和确认。为了达到这个目的，需要有情景细节仿真能力的航天器测试平台。这需要在不同级的仿真航天器中提供故障注入机制。必要时还需要对复杂的故障现象进行建模，通过多个故障征兆参数进行并行操作，测试星载软件的故障识别机制。

中级自主：“过程改进技术：
典型关注：整个地面/空间系统的自主性，例如卫星。

这种类型航天器系统的基本特征有：

- 卫星任务的系统控制由“用户请求”来支持：

➢ 再次以地球观测卫星为例，当星载仪器按照设置切换时用户不再定义任务产品。

➢ 需定义几何观测目标，光谱特性或其它期望的任务产品设置以及交付的任务产品日期。

- 智能任务规划系统根据地面系统以前多源观测数据，核实缺失的信息，生成卫星星载指令执行序列，达到如下目标：
  - ➢ 观测档案里没有的任务产品。
  - ➢ 下载数据。
  - ➢ 在地面合成存档数据和最新观测数据，把请求的任务产品交付给用户。
- 这种架构开启了研究航天器平台和有效载荷的半自动化单移位操作之门。

只有对整个场景进行精确测试才可证明“过程改进”。因此需要对场景进行详细模拟。然而，除纯航天器仿真之外，还要将包括基于用户需求的任务规划在内的地面段功能也要包含在场景验证之中。

14.4.1 改进技术—星载软/硬件(SW/HW)

例 1：星载软件(SW)自动化

2001 年 10 月 ESA 发射了 PROBA 系列卫星的一号星 PROBA1(图 14.2)，该系列采用了星载自动化。利用这些卫星开展新技术试验，引领更高水平星载自动化。

图 14.2 PROBA 1 © ESA

在 PROBA 1 卫星上进行了如下技术的在轨测试：

- 首次在轨使用欧洲的 32 位抗辐射航天专用微处理器 ERC32 芯片组。
- 首次使用数字信号处理器(DSP)作为仪器控制计算机 ICU。
- 首次在轨应用新设计的自主型星敏感器。
- 首次使用星载 GPS。
- 星载软件具有以下创新：

➢ ESA 首次采用 C 语言替代 Ada 语言为 OBSW 飞行软件编程。

➢ ESA 首次采用基于操作系统（VxWorks）的 OBSW 取代纯手工编码。

➢ OBSW 飞行软件运行在 ERC32 处理器上，针对 ERC32 处理器设计的 GNU C 编译器最终被验证。

取得的星载新功能包括：

- ESA 卫星首次利用 GPS 进行在轨定位。
- 通过有源星敏感器自主识别恒星星座，进行姿态确定。
- 自主预报导航事件（目标过境，测控站过境）。
- 最小星载任务规划。

例 2：星载 SW 运行模式的复杂性

ESA 月球探测器 SMART－1 实现了相当水平的星载自动化（图 14.3、图 14.4）。此处焦点不在于像有源星敏感器这样的有源星载设备或软件实现策略，而在于月球机动和逼近期间，操作模式的一致性和模式切换。

图 14.3　SMART－1 © ESA

ESA 在 SMART－1 卫星上首次使用离子发动机，该推进器在能源供应和它产生的热影响之间隐含很强的交叉影响。此外，离子推进的使用大大影响了 AOCS 设计。

因此，按照热量和供电条件，对日/对地/对月调姿进行优化。地面站可视性和数据处理服从于相应的自主功能。在航空电子系统验证和星载软件需求验证中，系统仿真扮演不可或缺的角色。

14.4.2　改进技术—任务优化

例 3：基础设施发展："自主测试平台"

这个例子描述了 ESA 的地面/太空联合结构自主测试研究，分析了有效载

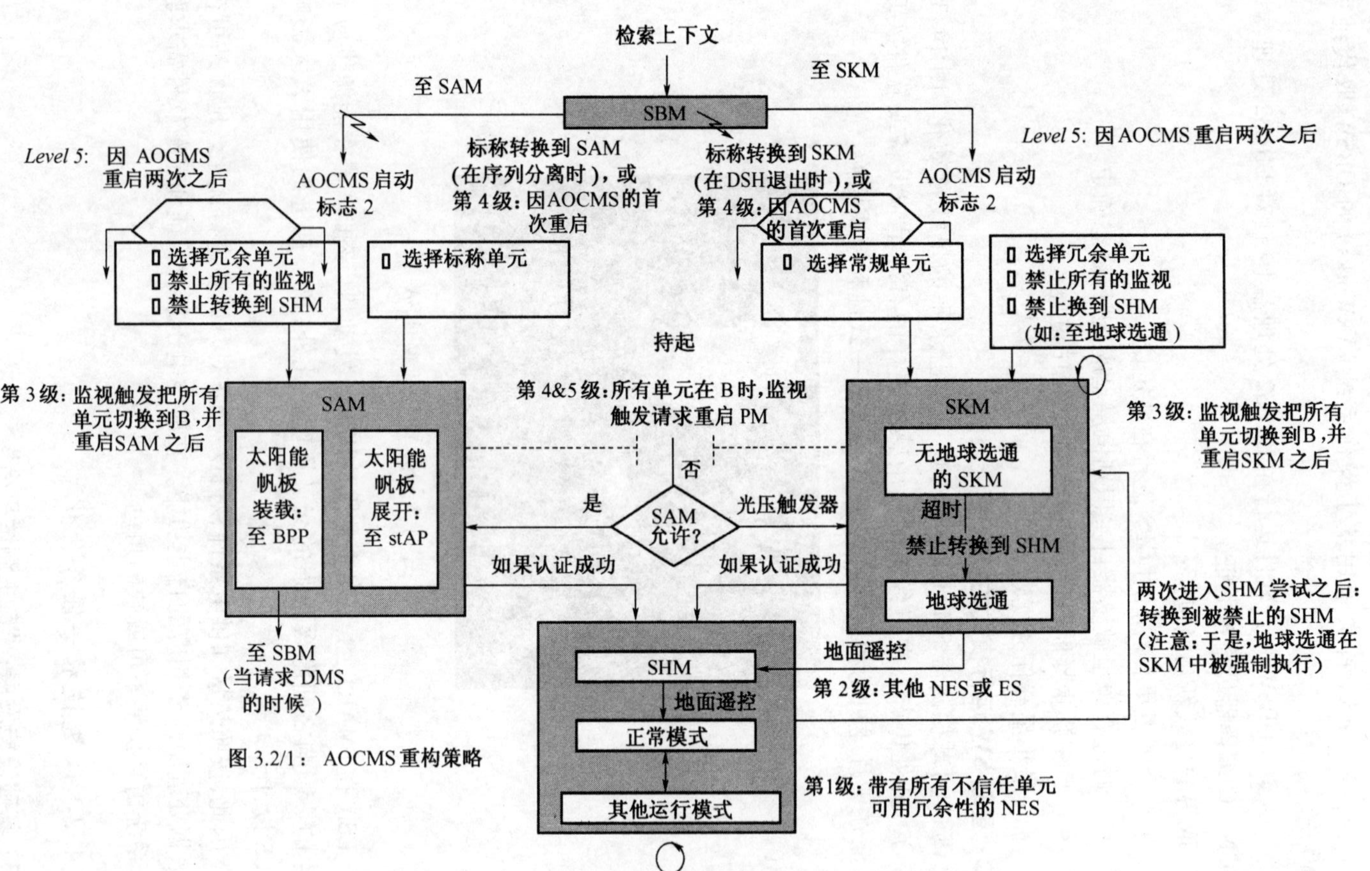

图 14.4　ESA 月球探测器 SMART－1 号的运行模式 © ESA

荷操作的潜在星载任务规划设计,用户“只”需把观测请求发送到卫星。用户定义了:

- 使用的有效载荷。
- 使用的操作模式。
- 状态设置。
- 预期的观测目标区域。

卫星通过连续可见的地面站不断收集用户请求,并且配置智能任务规划系统。该系统生成关乎姿态控制、有效载荷、电源等系统所有指令的详细发送时间表。

❑ 星载自主体系结构

■ 系统管理程序(来自德国宇航中心(DLR)的基于敏感器的任务级遥编程(Modular A&R Controller, 简写为 MARCO)研究)。从星载控制程序处理的简单宏命令执行到星载时间表执行的自主可扩展。

■ TINA 时间序列生成器。依据用户请求和平台服务请求,提供直接执行的任务时间表。

❑ 测试架构

■ 卫星和太空环境仿真

- SSVF 模拟器。
- 源自 SSVF 的航天器模型、环境模型。

■ 地面测试系统

- SSVF/CGS 配置。
- TINA 用户请求控制台。

自主测试平台如图 14.5、图 14.6 所示。

ESA 的自主测试研究原型包括:

- 扮演虚拟地面站的 Core EGSE。
- 卫星模拟器。
- 像 VME 总线型板的 OBC 板。
- 运行该板上的带有宏指令接口的星载软件。
- 任务规划算法,用以创建从包含所有宏命令的用户请求到星载软件的活动时间序列。

星载软件依据生成的任务时间序列执行航天器宏指令,用来控制仿真卫星。在该自主测试平台中,对复杂场景进行了测试,复杂场景包括:

- 正常运行的场景。在该场景下,用户请求被上传、处理,下一个地面站可见时下传结果。
- 导致星载规划冲突的场景。在该场景下,操作周期内只能满足部分用户请求。

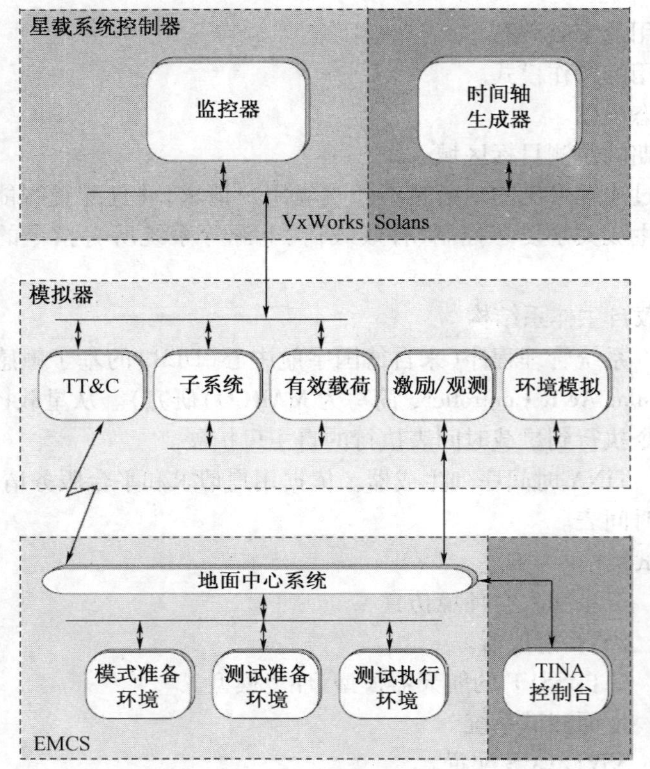

图 14.5 星载自主测试构造：自主测试平台（见文献[125]）© Astrium

图 14.6 自主测试平台装备 © Astrium

• 注入设备人为故障的场景。在该场景下，首先识别并执行相应的错误恢复，由于错误恢复之后，卫星已经错过了一些观测目标，因此接下来重新安排活动序列。

星上自动恢复场景如图 14.7 所示。该场景加强了对如下方面的需求：

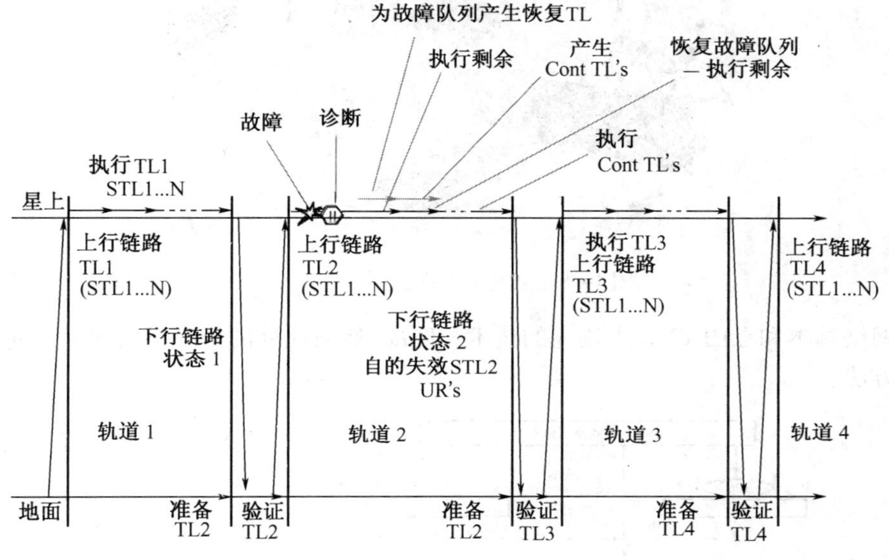

图 14.7　星上自动恢复场景 © Astrium

• 任务规划算法。

• 星载软件（需要阻止任何潜在的由任务规划工具生成的错误指令）。

• 航天器仿真架构，该架构必须充分体现包括有效载荷运行在内的所有场景。

14.4.3　使能技术—深空探测器的自主 OBSW

例 4：NASA 新地平线号探测器（图 14.8）的 OBSW

2006 年春季，NASA 发射了新地平线号深空探测器，用来观测海王星外天体冥王星和卫星 Charon。它可能代表了迄今为止最高水平的星载自主。

新地平线号的星载软件基于事件和规则解释程序，它与第 13 章描述的算法类似（但是没有用 LISP 编码）。这里实现的智能化结构用来控制名义上的路径机动和错误恢复，它取代了用在传统卫星上的星载控制程序。在低一级处理级上实现示例，通过参数测量来识别抽象特征，基于这些示例，实现了用以进行情况分析和系统控制的规则网络。

图 14.9 描绘了整个规则网络的一小部分——在接近冥王星时的故障处理。根据详细条件的不同，故障要么被处理，要么导致太空探测器进入安全模式。规

图 14.8　新地平线探测器 © NASA

则网络基本和在图 13.2 中描述的技术相匹配,然而此处的处理只用到了前向链接方法。

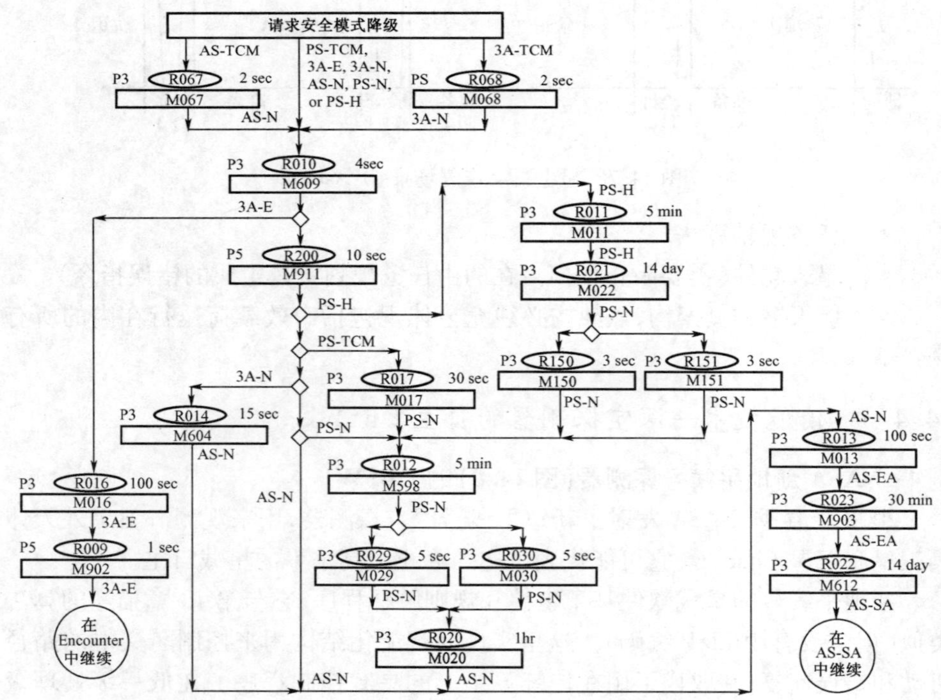

图 14.9　OBSW 基于规则的模式转换网络(见文献[126]) © NASA

图 14.9 中:

- Rxxx 标识符表示规则。

- Myyy 标识符表示当前规则所执行的宏。
- 所有的航天器指令由规则触发，以宏方式封装。
- 这里描述了规则/宏执行的过渡期（由于航天器处于滑行或靠近阶段，有些要好几天）。
- 对于星载处理器执行的规则/宏，在提到的网络规则 P3 和 P5 里做了概述。
- 规则标识信息包括（详见文献[126]）：
  - 规则优先级。
  - 规则生命周期。
  - 规则结果明显失效时，推理系统如何处理规则结果的方法。
  - 规则加载到内存时的状态（活动/睡眠）。

与测试传统的星载软件相比，测试此类规则网络的正确性和完整性更加困难。航天器模拟器更复杂，它需要注入所有类型故障的组合，并能够模拟持久的逼近遥远星球的策略。此外，仿真需要用来测试星载软件在多故障场景下错误恢复优先级设定的正确性。

更多星载自主性方面的资料和网页详见本书参考附录的相应部分。

缩略词表

通用缩写

a. m.	above mentioned	上述的
cf.	confer	试比较
e. g.	example given	例如
i. e.	Latin：id est ⇒ that is	即是
w. r. t.	with respect to	关于

技术性缩写

AI	Artificial intelligence	人工智能
AIT	Assembly, integration and testing	组装、集成和测试
ANSI	American National Standards Institute	美国国家标准学会
AOCS	Attitude and orbit control system	姿轨控系统
AR	Acceptance review	验收评审
ASIC	Application specific integrated circuit	专用集成电路
ATV	Automated Transfer Vehicle	自动转移飞行器
BIOS	Basic I/O-System	基本 I/O 系统
CAD	Computer aided design	计算机辅助设计
CADU	Channel access data unit	信道存取数据单元
CASE	Computer aided software engineering	计算机辅助软件工程
CCD	Charge-coupled device	电荷耦合元件
CCS	Central Checkout System	中央检查系统
CCSDS	Consultative Committee for Space Data Systems	空间数据系统咨询委员会
CDF	ESA / ESTEC's Concurrent Design Facility ESA / ESTEC's	并行设计设施
CDR	Critical design review	关键设计评审
CLTI-system	Continuous, linear, time invariant system of differential Equations	线性时不变微分方程连续系统

CLTU	Command link transmission unit	指令链路传输单元
Cmd	Command	指令
CNES	Centre National d'études Spatiales	法国国家太空研究中心
CPU	Central processing unit	中央处理器
Ctrl	Control	控制
DA-system	Differential-algebra system of equations	微分代数方程系统
DB	Database	数据库
DD	Design document	设计文档
DDR	Detailed design review	详细设计评审
DEQ	Differential equation	微分方程
DLR	Deutsches Zentrum für Luft-und Raumfahrt e. V.	德国宇航中心
DORIS	Doppler orbitography and radiopositioning integrated by satellite	星基多普勒轨道确定和无线电定位组合系统
DSP	Digital signal processor	数字信号处理器
dtd	XML document type definition file XML	文档类型定义文件
ECLSS	Environment control and life support systems	环控生保系统
ECSS	European Cooperation for Space Standardization	欧洲空间标准化合作组织
EEPROM	Electrically erasable PROM	电可擦写可编程只读存储器
EFM	Electrical functional model	电功能模型
EGSE	Electrical ground support equipment	电气地面支持设备
EMC	Electromagnetic compatibility	电磁兼容性
EMF	Eclipse Modeling Framework	Eclipse 建模框架
ESA	European Space Agency	欧洲空间局
ESOC	ESA Space Operations Center	欧洲航天局航天控制中心
ESTEC	European Space Research and Technology Center	欧洲空间研究与技术中心
FAA	Federal Aeronautics Association	美国联邦航空协会
FAR	Flight acceptance review	飞行验收评审
FCL	Foldback current limiter	折返电流控制器
FDIR	Failure detection, isolation and recovery	故障检测、隔离与恢复
FEEP	Field emission electrical propulsion	场发射推进器
FEM	Finite element method	有限元法
FOG	Fiber-optic gyroscope	光纤陀螺

FPGA	Field programmable gate array	现场可编程门阵列
FVB	Functional Verification Bench	功能验证平台
GEO	Geostationary Earth orbit	静止地球轨道
GPS	Global Positioning System	全球定位系统
GSOC	German Space Operations Center	德国航天控制中心
GSWS	Galileo Software Standard	伽利略软件标准
HITL	Hardware in the loop	硬件在回路
HW	Hardware	硬件
I/O	Input / output	输入/输出
IABG	Industrieanlagen-Betriebsgesellschaft mbH	德国工业设备管理公司
ICD	Interface control document	接口控制文档
ICU	Instrument control unit	仪表控制单元
IDE	Integrated development environment	集成开发环境
IEEE	Institute of Electrical and Electronics Engineers	电气和电子工程师协会
IF	Interface	接口
IRR	Integration readiness review	集成就绪评审
IRS	"Institut für Raumfahrtsysteme" or "Institute of Space Systems", Universität Stuttgart, Germany	德国斯图加特大学空间系统学院
ISO	International Standardization Organization	国际标准化组织
ISS	International Space Station	国际空间站
ITT	Invitation to tender	招标邀请
JPL	NASA Jet Propulsion Laboratory	美国航空航天局喷气推进实验室
LAN	Local area network	局域网
LCL	Latch current limiter	闩锁电流限制器
LEO	Low Earth orbit	近地轨道
LEU	Load emulator unit	有效载荷模拟器单元
MDA	Model Driven Architecture	模型驱动架构
MDVE	Model-based Development & Verification Environment:(A system simulation and verification infrastructure from EADS Astrium GmbH-Satellites)	基于模型的开发验证环境
MEO	Medium Earth orbit	中地球轨道

MGM	Magnetometer	磁强计
MJD	Modified Julian date time format	修正儒略历时间格式
MMI	Man-machine interface	人机接口
MOF	Meta Object Facility	元对象设施
MRR	Mission requirements review	任务需求评审
NASA	United States National Aeronautics and Space Administration	美国航空航天局
OAV-triple	Object-attribute-value triple	对象—属性—值三元组
OBC	On-board computer	OBC
OBCP	On-board control procedure	星上控制程序
OBSW	On-board software	星载软件
OBT	On-board time	星上时间
OCL	Object Constraint Language	对象约束语言
ODE	Ordinary differential equation	常微分方程
OMG	Object Management Group	对象管理组织
PA	Product assurance	产品保证
PCDU	Power control and distribution unit	电源控制与分配单元
PDC	NASA / JPL's Product Design Center	NASA / JPL 的产品设计中心
PDE	Partial differential equation	偏微分方程
PDR	Preliminary design review	初步设计评审
PIM	Platform Independent Model	平台无关模型
PPS	Pulse per second	秒脉冲
PROM	Programmable ROM	可编程 ROM
PRR	Preliminary requirements review	初步需求评审
PSM	Platform Specific Model	平台特定模型
PSP	Product structure plan	产品结构计划
PST	Polling sequence table of an on-board software	星载软件的轮询序列表
PUS	ESA Packet Utilization Standard	ESA 包应用标准
Pwr	Power	电源
QR	Qualification review	鉴定评审
RAM	Random access memory	随机存取存储器
RF	Radio frequency	射频
ROM	Read-only memory	只读存储器
RPN	Reverse polish notation	逆波兰表示法
RPT	Report	报告

RTCA	Radio Technical Commission for Aeronautics Inc.	航空无线电技术委员会
RWL	Reaction wheel	反作用轮
S/C	Spacecraft	航天器
SCOE	Special checkout equipment	专用测试设备
SDAI	Standard data access interface	标准数据访问接口
SDO	Astrium Satellite Design Office	Astrium 卫星设计办公室
SEDB	System engineering database	系统工程数据库
SM	State machine	状态机
SMT	Simulated mission time	模拟任务时间
SOA	Service oriented architecture	面向服务的体系结构
SPARC	Scalable processor architecture	可缩放处理机体系结构
SRD	Software/system requirements document	软件/系统需求文档
SRR	System Requirements Review	系统需求评审
SRT	Simulation run time	仿真运行时间
STB	Satellite Testbed or System Testbed	卫星/系统测试台
STEP	Standards for Exchange of Product Model Data	产品模型数据交换标准
STR	Start tracker	星敏
SVF	Software Verification Facility	软件验证设施
SW	Software	软件
SysML	Systems Modeling Language	系统建模语言
TAI	Temps Atomique International: Terrestrial time reference from the International Bureau of Weights and Measures (BIPM).	国际原子时:国际计量局提供的地球时
TC	Telecommand	遥控
TCL	Tool Command Language (Generic open source Script Language)	工具命令语音 (通用的开放源代码脚本语言)
TDRS	Tracking Data & Relay Satellite	跟踪与数据中继卫星
TINA	Timeline Assistant: Mission Planning Tool of Astrium GmbH - Satellites	时间表助手: Astrium GmbH 卫星任务规划工具
TM	Telemetry	遥测
TM/TC-FE	Telemetry / Telecommand-Frontend	遥测/遥控前端
TMS	Truth maintenance system	真值维护系统
TN	Technical note	技术总结

TRR	Test readiness review	测试准备就绪评审
TTR	Telecommand / telemetry responder	遥控/遥测应答机
TUHH	Technische Universität Hamburg-Harburg, Germany	汉堡工业大学
UMAN	User manual	用户手册
UML	Unified Modeling Language	统一建模语言
URD	User requirements document	用户需求文档
UTC	Universal Time Code	国际标准时间
VHDL	VHSIC (Very High Speed Integrated Circuits) hardware description language VHSIC	(超高速集成电路)硬件描述语言
W3C	World Wide Web Consortium	万维网联盟
WGS	World Geodetic System	世界大地坐标系
XML	Extensible Markup Language	可扩展标记语言
xsd	XML schema definition file XML	架构定义文件

变量和符号

数学推导中的一般符号

u an input parameter of a component　组件的输入参数

w an output parameter of a component　组件的输出参数

y a state variable of a component　组件的状态变量

x a variable　变量

$\bar{\boldsymbol{x}}$ a vector　矢量

$\bar{\bar{x}}$ a matrix　矩阵

z Geometric location inside a component　组件内的几何位置

Δ Tensor of geometric derivatives　几何导数张量

物理公式中的特定符号

A Area / surface area　面积/表面积

c Compound chemical concentration　化合物化学物质的浓度

D Diffusion coefficient　扩散系数

h Enthalpy　焓,热函

H Momentum　动量

m Mass　质量

M Arbitrary variable in balance equations　平衡方程中的任意变量

N Torque　力矩

P Pressure　压力/压强

q Quaternion　四元数

Q Heat　热能

r Position of a spacecraft or celestial body　航天器或天体的位置

R Specific gas constant　比气体常数

S Source / sink term　源/汇项

t Time　时间

T Temperature　温度

v Velocity　速度

V Volume	体积
W_t Technical work done	技术工作
$\bar{\bar{\delta}}$ Unit tensor	单位张量
θ Matrix of moments of inertia	转动惯量矩阵
ρ Density	密度
τ Viscosity of a fluid	流体的黏度
φ General rate flow over the system boundary	超过系统边界的总流量
ω Rotational rate	转动率

参考文献

设计部门参考文献

[1] Scheuble, M.; Mager, R.:
The Satellite Design Office (SDO) Capability,
3rd European System Engineering Conference,
Toulouse, 21. -24. May 2002

[2] ESA/ESTEC:
Concurrent Design Facility,
http://www. estec. esa. nL /pr/facilities/cdf. php3

[3] ESA/ESTEC:
Students Design a Space Station,
http://www. esa. int/export/esaCP/ESALCWUTYWC_index_0. html

[4] Jet Propulsion Laboratory Project Design Centre:
http://pdc. jpl. nasa. gov

[5] Goddart Space Flight CentreMission Design Centre:
http://imdc. gsfc. nasa. gov

[6] California Institute of Technology, Laboratory for Spacecraft & Mission Design:
http://www. lsmd. caltech. edu

[7] Satellite Toolkit:
http://www. stk. com

控制工程仿真工具参考文献

[8] The MathWorks Inc.：
http://www.mathworks.com

[9] The Modelica Association：
http://www.modelica.org

[10] SCILAB Organization：
http://scilabsoft.inria.fr/ und
http://www.scicos.org

[11] PSpice：
http://www.electronics-lab.com

[12] Sinda/Fluint
http://www.crtech.com

验证测试平台参考文献

MDVE（EADS Astrium GmbH-satellites，Friedrichshafen）：

[13] N. N：
MDVE-Model-based Development & Verification Environment，
Technology flier of Astrium GmbH，Friedrichshafen，January 2004

[14] Eickhoff，Jens；Hendricks，Reinhard；Flemmig，Jörg：
Model-based Development and Verification Environment，
54th International Astronautical Congress，
Bremen，September 29th-October 1st，2003

[15] Hendricks，Reinhard；Eickhoff，Jens：
The significant role of simulation in satellite development and verification，
Die Schlüsselrolle von Simulationstechnik in Satellitenentwicklung und Test，
Aerospace Science and Technology
Volume 9，Issue 3，April 2005，Pages 273 – 283

[16] Eickhoff，Jens；Falke，Albert；Röser，Hans-Peter：
Model-Based Design and Verification – State of the Art from Galileo Constellation down to small University Satellites，
25. International Astronautical Congress，Valencia，Spain，
October 2. – 5.，2006
see also
Acta Astronautica，Vol. 6，Issues 1 – 6，June-August 2007，Pages 383 – 390
http://dx.doi.org/10.1016/j.actaastro.2007.01.027

SimWare（EADS Astrium S.A.S.卫星，法国图卢兹）：

[17] Vatan，Bruno：
A Generic Product based Infrastructure for Simulators in Space Area，
Proceedings of the Conference on Data Systems in Aerospace，
DASIA 1997，Sevilla，Spain，26. – 29. May1997

Eurosim（EADS Astrium – Dutch Space BV.）：

[18] http://www.eurosim.nL/

第三代模拟器(后续 MDVE,EADS Astrium—Satellite)
[19] Eisenmann, Harald; Cazenave, Claude:
SimTG: Successful Harmonization of Simulation Infrastructures,
10th International Workshop on Simulation for European Space Programmes,
SESP 2008, October 7th - 9th 2008, ESA/ESTEC,
Noordwijk, Netherlands

地面站使用的仿真工具参考文献

SIMSAT (ESA / ESOC):
[20] http://www.esoc.esa.de/externaL/mso/simsat.html
[21] http://www.dlr.de/dlr/Raumfahrt/RF-Management/Ind/vega.pdf

BASILES (CNES)
[22] N. N:
BASILES-Distributed Simulators & 3D Visualization,
TSP Workshop, 2007,
http://download.savannah.gnu.org/releases/tsp/events/First_TSP_Workshop_27march2007/BASILES_HLA_TSP.pdf

开源仿真工具参考文献

[23] http://www.opensimkit.org 与 http://www.opensimkit.de

设备建模参考文献

[24] Hyder, A.K.; Wiley, R.L. et. al.:
Spacecraft Power Technologies,
Imperial College Press, 2000,
ISBN: 1860941176
[25] Hallmann, W.; Ley, W.:
Handbuch der Raumfahrttechnik,
Carl Hanser Verlag, München, 1988,
ISBN: 3-446-15130-3
[26] Wertz, J.R (Ed.):
Spacecraft Attitude Determination and Control,
Kluwer Academic Publishing, 9th Edition, 1997,
ISBN: 90-277-0959-9

OBC 建模:
[27] N.N:
TSIM ERC32/LEON simulator,

Gaisler Research,
http://www.gaisler.com/cms/index.php?
option = com_content&task = view&id = 38&Itemid = 56

AOCS 组件建模：

[28] www.irs.unistuttgart.
de/lehre/v_kleinsatellitenentwurf_selfstudy_online/pdf/Kap5_KS
E_AOCS_www.pdf

[29] Nicolini, D.:
LISA Pathfinder FEEP Subsystem,
6th LISA Symposium, ESA/ESTEC, Noordwijk, Netherlands, June 22.,
2006

电子组件建模：

[30] www.irs.uni-stuttgart.de/lehre/v_kleinsatellitenentwurf_selfstudy_online/
pdf/Kap4_KSE_Leistungselektronik_www.pdf

[31] Kordesch, K. V.:
Brennstoffbatterien,
Springer-Verlag, Wien, 1984
ISBN: 3211818197

[32] Linden, D.:
Handbook of Batteries and Fuel Cells,
Mc Graw Hill, 1984

[33] Regenhardt, P. A.:
F-Cell: The ASPEN Fuel Cell Model,
US Department of Energy, March 1985,
NASA TM - 103210

燃料晃动：

[34] http://www.esa.int/SPECIALS/Launchers_Home/SEMNFZ0XDYD_0.html
Life Support Systems:

[35] World Spaceflight News:
Inside the International Space Station: Environmental Control and Life
Support System (ECLSS),
Astronaut Training Manual (Ring-bound),
ISBN: 1 - 893472 - 19 - 1

[36] Melton, Robert G.:
Space Station Technology (Progress in Technology)
Society of Automotive Engineers, November 1996
ISBN: 978 - 1560917465

轨道与姿态控制算法参考文献

[37] http://en.wikipedia.org/wiki/List_of_orbits

[38] Montenbruck, O.; Gill, E.:
Satellite Orbits-Models, Methods, Applications,
Springer-Verlag, Berlin, 2001,
ISBN-13: 978-3-540-67280-7

[39] Chobotov, Vlaidimir A.:
Spacecraft attitude dynamics and control,
Krieger Publishing, Malabar, 1991,
ISBN-13: 978-0894640315

[40] Wertz, J.R (Ed.):
Spacecraft Attitude Determination and Control,
Kluwer Academic Publishing, 9th Edition, 1997,
ISBN: 90-277-0959-9

[41] Sidi, M.J.:
Spacecraft Dynamics and Control:
A practical Engineering Approach,
Cambridge University Press, 2nd Edition, 2000

[42] Fehse, W.:
Automated Rendezvous and Docking of Spacecraft,
Cambridge University Press, 2003,
ISBN: 0-521-82492-3

[43] Larson, W.J.; Wertz, J.R:
Space Mission Analysis and Design,
Kluwer Academic Publishing, 2nd Edition, 1993
ISBN: 0792319982

[44] Fortescue, P.W.; Stark, J.; Swinert, G.:
Spacecraft Systems Engineering,
J. Wiley & Sons, 3rd Edition, 2003,
ISBN: 0470851023

卫星电源系统建模参考文献

[45] Hyder, A.K.; Wiley, R.L. et. al.:
Spacecraft Power Technologies,
Imperial College Press, 2000,
ISBN: 1860941176

[46] Hallmann, W.; Ley, W.:
Handbuch der Raumfahrttechnik,
Carl Hanser Verlag, München, 1988,
ISBN: 3-446-15130-3

数字仿真参考文献

[47] Engeln-Müllges, G. ; Reutter, F. :
Numerische Mathematik für Ingenieure,
Bibliographisches Institut, BI Wissenschaftsverlag, 1973

[48] N. N. :
ESRF-The European Synchrotron Radiation Facility ScientificLibraries
http://www.esrf.fr/UsersAndScience/Experiments/TBS/SciSoft/
http://www.esrf.eu/UsersAndScience/Experiments/TBS/SciSoft/Links/Fort ran

[49] N. N. :
Numerical Recipes in C: The Art of scientific Computing,
Cambridge University Press, 1988 - 1992,
ISBN: 0-521-43108-5

[50] Urban, Karsten; Lehn, Michael:
Übungen zur Vorlesung Numerik 1b
Fakultät für Mathematik der Universität Ulm
http://www.mathematik.uniulm.
de/numerik/teaching/ws07/NUM1b/prog/anleitung04/
and
http://www.mathematik.uniulm.
de/numerik/teaching/ws07/NUM1b/prog/blatt4/newton2d.cc

[51] Westerberg, A. W. ; Hutchison, H. P. ; Motard, R. L. ; Winter, P. :
Process Flowsheeting
Cambridge University Press, 1979,
ISBN: 0 521 22043 2

[52] http://de.wikipedia.org/wiki/CG-Verfahren

[53] Burden, L. B. ; Faires, J. D. :
Numerical Analysis,
Prindle, Weber and Schmidt, Boston 1989, 3rd Edition

[54] Deuflhard, P. ; Hohmann, A. :
Numerische Mathematik,
W. de Gruyter Verlag, Berlin, 1991,
ISBN: 3110171813

[55] Meis, Th. ; Marcowitz, U. :
Numerische Behandlung partieller Differentialgleichungen,
Springer-Verlag, Berlin, 1978

[56] N. N. :
Numerical Recipes in C: The Art of scientific Computing,
Cambridge University Press, 1988 - 1992,
ISBN: 0-521-43108-5

[57] N. N. :
International Mathematical and Statistical Library, User's Manual,
IMSL Math/Library, Houston 1989
[58] Engeln-Müllges, G. ; Reutter, F. :
Formelsammlung zur num. Mathematik mit Standard FORTRAN77 Programmen,
Bibliographisches Institut, BI Wissenschaftsverlag, 1989,
ISBN: 3411031859

模型驱动架构参考文献

[59] N. N. :
MDA Information Page
http://www.omg.org/mda/
[60] Soley, Richard M. :
Model Driven Architecture: Executive overview,
http://www.omg.org/mda/executive_overview.htm
[61] Kleppe, Anneke; Warmer, Jos; Bast, Wim:
MDA Explained. The Model Driven Architecture: Practice and Promise.
Addison-Wesley Professional, 2003,
ISBN-13: 978-0-321-19442-8
[62] Gruhn, Volker; Pieper, Daniel; Röttgers, Carsten:
MDA-Effektives Software-Engineering mit UML2 und Eclipse,
Springer-Verlag, 2006,
ISBN-13: 978-3-540-28744-5

面向对象编程语言参考文献

C++:
[63] Stroustroup, Bjarne:
The C++ Programming Language
Addison Wesley, Reading, Massachussetts,
2nd Edition, 1993,
ISBN: 0-201-53992-6
[64] Eckel, Bruce:
Using C++, Covers C++ Version 2.0,
Osbourne McGraw Hill, Berkeley 1989,
ISBN: 0-07-881522-3
[65] Ellis, Margaret A. ; Stroustroup, Bjarne:
The Annotated C++ Reference Manual
Addison Wesley, Reading, Massachussetts, 1990,
ISBN: 8131709892

[66] Coplien, James O.:
Advanced C + +, Programming Styles and Idioms
Addison Wesley, Reading, Massachussetts, 1992,
ISBN: 0 - 201 - 54855 - 0

[67] Coplien, James O.; Schmidt, Douglas C. (Eds.):
Pattern Languages of Program Design
Addison Wesley, Reading, Massachussetts, 1995,
ISBN: 0 - 201 - 60734 - 4

Java 与实时 Java:

[68] Krüger, Guido:
Handbuch der Java-Programmierung
Addison Wesley, 4th Edition, 2006,
ISBN - 13: 978 - 3 - 8273 - 2361 - 3

[69] Sun Java™ Real-Time System 2.1 Technical Documentation
http://java.sun.com/javase/technologies/realtime/reference/rts_productdoc_2.1.html

[70] N. N.:
AONIC PERC - Virtual Machine
A Brief Synopsis of Real-Time Java
http://www.aonix.com/real_time_java.html

[71] N. N.:
javalution-the Java Solution for Real-Time and Embedded Systems
http://javolution.org/

UML 参考文献

[72] Erler, Thomas:
Das Einsteigerseminar UML 2,
Verlag Moderne Industrie Buch AG & Co KG, Bonn, 2004,
ISBN: 3 - 8266 - 7363 - 8

[73] Booch, Grady; Rumbaugh, James; Jacobson, Ivar:
The Unified Modelling Language User Guide,
Addison Wesley Longman, Reading, Massachussetts, 1999
ISBN: 0 - 201 - 57168 - 4

[74] James Rumbaugh, Ivar Jacobson, Grady Booch:
The Unified Modeling Language Reference Manual,
Addison Wesley Longman, 1999,
ISBN: 020130998X

[75] Sinan Si Alhir:
Learning UML
O'Reilly, 2003,
ISBN: 0 - 596 - 00344 - 7

[76] N. N.:
UML Notation Overview
Compendium of the diagram types on two pages
http://www.oose.de/uml

[77] N. N.:
UML for managers
Short abstract on concepts and diagrams
http://www.parlezuml.com

[78] N. N.:
OpenAmeos - The OpenSource UML Tool
http://www.openameos.org/

[79] Jeckle, Mario; Rupp, Chris; Hahn, Jürgen; Zengler, Barbara; Queins, Stefan:
UML2 glasklar,
Carl Hanser Verlag, München Wien, 2004

XML 参考文献

[80] Mintert, Stefan (Ed.):
XML & Co. Die W3C-Spezifikationen für Dokumenten-und Datenarchitektur,
Addison-Wesley, 2002,
ISBN: 3827318440

[81] Ray, T.; Siever, E. (Ed.):
Learning XML,
O'Reilly, 2001,
ISBN: 0596000464

[82] Eckstein, Robert; Casabianca, Michel:
XML kurz & gut,
2nd Edition, O'Reilly, 2002,
ISBN: 3-89721-235-8

[83] http://xml.apache.org/ ("Xerces" Parser)

[84] http://www.saxproject.org/ ("SAX" Parser)

[85] W3C Document Object Model
http://www.w3.org/DOM/

日(月)蚀参考文献

[86] Wieland, Thomas:
C++ mit Eclipse,
www.cpp-entwicklung.de/downld/Cpp-mit-Eclipse.pdf

[87] Künneth, Thomas:
Einstieg in Eclipse 3.3,

Einführung, Programmierung, Plug-In-Nutzung
Galileo Computing, 2007,
ISBN - 13: 978 - 3 - 89842 - 792 - 0

[88] Daum, Berthold:
Java Entwicklung mit Eclipse 3.2
dpunkt. verlag, Heidelberg, 4. Ed, 2006,
ISBN: 3 - 89864 - 426 - X

[89] Burnette, Ed:
Rich Client Tutorial Part1, http://www.eclipse.org/articles/Article-RCP-1/tutorial1.html
Rich Client Tutorial Part2, http://www.eclipse.org/articles/Article-RCP-2/tutorial2.html
Rich Client Tutorial Part3, http://www.eclipse.org/articles/Article-RCP-3/tutorial3.html

系统工程标准与工具参考文献

[90] Object Management Group:
http://www.omg.org/uml

[91] http://syseng.omg.org

[92] http://www.omg.org/mda

[93] http://de.wikipedia.org/wiki/Model_Driven_Architecture

[94] http://www.sysml.org

[95] International Council on System Engineering:
http://www.incose.org

[96] N. N. :
OMG Systems Modeling Language (OMG SysML™), V1.1,
May, 2008,
http://www.sysml.org/docs/specs/OMGSysML-v1.1-AS-ptc-08-05-16.pdf

[97] ISO:
ISO 10303 - 1, Industrial automation systems and integration, Product Data Representation and Exchange,
Part 1 - Overview and fundamental principles, ISO, 1994

[98] http://www.steptools.com/library/standard/index.html

[99] Grose, T. J.; Doney, G. C; Brodsky, S. A. :
Mastering XMI,
Java Programming with XMI, XML and UML,
Wiley Computer Publishing, 2002,
ISBN: 0 - 471 - 38429 - 1

[100] Fuchs, J. :
Der virtuelle Entwurfsprozess
(Virtual Spacecraft Design - VSD)

http://www.dlr.de/sc/Portaldata/15/Resources/dokumente/WS_120607/Presentation_VSD_070612_Fuchs.pdf

软件设计模式参考文献

[101] Gamma, Erich; Helm, Richard; Johnson, Ralph; Vlissides, John M.:
Design Patterns: Elements of Reusable Object-Oriented Software,
Addison-Wesley Professional, 1994,
ISBN: 0-201-63361-2
ISBN-13: 978-0201633610

[102] Shalloway, Alan;. Trott, James R.:
Design Patterns Explained: A New Perspective on Object-Oriented Design (2nd Edition),
Addison-Wesley Professional, 2001,
ISBN-13: 978-0201715941

基于模型的系统工程参考文献

[103] SysML Partners:
Systems Modeling Language (SysML) Specification, version 0.9 DRAFT,
May 2005

[104] Kress, Martin:
Applying SysML/UML 2.0 to Functional System Engineering for Space Applications,
Diploma Thesis, Berufsakademie Ravensburg, September 2005

[105] Open SystemC Initiative:
SystemC 2.0.1 Language Reference Manual,
Revision 1.0, Jan Jose, 2003

[106] De Koning, H. P.; Eisenmann, H.:
ECSS standard supporting MBSE across the whole space product life cycle
INCOSE Model-based System Engineering Workshop,
Albuquerque, NM, USA, 24./25. January 2008

[107] N. N.:
ECSS E-TM-10-23, Issue 0, Rev. 20,
ECSS, February, 2009

[108] N. N.:
Exchange of engineering analysis models and results for space,
Part 1: Application protocol: Network-model and results format (STEP-NRF),
6.1 intermediate release,
European Space Agency (ESA), August, 2008

[109] Eickhoff, Jens; Herpel, Hans-Juergen; Steinle, Tobias; Birn, Robert;
Steiner, Wolf-Dieter; Eisenmann, Harald; Ludwig, Tobias:
System Engineering Infrastructure evolution-Galileo-IOV and the steps beyond,
DASIA 2009, Istanbul, Turkey, 26. - 29. May 2009

软件标准参考文献

ECSS Standards:
ECSS 标准:
[110] http://www.ecss.nL/
DO-178B:
[111] RCTA/EUROCAE:
Software Considerations in Airborne Systems and Equipment
Certification, DO-178B/ED-12B, December 1992
[112] http://www.rtca.org/downloads/ListofAvailable_Docs_WEB_NOV_2005.htm

伽利略软件标准:
[113] Montalto, Gaetano:
The Galileo Software Standard as tailored from ECSS E40B/Q80,
European Satellite Navigation Industries SPA,
BSSC Workshop on the Usage of ECSS Software Standards For Space Projects,
http://www.estec.esa.nL/wmwww/EME/Bssc/BSSCWorkshopProgrammev5.htm

NASA 标准(顶层):
[114] http://sweng.
larc.nasa.gov/process/documents/wddocs/LaRC_Local_Version_of_
SWG_Matrix.doc

MIL 标准:
[115] MIL-STD-2167A,
Military Standard, Defense System Software Development,
Department of Defense, Washington, D.C., February 29, 1988.

知识系统参考文献

[116] Jackson, P.:
Introduction to Expert Systems
Addison Wesley, Menlo Parc, California, USA 1994
ISBN: 0-201-17578-9
[117] Winston, P. H.; Horn, B. K. P.:
Lisp Addison-Wesley, Bonn 1987
ISBN: 0-201-08319-1

[118] Abelson H.; Sussmann, G. J.; Sussmann, J.:
Structure and Interpretation of Computer Programs
The MIT Press, Cambridge, Massachusetts, USA 1985

[119] http://ntrs.nasa.gov/archive/nasa/casi.ntrs.nasa.gov/19890017221_1989017221.pdf

[120] Eickhoff, Jens:
Modulare Programmarchitektur für ein wissensbasiertes Simulationssystem mit erweiterter Anwendbarkeit in der Entwicklung und Betriebsüberwachung verfahrenstechnischer Anlagen,
VDI Verlag, Reihe 20 Rechnerunterstützte Verfahren, Nr. 196, 1996

[121] Sturm, F. A.:
Wissensbasierte Prozessführung,
BWK Band 55, Nr. 9, S. 42-45
Springer-Verlag, 2003

[122] http://www.scheckreiter.de/TKEC/Berichte_3.htm

[123] http://www.uhde.eu/cgibin/byteserver.pL/pdf/broschueren/Kokerei/Schwelgern_engl.pdf

星载自主性参考文献

[124] http://www.esa.int/SPECIALS/Proba_web_site/SEMHHH77ESD_0.html

[125] Eickhoff, Jens:
System Autonomy Testbed
Produktbroschüre der Dornier Satellitensysteme GmbH,
D-88039 Friedrichshafen, 1997

[126] Moore, Robert C.:
Autonomous Safeing and Fault Protection for the New Horizons Mission to Pluto
The Johns Hopkins University Applied Physics Laboratory, Laurel, Maryland, USA,
57th, International Astronautical Congress, Valencia, Spain,
October 2.-6., 2006

[127] http://www.nasa.gov/mission_pages/newhorizons/main/index.html

[128] http://smart.esa.int/science-e/www/area/index.cfm? fareaid = 10

其他参考文献

[129] Eickhoff, Jens; Schwarzott, Walter:
Thermo-fluiddynamische Simulation unterstützt durch wissensbasierte Systeme,
DGLR Jahrestagung, Friedrichshafen, 1990

[130] Eickhoff, Jens; Bisanz, Reinhold:
Thermophysical Simulation in Aerospace Supported by Object-oriented

Software Technologies,
Proceedings of the European Simulation Multiconference 1994,
Universitat Politechnica de Catalunia,
Barcelona, 1994

[131] http://en. wikipedia. org/wiki/Tcl

[132] http://www. satellite-links. co. uk/directory/rheasystem. html

[133] Krafzig Dirk; Banke, Karl; Slama, Dirk:
Enterprise SOA: Service Oriented Architecture Best Practices
Prentice Hall PTR, 2005,
ISBN - 13: 9780131465756